T0219642

Wahrscheinlichkeitsrechnung und Maßtheorie

Rainer Oloff

Wahrscheinlichkeits-
rechnung und
Maßtheorie

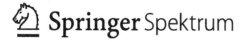

Rainer Oloff
Jena, Thüringen
Deutschland

ISBN 978-3-662-53023-8   ISBN 978-3-662-53024-5 (eBook)
DOI 10.1007/978-3-662-53024-5

Die Deutsche Nationalbibliothek verzeichnet diese Publikation in der Deutschen Nationalbibliografie; detaillierte
bibliografische Daten sind im Internet über http://dnb.d-nb.de abrufbar.

Springer Spektrum

Planung: Iris Ruhmann

Gedruckt auf säurefreiem und chlorfrei gebleichtem Papier

Springer Spektrum ist Teil von Springer Nature
Die eingetragene Gesellschaft ist Springer-Verlag GmbH Berlin Heidelberg
Die Anschrift der Gesellschaft ist: Heidelberger Platz 3, 14197 Berlin, Germany

Vorwort

Auf Fragestellungen der Wahrscheinlichkeitsrechnung stößt man spätestens im Zusammenhang mit Glücksspielen. Durch ein naheliegendes Prinzip der Gleichwahrscheinlichkeit reduzieren sich solche Probleme dann häufig auf Fragestellungen aus der Kombinatorik. Wenn es um die Fortpflanzung von Messfehlern und natürlichen Schwankungen auf sekundäre Größen und um die dadurch notwendige Aufarbeitung statistischer Daten geht, muss man schon auf die Integralrechnung zurückgreifen. Aber erst mit der maßtheoretischen Axiomatisierung der Wahrscheinlichkeitsrechnung durch die fundamentalen Beiträge von A. Kolmogorow in den zwanziger Jahren des 20.Jahrhunderts etablierte sich diese als eigenständige Disziplin der modernen Mathematik.

Diese heute übliche Formulierung der Wahrscheinlichkeitsrechnung in der Sprache der Maßtheorie hat aber auch den Nachteil, dass vielen Berufsgruppen der Zugang zu ihren klassischen Teilen unnötig erschwert wird. Die Maßtheorie gilt als ein besonders abstrakter Teil der Mathematik, und wer im Studium oder Beruf wenig Berührung mit der Mathematik erfahren hat, wird die Sprache der Maßtheorie als geradezu abschreckend empfinden.

Die vorliegende Darstellung der Wahrscheinlichkeitsrechnung besteht aus vier Teilen. Im ersten Teil werden die klassischen Erkenntnisse zusammengestellt, erklärt und bewiesen, die auch ohne Maßtheorie verständlich sind. Diese Palette umfasst u. a. die wichtigsten Sätze und Verfahren aus der mathematischen Statistik und die Markow-Ketten aus dem Bereich der stochastischen Prozesse. Zum Verständnis genügt über weite Strecken Abiturwissen. Allerdings erfordern die Beweise mancher Sätze einen recht virtuosen Umgang mit Riemann-Integralen in $\mathbb{R}^n$, aber auch ohne vollständiges Nachvollziehen solcher Beweise sollten die Aussagen der Sätze verständlich sein und eine erfolgreiche Anwendung der aus ihnen folgenden statistischen Methoden ermöglichen.

Der zweite Teil ist der Maßtheorie gewidmet. Jedes Maß gibt Anlass zu einem Integral, und damit lassen sich dann Wahrscheinlichkeiten berechnen. Behandelt werden auch Boole'sche Algebren. Sie werden benötigt, um das maßtheoretische Modell der Wahrscheinlichkeitsrechnung zu motivieren. Die Maßtheorie gehört zum Standardcurriculum eines Mathematikstudiums. Studenten der Physik und der Ingenieurswissenschaften werden zwar mit viel Mathematik konfrontiert, aber für die Maßtheorie ist normalerweise keine Zeit. Sie müssen sich aber nicht unbedingt durch alle in diesem zweiten

Teil durchgeführten Beweise quälen, um die grundlegenden Begriffe zu verstehen und anwenden zu können.

Im dritten Teil können wir dann die Wahrscheinlichkeitsrechnung unter Verwendung der Maßtheorie eleganter und in größerer Allgemeinheit bearbeiten. Die Maßtheorie ist auch für den vierten und letzten Teil bei der Behandlung stochastischer Prozesse unverzichtbar. Im Mittelpunkt stehen dort die Markow-Prozesse als Verallgemeinerung der schon im ersten Teil bearbeiteten Markow-Ketten, insbesondere die Diffusionsprozesse. Bekanntestes Beispiel ist die Brown'sche Bewegung, die auch zur Lösung des Dirichlet-Problems aus der Theorie der partiellen Differentialgleichungen verwendet werden kann.

Der Schwierigkeitsgrad steigt im Verlauf des Textes deutlich an. Tröstend sei aber noch einmal vermerkt, dass man sich nicht unbedingt durch alle Beweise quälen muss, um die einzelnen Sätze inhaltlich verstehen und anwenden zu können. Andererseits sind, wie in mathematischen Texten so üblich, die eindrucksvollsten Interpretationen und Illustrationen eines Satzes die Beweise der nachfolgenden Sätze.

Am Ende jedes Kapitels sind Aufgaben sehr unterschiedlichen Schwierigkeitsgrades formuliert. Die Lösungen können Sie am Ende dieses Textes einsehen.

Jena, Juni 2016   Rainer Oloff

Inhaltsverzeichnis

Teil I

Elementare Wahrscheinlichkeitsrechnung

Ereignisse und ihre Wahrscheinlichkeit

1

Übersicht

1.1   Wahrscheinlichkeit und relative Häufigkeit

Wenn in einer bestimmten Situation verschiedene Ereignisse auftreten können, hat man Veranlassung zu untersuchen, mit welcher Wahrscheinlichkeit dieses oder jenes Ereignis zu erwarten ist. In der Mathematik ist die Wahrscheinlichkeit so normiert, dass dem Ereignis, das mit 100-prozentiger Sicherheit eintritt, die Wahrscheinlichkeit 1 zugeordnet wird. Für die **Wahrscheinlichkeit** $P(A)$ eines beliebigen Ereignisses A gilt dann immer

$$0 \leq P(A) \leq 1.$$

Einen Hinweis auf die Größe der Wahrscheinlichkeit $P(A)$ kann man dadurch bekommen, dass man das entsprechende Experiment wiederholt durchführt und registriert, wie oft das Ereignis A eintritt. Wenn das Ereignis A in n Versuchen n_A-mal stattgefunden hat, ist der Quotient n_A/n die **relative Häufigkeit** von A. Die Erfahrung lehrt

$$n_A/n \approx P(A)$$

für große n.

© Springer-Verlag Berlin Heidelberg 2017
R. Oloff, *Wahrscheinlichkeitsrechnung und Maßtheorie*,
DOI 10.1007/978-3-662-53024-5_1

1.2   Struktur des Ereignisraumes

Ereignis ist ein Wort aus der Umgangssprache und bedarf keiner weiteren Erklärung. Die Menge aller denkbaren Ereignisse, die in einer bestimmten Situation, etwa im Rahmen eines Experiments, eintreten können, bilden den sogenannten **Ereignisraum**, der eine gewisse Struktur hat. Es bezeichne I das sogenannte **sichere Ereignis**, das auf jeden Fall eintritt. Aus formalen Gründen muss auch das sogenannte **unmögliche Ereignis** O zum Ereignisraum hinzugefügt werden. Dann lassen sich im Ereignisraum zwei Operationen vereinbaren.

Definition 1.1 Zu Ereignissen A und B eines Experiments bezeichnet $A \wedge B$ das Ereignis, dass sowohl A als auch B eintritt, und $A \vee B$ bezeichnet das Ereignis, dass mindestens eines dieser beiden Ereignisse eintritt.   ◆

Natürlich sind diese beiden Operationen kommutativ und assoziativ, d. h. es gilt

$$A \wedge B = B \wedge A$$

$$A \vee B = B \vee A$$

$$(A \wedge B) \wedge C = A \wedge (B \wedge C)$$

$$(A \vee B) \vee C = A \vee (B \vee C).$$

Den Gesetzen der Logik folgend ergeben sich außerdem die sogenannten Distributivgesetze

$$(A \vee B) \wedge C = (A \wedge C) \vee (B \wedge C)$$

$$(A \wedge B) \vee C = (A \vee C) \wedge (B \vee C).$$

Jedes Ereignis gibt Anlass zu dem dazu **gegenteiligen Ereignis**.

Definition 1.2 Zu gegebenem Ereignis A bezeichnet $\neg A$ das Ereignis, das darin besteht, dass A sich nicht ereignet.   ◆

Die extremen Ereignisse I und O ergeben sich als

$$A \vee (\neg A) = I$$

$$A \wedge (\neg A) = O.$$

Für die Wahrscheinlichkeiten gilt

$$P(I) = 1$$
$$P(O) = 0$$
$$P(\neg A) = 1 - P(A).$$

Diese letzte Gleichung ist ein Spezialfall der folgenden Regel: Wenn zwei Ereignisse A und B sich gegenseitig ausschließen, d. h. $A \wedge B = O$, dann folgt

$$P(A \vee B) = P(A) + P(B).$$

Diese Regel lässt sich mit der Approximation der Wahrscheinlichkeiten durch entsprechende relative Häufigkeiten begründen.

Logisches Denken impliziert die Rechenregeln

$$\neg(A \wedge B) = (\neg A) \vee (\neg B)$$
$$\neg(A \vee B) = (\neg A) \wedge (\neg B).$$

Abschließend sei noch erwähnt, dass im Fall, dass das Ereignis A das Ereignis B impliziert (symbolisch $A \Rightarrow B$), für deren Wahrscheinlichkeiten die Ungleichung $P(A) \leq P(B)$ gilt.

1.3 Kombinatorik

Manchmal lässt ein Experiment nur endlich viele Ereignisse zu, die sich zudem noch gegenseitig ausschließen und aus Symmetriegründen alle die gleiche Wahrscheinlichkeit haben müssen. Diese ergibt sich dann aus der Anzahl n der möglichen Ereignisse als $1/n$. Beispielsweise erscheint beim Wurf eines normalen Würfels jede der sechs Zahlen mit der Wahrscheinlichkeit $1/6$.

Das gibt Anlass, auch in komplizierteren Situationen über die Anzahl der möglichen Ereignisse nachzudenken. Die folgenden Aussagen werden noch der Elementarmathematik zugerechnet.

Es gibt k^n verschiedene n-Tupel $(x_1, \ldots, x_n)$, bei denen jedes x_i eine der natürlichen Zahlen von 1 bis k ist.

Es gibt $n! = 1 \cdot 2 \cdots \cdot n$ Möglichkeiten, die natürlichen Zahlen 1 bis n als n-Tupel anzuordnen.

Für natürliche Zahlen $k \leq n$ gibt es

$$\binom{n}{k} = \frac{n(n-1) \cdots \cdot (n-k+1)}{1 \cdot 2 \cdots \cdot k} = \frac{n!}{k!(n-k)!}$$

Möglichkeiten, k Zahlen aus den Zahlen $1, \ldots, n$ auszuwählen.

Die Zahlen $\binom{n}{k}$ heißen **Binomialkoeffizienten**, weil sie im **binomischen Satz**

$$(a + b)^n = \sum_{k=0}^{n} \binom{n}{k} a^k b^{n-k}$$

als Koeffizienten auftreten. Dazu ist die ergänzende Erklärung

$$\binom{n}{0} = 1 = \binom{n}{n}$$

notwendig, die ja auch zu der Konvention $0! = 1$ passt. Die Symmetrie

$$\binom{n}{n-k} = \binom{n}{k}$$

ist offensichtlich. Für konkrete Berechnungen ist die Rekursionsformel

$$\binom{n+1}{k+1} = \binom{n}{k} + \binom{n}{k+1}$$

nützlich. Im **Pascal'schen Zahlendreieck**

$$\binom{0}{0}$$

$$\binom{1}{0} \qquad \binom{1}{1}$$

$$\binom{2}{0} \qquad \binom{2}{1} \qquad \binom{2}{2}$$

$$\binom{3}{0} \qquad \binom{3}{1} \qquad \binom{3}{2} \qquad \binom{3}{3}$$

$$\vdots$$

an dessen Rand überall die Zahl 1 steht, schlägt sie sich als einfache Merkregel nieder: Jeder Eintrag ist die Summe der beiden schräg darüber stehenden Zahlen.

Schon mit diesen einfachen Erkenntnissen aus der Kombinatorik lässt sich eine recht naheliegende Aufgabe der Wahrscheinlichkeitsrechnung lösen, die ein Spezialfall des im Abschn. 2.1 bearbeiteten Bernoulli-Experiments ist. Die Frage ist, mit welcher Wahrscheinlichkeit ein Ereignis, das im Rahmen eines Experiments die Wahrscheinlichkeit $1/2$ hat, im Verlaufe von n durchgeführten Experimenten k-mal eintritt.

Indem wir die möglichen Ergebnisse der n Experimente mit den n-Tupeln, die nur aus den Zahlen 0 und 1 bestehen, assoziieren, stellen wir fest, dass aus Symmetriegründen jedes dieser n-Tupel mit Wahrscheinlichkeit $1/2^n$ auftritt. Davon führen $\binom{n}{k}$ n-Tupel zu dem Tatbestand, dass das in Rede stehende Ereignis genau k-mal stattgefunden hat. Die gesuchte Wahrscheinlichkeit ist also $\binom{n}{k}/2^n$.

1.4 Bedingte Wahrscheinlichkeit

Es seien A und B Ereignisse eines Experiments und die Wahrscheinlichkeit $P(B)$ sei größer als Null. Wenn das Ereignis A nicht unabhängig von B ist, hat man die Vorstellung, dass das Eintreten von B die Wahrscheinlichkeit, dass dann auch A eintritt, beeinflusst. Wie lässt sich dieser Einfluss quantifizieren?

Wir kommen zurück auf die Approximation von Wahrscheinlichkeiten durch relative Häufigkeiten und führen das Experiment n-mal durch, wobei n eine sehr große natürliche Zahl sein soll. Dabei ereignet sich B n_B-mal, und sowohl A als auch B ereignen sich $n_{A \wedge B}$-mal. Der Quotient $n_{A \wedge B}/n_B$ approximiert dann offenbar die Wahrscheinlichkeit von A unter der Hypothese B. Die Gleichung

$$\frac{n_{A \wedge B}}{n_B} = \frac{n_{A \wedge B}}{n} : \frac{n_B}{n}$$

motiviert dann schließlich die folgende

Definition 1.3 Die **bedingte Wahrscheinlichkeit** $P(A|B)$ von A unter der Hypothese B ist definiert durch

$$P(A|B) = \frac{P(A \wedge B)}{P(B)} .$$

$\blacklozenge$

Natürlich gilt auch für die bedingte Wahrscheinlichkeit wieder

$$P(I|B) = 1$$
$$P(O|B) = 0$$

und

$$P(A \vee C|B) = P(A|B) + P(C|B)$$

für sich gegenseitig ausschließende Ereignisse A und C (Aufgabe 1.5).

Satz 1.1 (Formel von der totalen Wahrscheinlichkeit)

Für jede **Zerlegung** *von I in die Ereignisse* $B_1, \ldots, B_n$ *, d. h.* $B_1 \vee \cdots \vee B_n = I$ *und* $B_i \wedge B_j = 0$ *für* $i \neq j$, *gilt*

$$P(A) = \sum_{k=1}^{n} P(B_k)P(A|B_k)$$

für jedes Ereignis A.

Beweis. Wir bestätigen diese Formel von rechts nach links durch die Gleichungskette

$$\sum_{k=1}^{n} P(B_k)P(A|B_k) = \sum_{k=1}^{n} P(A \wedge B_k) = P(\bigvee_{k=1}^{n}(A \wedge B_k)) = P(A \wedge (\bigvee_{k=1}^{n} B_k)) = P(A) \,.$$

Satz 1.2 (Formel von Bayes)

Für jede Zerlegung $B_1, \ldots, B_n$ *gilt*

$$P(B_k|A) = \frac{P(B_k)P(A|B_k)}{\sum_{i=1}^{n} P(B_i)P(A|B_i)}$$

für jedes Ereignis A.

Beweis. Der Quotient auf der rechten Seite der Formel hat den Zähler $P(A \wedge B_k)$ und nach der Formel von der totalen Wahrscheinlichkeit den Nenner $P(A)$, ist also tatsächlich die bedingte Wahrscheinlichkeit $P(B_k|A)$.

1.5   Unabhängigkeit

Nachdem begründet ist, dass der Unterschied zwischen $P(A)$ und $P(A|B)$ die Abhängigkeit des Ereignisses A vom Ereignis B zum Ausdruck bringt, ist nun auch klar, dass im Fall $P(A|B) = P(A)$ A unabhängig von B ist.

Definition 1.4 Zwei **Ereignisse** A und B sind voneinander **unabhängig**, wenn

$$P(A \wedge B) = P(A)P(B)$$

gilt.   ◆

Die Unabhängigkeit von mehr als zwei Ereignissen ist eine stärkere Forderung als nur die paarweise Unabhängigkeit.

Definition 1.5 Eine **Familie von Ereignissen** A_i eines Experiments ist **unabhängig**, wenn für jedes endliche Teilsystem $A_{i_1}, \ldots, A_{i_n}$ gilt

$$P(A_{i_1} \wedge \ldots \wedge A_{i_n}) = P(A_{i_1}) \ldots P(A_{i_n}).$$

♦

Für Ereignisse A, B, C bedeutet die Unabhängigkeit also

$$P(A \wedge B) = P(A)P(B)$$

$$P(A \wedge C) = P(A)P(C)$$

$$P(B \wedge C) = P(B)P(C)$$

$$P(A \wedge B \wedge C) = P(A)P(B)P(C).$$

Die vierte Gleichung ist weder hinreichend noch notwendig für die ersten drei. Zur Konstruktion von Gegenbeispielen für diese beiden Implikationen betrachten wir als Ereignisse die Teilmengen von $\{1, 2, 3, 4\}$, ausgestattet mit den mengentheoretischen Operationen Vereinigung und Durchschnitt als „∨" bzw. „∧". Den vier einelementigen Teilmengen sei die Wahrscheinlichkeit 1/4 zugeordnet. Die drei Ereignisse $\{1, 2\}, \{1, 3\}, \{2, 3\}$ sind paarweise unabhängig, erfüllen also die ersten drei Gleichungen, aber nicht die vierte. Also folgt aus den ersten drei Gleichungen nicht die vierte. Aus der vierten Gleichung folgen auch nicht die ersten drei, denn die drei Ereignisse $\{1, 2\}, \{3, 4\}$ und die leere Menge erfüllen trivialerweise die vierte Gleichung, aber $\{1, 2\}$ und $\{3, 4\}$ sind weit davon entfernt, voneinander unabhängig zu sein.

Aufgaben

1.1 Es wurde 100-mal gewürfelt mit dem Ergebnis
5 1 1 2 2 6 2 1 2 4 3 1 6 5 4 3 3 2 2 4 2 4 5 4 6 2 1 3 4 5 5 2 3 5 5 4 1 2 2 3 2 5 1 2 3 3 6 4
4 2 5 3 6 6 1 4 1 1 5 5 2 6 1 2 4 1 4 1 3 2 6 1 4 5 3 5 6 4 3 5 2 4 1 4 4 1 5 4 2 2 3 5 3 6 3 4
5 4 6 4 .
Es sei A das Ereignis „2", B sei das Ereignis „gerade Zahl", C sei das Ereignis „mindestens 5" und $D = \neg C$. Bestimmen Sie die relativen Häufigkeiten dieser Ereignisse im Rahmen der ersten 10 Würfe und bzgl. aller 100 Würfe und vergleichen Sie mit den Wahrscheinlichkeiten dieser Ereignisse.

1.2 Begründen Sie mit den relativen Häufigkeiten für beliebige Ereignisse A und B die Rechenregel

$$P(A \vee B) \leq P(A) + P(B).$$

Verallgemeinern Sie diese Regel zu

$$P(A_1 \vee \cdots \vee A_n) \leq P(A_1) + \cdots + P(A_n).$$

1.3 In einer Urne sind W weiße und S schwarze Kugeln. Es werden n Kugeln zufällig entnommen. Wie groß ist die Wahrscheinlichkeit, dass w der n Kugeln weiß sind?

Hinweis: Nummerieren Sie die weißen Kugeln von 1 bis W und die schwarzen von $W + 1$ bis $W + S = N$ und bauen Sie das Ereignis „w weiße Kugeln" aus gleichwahrscheinlichen „Elementarereignissen" auf.

1.4 Ein Experiment wird wiederholt durchgeführt. Mit welcher Wahrscheinlichkeit tritt ein Ereignis A, das im Rahmen dieses Experiments die Wahrscheinlichkeit $P(A)$ hat, erstmalig im m-ten Versuch auf?

1.5 Bestätigen Sie die Gleichung

$$P(A \vee C|B) = P(A|B) + P(C|B)$$

für sich gegenseitig ausschließende Ereignisse A und C.

1.6 Klären Sie durch Beweis oder Gegenbeispiel, ob aus der Unabhängigkeit der Ereignisse A und B auch für jedes Ereignis C die Unabhängigkeit von $A \wedge C$ und $B \wedge C$ folgt.

Zufallsvariable

2

Übersicht

2.1   Diskrete Verteilungen

Eine **diskret verteilte Zufallsvariable** X ist ein Experiment der folgenden Art: Gegeben sei ein n-Tupel $x_1, \ldots, x_n$ oder eine ganze Folge $x_1, x_2, \ldots$ von reellen Zahlen und dazu ein n-Tupel $m_1, \ldots, m_n$ bzw. eine Folge $m_1, m_2, \ldots$ von positiven Zahlen mit der Eigenschaft $\sum_k m_k = 1$. Dabei wird die Zahl m_k interpretiert als die Wahrscheinlichkeit dafür, dass X den Wert x_k annimmt. Die Zahlen x_k (**Atome**) und m_k (**Masse**) bestimmen die **Verteilung** der Zufallsvariablen X. Diese Verteilung lässt sich auch durch ihre **Verteilungsfunktion** F charakterisieren, die der reellen Zahl x die Wahrscheinlichkeit des Ereignisses „$X \leq x$" zuordnet. Offenbar ist F eine monoton wachsende Funktion mit $\lim_{x \to -\infty} F(x) = 0$ und $\lim_{x \to \infty} = 1$ mit Sprungstellen in den Punkten x_k mit der Sprunghöhe m_k, die zwischen diesen Sprungstellen konstant ist.

Ein besonders einfaches Beispiel für eine diskrete Verteilung ist die Augenzahl, die sich beim Wurf eines normalen Würfels ergibt. Die Zahlen $x_1, \ldots, x_6$ sind die natürlichen Zahlen von 1 bis 6, und aus Symmetriegründen gilt $m_k = 1/6$ für alle $k = 1, \ldots, 6$.

Definition 2.1 Zu natürlicher Zahl n und $p \in (0, 1)$ hat die **Binomialverteilung** $\beta_{n,p}$ die Atome $k = 0, 1, 2, \ldots, n$ mit den Massen $m_k = \binom{n}{k} p^k (1 - p)^{n-k}$.   ♦

© Springer-Verlag Berlin Heidelberg 2017
R. Oloff, *Wahrscheinlichkeitsrechnung und Maßtheorie*,
DOI 10.1007/978-3-662-53024-5_2

Auf eine $\beta_{n,p}$-verteilte Zufallsvariable stößt man beim **Bernoulli-Experiment**. Zugrunde liegt ein besonders einfaches Experiment, bei dem nur beobachtet werden soll, ob ein gewisses Ereignis A eintritt oder nicht. Die Wahrscheinlichkeit von A sei p, das Nichteintreten von A, bezeichnet mit $\neg A$, hat dann die Wahrscheinlichkeit $1 - p$. Das Bernoulli-Experiment besteht nun aus der n-fachen Durchführung dieses ursprünglichen Experiments. Dabei soll sichergestellt sein, dass die einzelnen Versuche voneinander unabhängig sind. Jedes im Bernoulli-Experiment beobachtete Ereignis ist ein n-Tupel, bestehend aus den Zeichen A und $\neg A$, und es soll dann abgelesen werden, wie oft das Ereignis A eingetreten ist. Den Spezialfall $p = 1/2$ hatten wir schon im Abschn. 1.3 bearbeitet. In diesem Fall sind alle 2^n n-Tupel aus Symmetriegründen gleichwahrscheinlich, in $\binom{n}{k}$ n-Tupeln steht genau k-mal das Zeichen A, mit Wahrscheinlichkeit $\binom{n}{k}/2^n$ tritt das Ereignis A k-mal ein, die Häufigkeit N_A von A ist also eine $\beta_{n,1/2}$-verteilte Zufallsvariable. Im allgemeinen Fall $p = P(A)$ hat jedes n-Tupel, in dem A k-mal steht, aus Gründen der Unabhängigkeit die Wahrscheinlichkeit $p^k(1 - p)^{n-k}$. Da es $\binom{n}{k}$ solcher n-Tupel gibt, tritt das Ereignis A mit Wahrscheinlichkeit $\binom{n}{k}p^k(1 - p)^{n-k}$ k-mal ein, die Zufallsvariable N_A ist also $\beta_{n,p}$-verteilt.

Definition 2.2 Für $t > 0$ hat die **Poisson-Verteilung** π_t die Atome $k = 0, 1, 2, \ldots$ mit den Massen $m_k = e^{-t}t^k/k!$. Die positive Zahl t heißt Intensität dieser Poisson-Verteilung. $\blacklozenge$

Die Bedingung $\sum_k m_k = 1$ ist durch die Potenzreihendarstellung der Exponentialfunktion gesichert.

Definition 2.3 Zu nichtnegativen ganzen Zahlen K, N und n mit $K \leq N$ und $n \leq N$ hat die **hypergeometrische Verteilung** die Atome k, wobei k alle nichtnegativen ganzen Zahlen mit $K + n - N \leq k \leq \min(K, n)$ durchläuft. Diese Atome haben die Massen $m_k = \binom{K}{k}\binom{N-K}{n-k}/\binom{N}{n}$. $\blacklozenge$

Da die in der Aufgabe 1.3 beschriebene Situation zu einer solchen diskreten Verteilung führt, ist die Bedingung $\sum_k m_k = 1$ unstrittig.

Definition 2.4 Zu einer Zahl p mit $0 < p < 1$ hat die **geometrische Verteilung** die Atome $k = 0, 1, 2, \ldots$ mit den Massen $m_k = (1 - p)p^k$. $\blacklozenge$

Die Bedingung $\sum_k m_k = 1$ beruht auf der Summenformel der geometrischen Reihe.

Auf die geometrische Verteilung stößt man in der folgenden Situation: In einer Folge unabhängiger Versuche soll beobachtet werden, ob ein Ereignis, das die Wahrscheinlichkeit p hat, eintritt. Die Wahrscheinlichkeit dafür, dass es in den ersten k Versuchen eintritt und im darauffolgenden nicht, ist $p^k(1 - p)$. Also ist die diskrete Zufallsvariable, die die Anzahl k beschreibt, geometrisch verteilt mit dem Parameter p.

Auf Zahlenwerte, die eine Zufallsvariable X annehmen kann, lässt sich natürlich auch noch eine Funktion f anwenden, dadurch entsteht dann eine neue Zufallsvariable fX. Wenn X diskret verteilt ist mit Atomen x_k, ist auch fX diskret verteilt mit Atomen fx_k mit den gleichen Massen. Wenn die Funktion f nicht umkehrbar ist, können auch manche der Atome fx_k übereinstimmen, dann ist aus mehreren Atomen x_k nur ein neues Atom entstanden, dessen Masse die Summe der Massen der entsprechenden originalen Atome ist.

Beispiel Wenn X $\beta_{n,p}$-verteilt ist, hat X^2 die Atome $0, 1, 2^2, 3^2, 4^2, 5^2, \ldots, n^2$ mit den Massen $\binom{n}{k}p^k(1-p)^{n-k}$, $k = 0, 1, 2, \ldots, n$.

2.2 Kontinuierliche Verteilungen

Eine **kontinuierlich verteilte Zufallsvariable** X ist auch wieder ein Experiment, bei dem Informationen über eine reelle Zahl gewonnen werden sollen. Gegeben ist statt der Atome mit ihren Massen aber eine auf einem Intervall oder der gesamten reellen Achse $\mathbb{R}$ definierte (stückweise) stetige Funktion φ, genannt **Wahrscheinlichkeitsdichte**, mit positiven Funktionswerten. Mit diesem Namen von φ wird bereits suggeriert, dass dann das Riemann-Integral von φ über ein Intervall A interpretiert wird als die Wahrscheinlichkeit des Ereignisses „$X \in A$". Natürlich muss das Integral über das gesamte Definitionsgebiet von φ die Zahl 1 ergeben.

Bei der Suche nach für Anwendungen relevanten Beispielen für Wahrscheinlichkeitsdichten denkt man zunächst an Funktionen, deren Graph irgendwo ein Maximum hat und der dann nach beiden Seiten mehr oder weniger schnell abfällt. Die einfachste derartige Version führt zur Cauchy-Verteilung.

Definition 2.5 Die Wahrscheinlichkeitsdichte der **Cauchy-Verteilung** $\gamma_{m,d}$ mit den Parametern m und d ist

$$\varphi(x) = \frac{1}{\pi} \frac{d}{d^2 + (x-m)^2} .$$

♦

Diese Cauchy-Verteilung hat den Vorteil, dass man für eine derartige Zufallsvariable X die Wahrscheinlichkeit des Ereignisses „$a \leq X \leq b$" elementar ausrechnen kann, denn es gilt

$$\int_a^b \varphi(x)dx = \frac{1}{\pi} \int_a^b \frac{1/d}{1 + (\frac{x-m}{d})^2}dx = \frac{\arctan \frac{b-m}{d} - \arctan \frac{a-m}{d}}{\pi} .$$

Das nächste Beispiel ist leider nicht so elementar, hat aber in der Wahrscheinlichkeitstheorie eine sehr viel größere Bedeutung.

Definition 2.6 Die Wahrscheinlichkeitsdichte der **Normalverteilung** ν_{m,d^2} mit den Parametern m und d^2 ist

$$\varphi(x) = \frac{1}{\sqrt{2\pi d^2}} \exp\left(-\frac{(x-m)^2}{2d^2}\right).$$

Insbesondere ist $\nu_{0,1}$ die **Standardnormalverteilung** .   ◆

Da es zu dieser Dichte keine elementar formulierbare Stammfunktion gibt, lässt sich die Bedingung $\int_{-\infty}^{+\infty} \varphi(x)dx = 1$ nur mit einem Trick über das entsprechende Doppelintegral bestätigen. Es gilt

$$\left(\int_{-\infty}^{+\infty} \varphi(x)dx\right)^2 = \int_{-\infty}^{+\infty} \varphi(x)dx \int_{-\infty}^{+\infty} \varphi(y)dy$$

$$= \frac{1}{2\pi d^2} \int_{-\infty}^{+\infty} \int_{-\infty}^{+\infty} \exp\left(-\frac{(x-m)^2 + (y-m)^2}{2d^2}\right) dxdy$$

$$= \frac{1}{2\pi d^2} \int_0^{2\pi} \int_0^{\infty} \exp\left(-\frac{\varrho^2}{2d^2}\right) \varrho d\varrho d\phi$$

$$= -\int_0^{\infty} \exp\left(-\frac{\varrho^2}{2d^2}\right)\left(-\frac{\varrho}{d^2}\right) d\varrho = \exp(0) = 1.$$

Insbesondere hat sich

$$\int_{-\infty}^{+\infty} \frac{1}{\sqrt{2\pi}} \exp(-x^2/2)dx = 1$$

ergeben, oder für spätere Rechnungen noch handlicher

$$\int_{-\infty}^{+\infty} \exp(-t^2)dt = \sqrt{\pi}.$$

Für eine ν_{m,d^2}-verteilte Zufallsvariable X hat das Ereignis „$a \le X \le b$" die gleiche Wahrscheinlichkeit wie das Ereignis „$\frac{a-m}{d} \le Y \le \frac{b-m}{d}$" für eine standardnormalverteilte Zufallsvariable Y, und das ist die Differenz der Wahrscheinlichkeiten von zwei Ereignissen der Form „$Y \le c$". Solche Wahrscheinlichkeiten lassen sich mit der **Verteilungsfunktion**

$$F(x) = \int_{-\infty}^{x} \varphi(t)dt$$

für die entsprechende Verteilungsdichte φ formulieren. Am Ende dieses Abschnitts ist die der Standardnormalverteilung entsprechende Wahrscheinlichkeitsfunktion F für positive Zahlen tabellarisiert, was wegen $F(-x) = 1 - F(x)$ ausreichend ist.

Auf die beiden nächsten Verteilungen werden wir im folgenden Kapitel in ganz natürlicher Weise stoßen, sie spielen außerdem eine wichtige Rolle in der mathematischen Statistik. Zu ihrer Formulierung benötigen wir noch eine Verallgemeinerung der Fakultät.

Definition 2.7 Auf dem Intervall $(0, \infty)$ ist die **Gammafunktion** Γ definiert durch das Integral

$$\Gamma(s) = \int_0^\infty e^{-t} t^{s-1} dt \, .$$

◆

Es ist sofort $\Gamma(1) = 1$ abzulesen. Die partielle Integration

$$\int_0^\infty e^{-t} t^s dt = -e^{-t} t^s \big|_0^\infty + s \int_0^\infty e^{-t} t^{s-1} dt$$

impliziert $\Gamma(s+1) = s\Gamma(s)$ für positive s und damit insbesondere für natürliche Zahlen n. Es gilt deshalb auch $\Gamma(2) = 1\Gamma(1) = 1$. Die Zahlenfolgen $(\Gamma(n+1))$ und $(n!)$ stimmen also für $n = 1$ überein. Da sich auch die Rekursionsformeln

$$\Gamma(n+2) = (n+1)\Gamma(n+1) \qquad \text{und} \qquad (n+1)! = (n+1)n!$$

entsprechen, sind beide Folgen gleich, es gilt also $\Gamma(n+1) = n!$.

In unserem Zusammenhang wird $\Gamma(n/2)$ auch für ungerade natürliche Zahlen n von Interesse sein. Alle diese Zahlenwerte lassen sich auf $\Gamma(1/2)$ und dann durch Substitution auf ein bekanntes Integral zurückführen, denn es gilt

$$\Gamma(1/2) = \int_0^\infty \frac{e^{-t}}{\sqrt{t}} dt = 2 \int_0^\infty e^{-s^2} ds = \int_{-\infty}^\infty e^{-s^2} ds = \sqrt{\pi} \, .$$

Definition 2.8 Die χ^2-**Verteilung** χ_n^2 mit n Freiheitsgraden ($n = 1, 2, \ldots$) hat die Wahrscheinlichkeitsdichte

$$\varphi(x) = \begin{cases} \frac{1}{2^{n/2}\Gamma(n/2)} x^{\frac{n}{2}-1} e^{-\frac{x}{2}} & \text{für} \quad x > 0 \\ 0 & \text{für} \quad x \leq 0 \end{cases} .$$

◆

Bei $x = 0$ verhält sich diese Wahrscheinlichkeitsdichte φ gemäß

$$\lim_{x \to 0+} \varphi(x) = \begin{cases} \infty & \text{für} \quad n = 1 \\ 1/2 & \text{für} \quad n = 2 \\ 0 & \text{für} \quad n = 3, 4, \ldots \end{cases} ,$$

in jedem Fall existiert das uneigentliche Integral von 0 bis ∞, es gilt wie gefordert

$$\int_0^\infty x^{\frac{n}{2}-1} e^{-\frac{x}{2}} dx = \int_0^\infty (2t)^{\frac{n}{2}-1} e^{-t} 2dt = 2^{\frac{n}{2}} \int_0^\infty t^{\frac{n}{2}-1} e^{-t} dt = 2^{\frac{n}{2}} \Gamma(n/2) \ .$$

Definition 2.9 Student's t-Verteilung τ_n mit n Freiheitsgraden ($n = 1, 2, \ldots$) hat die Wahrscheinlichkeitsdichte

$$\varphi(x) = \frac{\Gamma(\frac{n+1}{2})}{\Gamma(\frac{n}{2})\sqrt{n\pi}} \left(1 + \frac{x^2}{n}\right)^{-\frac{n+1}{2}} \ .$$

$\blacklozenge$

Für $n = 1$ ist das die Cauchy-Verteilung $\gamma_{0,1}$. Auf den Nachweis, dass das Integral von $-\infty$ bis ∞ auch im allgemeinen Fall den Wert 1 ergibt, wollen wir hier verzichten. An der Stelle, an der diese Verteilung im nächsten Kapitel entsteht, ergibt sich das sowieso aus dem Kontext. Der Name für diese Verteilung ist dadurch zu erklären, dass das entsprechende Ergebnis damals unter dem Pseudonym „Student" veröffentlicht wurde.

Für eine kontinuierlich verteilte Zufallsvariable X ist die Bestimmung der Verteilung von $f X$ wesentlich komplizierter als im diskreten Fall. Wir beschränken uns hier auf drei spezielle reellwertige Funktionen f, für die der Übergang von X zu $f X$ auch in der Statistik eine Rolle spielt.

Satz 2.1

Wenn X kontinuierlich verteilt ist mit der Wahrscheinlichkeitsdichte φ, dann ist

(i) *$cX + h$ ($c \neq 0$)   kontinuierlich verteilt mit der Wahrscheinlichkeitsdichte*

$$\psi(x) = \frac{1}{|c|} \varphi\left(\frac{x-h}{c}\right) \ ,$$

(ii) *X^2 kontinuierlich verteilt mit der Wahrscheinlichkeitsdichte*

$$\psi(x) = \begin{cases} \frac{\varphi(\sqrt{x}) + \varphi(-\sqrt{x})}{2\sqrt{x}} & \text{für} \quad x > 0 \\ 0 & \text{für} \quad x < 0 \end{cases} \ ,$$

(iii) *$\sqrt{X}$ im Fall $\varphi(x) = 0$ für $x < 0$ kontinuierlich verteilt mit der Wahrscheinlichkeitsdichte*

$$\psi(x) = \begin{cases} 2x\varphi(x^2) & \text{für} \quad x > 0 \\ 0 & \text{für} \quad x < 0 \end{cases} \ .$$

Beweis.

(i) Zunächst sei c positiv. Die Ungleichungen

$$a \leq cX + h \leq b \qquad \text{und} \qquad \frac{a-h}{c} \leq X \leq \frac{b-h}{c}$$

beschreiben das gleiche Ereignis. Dessen Wahrscheinlichkeit entsprechend der zweiten Beschreibung ist das Integral

$$\int_{\frac{a-h}{c}}^{\frac{b-h}{c}} \varphi(x)dx = \int_{a}^{b} \varphi\left(\frac{y-h}{c}\right)\frac{1}{c}dy \, ,$$

und in dieser transformierten Version des Integrals hat sich als Dichte die angekündigte Funktion ψ ergeben. Wenn c negativ ist, müssen die Integrationsgrenzen wegen $(b-h)/c < (a-h)/c$ vertauscht werden, wodurch ein Faktor -1 entsteht, der durch die Veränderung von der negativen Zahl c zu $|c|$ wieder ausgeglichen wird.

(ii) Die Zufallsvariable X^2 ist negativer Werte nicht fähig, deshalb gilt für deren Wahrscheinlichkeitsdichte $\psi(x) = 0$ für x<0. Zu $0 \leq a < b$ ist das Ereignis $a \leq X^2 \leq b$ das Gleiche wie $\sqrt{a} \leq X \leq \sqrt{b} \vee -\sqrt{b} \leq X \leq -\sqrt{a}$ mit der Wahrscheinlichkeit

$$\int_{\sqrt{a}}^{\sqrt{b}} \varphi(y)dy + \int_{-\sqrt{b}}^{-\sqrt{a}} \varphi(y)dy = \int_{a}^{b} \varphi(\sqrt{x})\frac{dx}{2\sqrt{x}} + \int_{b}^{a} \varphi(-\sqrt{x})\frac{dx}{(-2)\sqrt{x}}$$

$$= \int_{a}^{b} \frac{\varphi(\sqrt{x}) + \varphi(-\sqrt{x})}{2\sqrt{x}}dx \, .$$

(iii) Da vor der Wurzel kein Vorzeichen steht, ist die positive Version gemeint, und damit ist $\psi(x) = 0$ für negative x. Das Ereignis $a \leq \sqrt{X} \leq b$ ist dasselbe wie $a^2 \leq X \leq b^2$ und hat deshalb die Wahrscheinlichkeit

$$\int_{a^2}^{b^2} \varphi(y)dy = \int_{a}^{b} 2x\varphi(x^2)dx \, .$$

x	0,00	0,02	0,04	0,06	0,08
0,0	0,50000	0,50798	0,51595	0,52392	0,53188
0,1	0,53983	0,54772	0,55567	0,56356	0,57142
0,2	0,57926	0,58706	0,59484	0,60257	0,61026
0,3	0,61791	0,62552	0,63307	0,64058	0,64802
0,4	0,65542	0,66276	0,67003	0,67724	0,68438
0,5	0,69146	0,69847	0,70540	0,71226	0,71904

(Fortsetzung)

x	0,00	0,02	0,04	0,06	0,08
0,6	0,72575	0,73237	0,73892	0,74538	0,75175
0,7	0,75804	0,76424	0,77035	0,77638	0,78230
0,8	0,78815	0,79384	0,79954	0,80510	0,81057
0,9	0,81594	0,82121	0,82639	0,83147	0,83646
1,0	0,84135	0,84614	0,85083	0,85543	0,85993
1,1	0,86433	0,86864	0,87286	0,87697	0,88100
1,2	0,88493	0,88877	0,89251	0,89616	0,89973
1,3	0,90324	0,90659	0,90988	0,91308	0,91620
1,4	0,91925	0,92219	0,92506	0,92785	0,93057
1,5	0,93320	0,93574	0,93822	0,94062	0,94295
1,6	0,94520	0,94738	0,94950	0,95155	0,95352
1,7	0,95544	0,95729	0,95907	0,96080	0,96246
1,8	0,96407	0,96562	0,96712	0,96855	0,96994
1,9	0,97129	0,97257	0,97381	0,97500	0,97615
2,0	0,97725	0,97831	0,97932	0,98030	0,98124
2,1	0,98213	0,98300	0,98382	0,98461	0,98537
2,2	0,98610	0,98679	0,98745	0,98809	0,98870
2,3	0,98927	0,98983	0,99036	0,99086	0,99134
2,4	0,99180	0,99224	0,99265	0,99305	0,99343
2,5	0,99379	0,99413	0,99445	0,99476	0,99506
2,6	0,99534	0,99560	0,99585	0,99609	0,99632
2,7	0,99653	0,99673	0,99693	0,99711	0,99728
2,8	0,99744	0,99760	0,99774	0,99788	0,99801
2,9	0,99813	0,99825	0,99836	0,99846	0,99856
3,0	0,99865	0,99874	0,99882	0,99890	0,99897
3,1	0,99903	0,99910	0,99916	0,99921	0,99926
3,2	0,99932	0,99936	0,99940	0,99944	0,99948

Tabelle der Funktion $F(x) = (1/\sqrt{2\pi}) \int_{-\infty}^{x} \exp(-t^2/2)dt$

2.3 Erwartungswert und Varianz

Der im Folgenden definierte Erwartungswert einer Verteilung ist das, was man umgangssprachlich unter dem durchschnittlichen Wert dieser Zufallsvariablen versteht.

Definition 2.10 Der **Erwartungswert** $E(X)$ einer diskret verteilten Zufallsvariablen X mit Atomen x_k mit Massen m_k ist die Summe

$$E(X) = \sum_k m_k x_k .$$

Der **Erwartungswert** $E(X)$ einer kontinuierlich verteilten Zufallsvariablen X mit der Wahrscheinlichkeitsdichte φ ist das Integral

$$E(X) = \int_{-\infty}^{+\infty} x\varphi(x)dx \,.$$

◆

Dass zur Normalverteilung ν_{a,d^2} der Erwartungswert a gehört, ist aus Symmetriegründen auch ohne Rechnung klar. Analog ist die Zahl m verdächtig, der Erwartungswert der Cauchy-Verteilung $\gamma_{m,d}$ zu sein. Da jedoch das entsprechende uneigentliche Riemann-Integral nur in der Version

$$\lim_{r\to\infty} \frac{d}{\pi} \int_{-r+m}^{r+m} \frac{xdx}{d^2 + (x-m)^2} = \lim_{r\to\infty} \frac{d}{\pi} \int_{-r+m}^{r+m} \frac{(x-m)+m}{d^2+(x-m)^2} dx = 0 + m$$

konvergiert, ist die Zahl m als Erwartungswert dieser Cauchy-Verteilung abzulehnen.

Beispiel 2.1 Eine χ_n^2-verteilte Zufallsvariable X hat den Erwartungswert

$$E(X) = \frac{1}{2^{n/2}\Gamma(n/2)} \int_0^\infty x^{n/2}e^{-x/2}dx = \frac{1}{2^{n/2}\Gamma(n/2)} \int_0^\infty (2t)^{n/2}e^{-t}2dt$$

$$= \frac{2}{\Gamma(n/2)} \int_0^\infty t^{n/2}e^{-t}dt = \frac{2}{\Gamma(n/2)} \int_0^\infty t^{(\frac{n}{2}+1)-1}e^{-t}dt = \frac{2}{\Gamma(\frac{n}{2})}\Gamma(\frac{n}{2}+1)$$

$$= \frac{2}{\Gamma(\frac{n}{2})}\frac{n}{2}\Gamma(\frac{n}{2}) = n \,.$$

Beispiel 2.2 Eine $\beta_{n,p}$-verteilte Zufallsvariable X hat den Erwartungswert

$$E(X) = \sum_{k=0}^n \binom{n}{k}p^k(1-p)^{n-k}k = \sum_{k=1}^n \binom{n}{k}p^k(1-p)^{n-k}k$$

$$= \sum_{s=0}^{n-1} \binom{n}{s+1}p^{s+1}(1-p)^{n-s-1}(s+1)$$

$$= \sum_{s=0}^{n-1} n\frac{(n-1)!}{(s+1)!(n-s-1)!}p^{s+1}(1-p)^{n-s-1}(s+1)$$

$$= np\sum_{s=0}^{n-1} \binom{n-1}{s}p^s(1-p)^{n-1-s} = np(p+(1-p))^{n-1} = np.$$

Wir wenden uns jetzt der Varianz zu. Wie der Name suggeriert, quantifiziert sie die Unbestimmtheit der Zufallsvariablen. Je größer deren Varianz ist, desto wahrscheinlicher sind größere Abweichungen vom Erwartungswert.

Definition 2.11 Die **Varianz** $\mathrm{Var}(X)$ einer Zufallsvariablen X ist die Größe

$$\mathrm{Var}(X) = \mathrm{E}((X - \mathrm{E}(X))^2) \, .$$

♦

Um im Fall einer diskret verteilten Zufallsvariablen X mit den Atomen x_k zu einer handlicheren Formel zu kommen, erinnern wir uns an die Überlegungen am Ende des Abschn. 2.1. Die Zufallsvariable $X - \mathrm{E}(X)$ hat die Atome $x_k - \mathrm{E}(X)$ und $(X - \mathrm{E}(X))^2$ die Atome $(x_k - \mathrm{E}(X))^2$, jeweils mit den gleichen Massen m_k wie X. Deshalb gilt

$$\mathrm{E}((X - \mathrm{E}(X))^2) = \sum_k m_k (x_k - \mathrm{E}(X))^2 = \sum_k m_k x_k^2 - 2\mathrm{E}(X) \sum_k m_k x_k + (\mathrm{E}(X))^2 \sum_k m_k$$

$$= \sum_k m_k x_k^2 - (\mathrm{E}(X))^2$$

und damit

Satz 2.2

> *Die Varianz $Var(X)$ einer diskret verteilten Zufallsvariablen X mit Atomen x_k mit Massen m_k berechnet sich nach der Formel*
>
> $$Var(X) = \sum_k m_k x_k^2 - (E(X))^2 = E(X^2) - (E(X))^2 \, .$$

Beispiel 2.3 Zur Berechnung der Varianz einer $\beta_{n,p}$-verteilten Zufallsvariablen X können wir $\mathrm{E}(X) = np$ verwenden und brauchen nur noch den Erwartungswert von X^2 zu berechnen. Es gilt

$$\mathrm{E}(X^2) = \sum_{k=1}^n \binom{n}{k} p^k (1-p)^{n-k} k^2 = np \sum_{k=1}^n k \binom{n-1}{k-1} p^{k-1} (1-p)^{n-k}$$

$$= np \left[\sum_{k=2}^n (k-1) \binom{n-1}{k-1} p^{k-1} (1-p)^{n-k} + \sum_{k-1}^n \binom{n-1}{k-1} p^{k-1} (1-p)^{n-k} \right]$$

$$= np \left[(n-1)p \sum_{k=2}^n \binom{n-2}{k-2} p^{k-2} (1-p)^{n-k} + (p + (1-p))^{n-1} \right]$$

$$= np \left[(n-1)p(p + (1-p))^{n-2} + 1 \right] = np[(n-1)p + 1].$$

Insgesamt ergibt sich

$$\mathrm{Var}(X) = \mathrm{E}(X^2) - (\mathrm{E}(X))^2 = np[(n-1)p + 1] - (np)^2$$
$$= np[(n-1)p + 1 - np] = np(1-p) \,.$$

Beispiel 2.4 Im vierten Kapitel über mathematische Statistik benötigen wir für eine $\beta_{n,p}$-verteilte Zufallsvariable X den Erwartungswert der Zufallsvariablen $\frac{X(n-X)}{n^2(n-1)}$, den wir deshalb jetzt berechnen. X hat die Atome $0, 1, 2, \ldots, n$ mit den Massen m_k. Folglich hat $\frac{nX - X^2}{n^2(n-1)}$ die Atome $\frac{nk - k^2}{n^2(n-1)}$ mit den gleichen Massen und deshalb den Erwartungswert

$$\mathrm{E}\left(\frac{X(n-X)}{n^2(n-1)}\right) = \sum_{k=0}^{n} \frac{nk - k^2}{n^2(n-1)} m_k = \frac{1}{n(n-1)} \sum_{k=0}^{n} k m_k - \frac{1}{n^2(n-1)} \sum_{k=0}^{n} k^2 m_k \,.$$

Die erste der beiden Summen in der letzten Formulierung dieses Erwartungswertes ist $\mathrm{E}(X)$, also np, und die zweite Summe ist nach Satz 2.2

$$\sum_{k=0}^{n} k^2 m_k = \mathrm{Var}(X) + (\mathrm{E}(X))^2 = np(1-p) + (np)^2 \,.$$

Insgesamt gilt also

$$\mathrm{E}\left(\frac{X(n-X)}{n^2(n-1)}\right) = \frac{np - p(1-p) - np^2}{n(n-1)} = \frac{(n-1)p - (n-1)p^2}{n(n-1)} = \frac{p(1-p)}{n} \,.$$

Die Berechnung der Varianz $\mathrm{Var}(X) = \mathrm{E}((X - \mathrm{E}(X))^2)$ einer kontinuierlich verteilten Zufallsvariablen X läuft natürlich auf Integration hinaus. Wenn X die Wahrscheinlichkeitsdichte φ hat, dann hat nach Satz 2.1 die Zufallsvariable $X - \mathrm{E}(X)$ die Dichte $\psi(y) = \varphi(y + \mathrm{E}(X))$ und $(X - \mathrm{E}(X))^2$ die Dichte

$$\gamma(z) = \frac{\psi(\sqrt{z}) + \psi(-\sqrt{z})}{2\sqrt{z}} = \frac{\varphi(\sqrt{z} + \mathrm{E}(X)) + \varphi(-\sqrt{z} + \mathrm{E}(X))}{2\sqrt{z}}$$

für $z > 0$ und $\gamma(z) = 0$ für $z < 0$. Also ist

$$\mathrm{Var}(X) = \int_0^{\infty} z \frac{\varphi(\sqrt{z} + \mathrm{E}(X)) + \varphi(-\sqrt{z} + \mathrm{E}(X))}{2\sqrt{z}} dz$$
$$= \frac{1}{2} \int_0^{\infty} \sqrt{z} \varphi(\sqrt{z} + \mathrm{E}(X)) dz + \frac{1}{2} \int_0^{\infty} \sqrt{z} \varphi(-\sqrt{z} + \mathrm{E}(X)) dz$$
$$= \int_0^{\infty} y^2 \varphi(y + \mathrm{E}(X)) dy + \int_{-\infty}^{0} y^2 \varphi(y + \mathrm{E}(X)) dy$$

$$= \int_{-\infty}^{+\infty} y^2 \varphi(y + \mathrm{E}(X)) dy = \int_{-\infty}^{+\infty} (x - \mathrm{E}(X))^2 \varphi(x) dx$$

$$= \int_{-\infty}^{+\infty} x^2 \varphi(x) dx - 2\mathrm{E}(X) \int_{-\infty}^{+\infty} x\varphi(x) dx + (\mathrm{E}(X))^2 \int_{-\infty}^{+\infty} \varphi(x) dx$$

$$= \int_{-\infty}^{+\infty} x^2 \varphi(x) dx - (\mathrm{E}(X))^2 .$$

Die beiden handlichsten Formeln halten wir im folgenden Satz fest.

Satz 2.3

> *Die Varianz einer mit der Wahrscheinlichkeitsdichte φ verteilten Zufallsvariablen X berechnet sich nach den Formeln*
>
> $$Var(X) = \int_{-\infty}^{+\infty} (x - \mathrm{E}(X))^2 \varphi(x) dx = \int_{-\infty}^{+\infty} x^2 \varphi(x) dx - (E(X))^2 .$$

Beispiel 2.5 Die Varianz einer ν_{a,d^2}-normalverteilten Zufallsvariablen X ergibt sich zu

$$Var(X) = \frac{1}{\sqrt{2\pi d^2}} \int_{-\infty}^{+\infty} (x - a)^2 e^{-\frac{(x-a)^2}{2d^2}} dx$$

$$= \frac{d^2}{\sqrt{2\pi}} \int_{-\infty}^{+\infty} y \left(y e^{-y^2/2} \right) dy$$

$$= \frac{d^2}{\sqrt{2\pi}} \left[y(-1)e^{-y^2/2} \Big|_{-\infty}^{+\infty} - \int_{-\infty}^{+\infty} (-1)e^{-y^2/2} dy \right]$$

$$= \frac{d^2}{\sqrt{2\pi}} \int_{-\infty}^{+\infty} e^{-y^2/2} dy = d^2 .$$

Beispiel 2.6 Die Varianz einer χ_n^2-verteilten Zufallsvariablen X ist

$$Var(X) = \int_0^\infty x^2 \frac{x^{n/2-1} e^{-x/2}}{2^{n/2}\Gamma(n/2)} dx - (\mathrm{E}(X))^2$$

$$= \frac{1}{2^{n/2}\Gamma(n/2)} \int_0^\infty x^{n/2+1} e^{-x/2} dx - n^2$$

$$= \frac{1}{2^{n/2}\Gamma(n/2)} \int_0^\infty (2y)^{n/2+1} e^{-y} 2 dy - n^2$$

$$= \frac{4}{\Gamma(n/2)} \int_0^\infty y^{n/2+1} e^{-y} dy - n^2$$

$$= \frac{4\Gamma(n/2+2)}{\Gamma(n/2)} - n^2 = \frac{4(n/2+1)\Gamma(n/2+1)}{\Gamma(n/2)} - n^2$$

$$= 4\left(\frac{n}{2}+1\right)\left(\frac{n}{2}\right) - n^2 = (n+2)n - n^2 = 2n \,.$$

Abschließend formulieren wir noch eine überraschend mühsam zu beweisende Rechenregel für den Erwartungswert und eine daraus resultierende Rechenregel für die Varianz.

Satz 2.4

> *Für eine Zufallsvariable X und Zahlen a und b gilt*
>
> $$E(aX+b) = aE(X)+b \qquad \text{und} \qquad Var(aX+b) = a^2 Var(X) \,.$$

Beweis. Wenn X diskret verteilt ist mit Atomen x_k mit Massen m_k, hat $aX+b$ die Atome ax_k+b, es gilt also

$$E(aX+b) = \sum_k m_k(ax_k+b) = a\sum_k m_k x_k + b\sum_k m_k = aE(X)+b \,.$$

Wenn X mit der Dichte φ verteilt ist, gilt nach Satz 2.1 für positives a

$$E(aX+b) = \int_{-\infty}^{+\infty} x\frac{1}{a}\varphi\left(\frac{x-b}{a}\right)dx = \int_{-\infty}^{+\infty}(ay+b)\varphi(y)dy$$

$$= a\int_{-\infty}^{+\infty} y\varphi(y)dy + b\int_{-\infty}^{+\infty}\varphi(y)dy = aE(X)+b \,.$$

Für negatives a hat $aX+b$ die Dichte $\frac{1}{-a}\varphi(\frac{x-b}{a})$ und obige Rechnung ist zu modifizieren zu

$$\int_{-\infty}^{+\infty} x\frac{1}{-a}\varphi\left(\frac{x-b}{a}\right)dx = -\int_{+\infty}^{-\infty}(ay+b)\varphi(y)dy = \int_{-\infty}^{+\infty}(ay+b)\varphi(y)dy \,.$$

Für $a=0$ ist die in Rede stehende Rechenregel für den Erwartungswert sowieso klar, das gilt auch für die Rechenregel für die Varianz.

Die soeben bewiesene Eigenschaft des Erwartungswertes impliziert die angekündigte Eigenschaft der Varianz, denn es gilt

$$Var(aX+b) = E((aX+b-E(aX+b))^2) = E((aX-aE(X))^2)$$

$$= E(a^2(X-E(X))^2) = a^2 E((X-E(x))^2) = a^2 Var(X).$$

2.4   Der Grenzwertsatz von de Moivre und Laplace

Es sei $0 < p < 1$ und n eine (zunächst fest gewählte) natürliche Zahl. Eine $\beta_{n,p}$-verteilte Zufallsvariable X_n hat $n + 1$ Atome $k = 0, 1, \dots, n$ mit den Massen $\binom{n}{k} p^k (1 - p)^{n-k}$. Entsprechend den Erklärungen im Anschluss an Definition 2.1 können wir uns unter X_n die Anzahl des Auftretens eines gegebenen Ereignisses bei n-facher Durchführung eines Versuches vorstellen, in dessen Rahmen dieses Ereignis die Wahrscheinlichkeit p hat. Im vorigen Abschnitt hatten wir für diese Binomialverteilung $E(X_n) = np$ und $\mathrm{Var}(X_n) = np(1 - p)$ ausgerechnet. Nach Satz 2.4 hat dann die Zufallsvariable

$$Y_n = \frac{1}{\sqrt{np(1 - p)}} X_n - \sqrt{\frac{np}{1 - p}}$$

den Erwartungswert

$$E(Y_n) = \frac{np}{\sqrt{np(1 - p)}} - \sqrt{\frac{np}{1 - p}} = 0$$

und die Varianz

$$\mathrm{Var}(Y_n) = \frac{1}{np(1 - p)} np(1 - p) = 1 \,.$$

Diese Zufallsvariable Y_n hat $n + 1$ Atome

$$y_k = \frac{k}{\sqrt{np(1 - p)}} - \sqrt{\frac{np}{1 - p}} \,,$$

auch wieder mit den Massen $\binom{n}{k} p^k (1 - p)^{n-k}$.

Wir wollen jetzt hier den Eindruck vermitteln, dass sich für große n und ein Intervall I die Wahrscheinlichkeit des Ereignisses „$Y_n \epsilon I$" nur wenig von der Zahl

$$v_{o,1}(I) = \frac{1}{\sqrt{2\pi}} \int_I e^{-x^2/2} dx$$

unterscheidet, dass also die diskrete Verteilung von Y_n für große n fast die Standardnormalverteilung ist. Dazu modifizieren wir Y_n, indem wir die Massen der Atome y_k gleichmäßig auf das jeweilige Intervall von

$$\frac{y_{k-1} + y_k}{2} = \frac{k - 1/2}{\sqrt{np(1 - p)}} - \sqrt{\frac{np}{1 - p}}$$

bis

$$\frac{y_k + y_{k+1}}{2} = \frac{k + 1/2}{\sqrt{np(1-p)}} - \sqrt{\frac{np}{1-p}}$$

verschmieren. Da die Längen $1/\sqrt{np(1-p)}$ dieser Intervalle für $n \to \infty$ gegen 0 konvergieren, unterscheidet sich die Verteilung der dadurch entstandenen mit der Wahrscheinlichkeitsdichte

$$\zeta_n(x) = \binom{n}{k} p^k (1-p)^{n-k} \sqrt{np(1-p)} \quad \text{für} \quad \frac{y_{k-1} + y_k}{2} < x < \frac{y_k + y_{k+1}}{2}$$

ausgestatteten Zufallsvariable Z_n für große n nur unwesentlich von der Verteilung von Y_n.

Es ist jetzt nur noch die Treppenfunktion ζ_n mit der Dichte der Standardnormalverteilung zu vergleichen. In den beiden Tabellen geschieht das für die Spezialfälle $p = 1/2$ und n gleich 10 und 20. Aus Symmetriegründen können wir uns dabei auf $x \geq 0$ beschränken.

k	$x = \left(\frac{k}{5} - 1\right)\sqrt{10}$	$\zeta_{10}(x) = \binom{10}{k}\frac{\sqrt{10}}{2048}$	$\sigma(x) = \frac{1}{\sqrt{2\pi}}e^{-x^2/2}$
5	0,00000	0,389108	0,398942
	0,31623		0,379485
6	0,63246	0,324257	0,326625
	0,94868		0,254378
7	1,26491	0,185290	0,179257
	1,58114		0,114299
8	1,89737	0,069484	0,065944
	2,21359		0,034426
9	2,52982	0,015441	0,016262
	2,84605		0,006951
10	3,16228	0,001544	0,002688
	3,47851		0,000941

Vergleich der Verteilung von Z_{10} mit der Standardnormalverteilung

k	$x = \left(\frac{k}{5} - 2\right)\sqrt{5}$	$\zeta_{20}(x)\binom{20}{k}\frac{\sqrt{5}}{1048576}$	$\sigma(x) = \frac{1}{\sqrt{2\pi}}e^{-x^2/2}$
10	0,000000	0,393989	0,398942
	0,223607		0,389092
11	0,447214	0,358171	0,360978
	0,670820		0,318562

(Fortsetzung)

k	$x = \left(\frac{k}{5} - 2\right)\sqrt{5}$	$\zeta_{20}(x)\binom{20}{k}\frac{\sqrt{5}}{1048576}$	$\sigma(x) = \frac{1}{\sqrt{2\pi}}e^{-x^2/2}$
12	0,894427	0,268629	0,267419
	1,118034		0,213538
13	1,341641	0,165310	0,162198
	1,565248		0,117192
14	1,788854	0,082655	0,080545
	2,012461		0,052658
15	2,236068	0,033062	0,032747
	2,459675		0,019372
16	2,683282	0,010332	0,010901
	2,906888		0,005835
17	3,130495	0,002431	0,002971
	3,354102		0,001439
18	3,577709	0,000405	0,000663
	3,801316		0,000290
19	4,024922	0,000043	0,000121
	4,248529		0,000048
20	4,472136	0,000002	0,000018
	4,695743		0,000006

Vergleich der Verteilung von Z_{20} mit der Standardnormalverteilung

Satz 2.5 (Grenzwertsatz von de Moivre-Laplace)

Es sei $a < b$ und $0 < p < 1$ und die Zufallsvariablen X_n seien $\beta_{n,p}$-verteilt. Dann konvergiert die Folge der Wahrscheinlichkeiten der Ereignisse

$$np + a\sqrt{np(1 - p)} < X_n < np + b\sqrt{np(1 - p)} \quad \text{für} \quad n \to \infty$$

gegen das Integral $\frac{1}{\sqrt{2\pi}} \int_a^b e^{-x^2/2}dx$.

Ein strenger Beweis ist auf dieser elementaren Ebene sehr mühsam und soll uns hier erspart bleiben. Im dritten Teil wird sich dieser Grenzwertsatz als Spezialfall des sogenannten Zentralen Grenzwertsatzes erweisen, und dieser lässt sich dann recht elegant beweisen.

Aufgaben

2.1 Berechnen Sie

$$\frac{1}{\sqrt{2\pi d^2}} \int_{-\infty}^{+\infty} x \cdot \exp\left(-\frac{(x - m)^2}{2d^2}\right) dx \, .$$

2.2 Um zu demonstrieren, warum der Ausdruck $\int_{-\infty}^{+\infty} \frac{x}{x^2+1} dx$ nicht zulässig ist, berechnen Sie in Konkurrenz zu der Version

$$\lim_{n \to \infty} \int_{-n}^{+n} \frac{x}{x^2+1} dx = 0$$

die andere Version

$$\lim_{n \to \infty} \int_{-n}^{n^2} \frac{x}{x^2+1} dx .$$

2.3 Berechnen Sie $\int_0^\infty e^{-x^2} dx$ mit dem im Abschn. 2.2 verwendeten Trick.

2.4 Berechnen Sie den Erwartungswert der Poisson-Verteilung π_t .

2.5 Die **Maxwell-Verteilung** mit dem positiven Parameter d hat die Dichte

$$\varphi(x) = \begin{cases} \frac{2}{d^3 \sqrt{2\pi}} x^2 \exp(-\frac{x^2}{2d^2}) & \text{für} \quad x > 0 \\ 0 & \text{für} \quad x \leq 0 \end{cases} .$$

a) Bestätigen Sie $\int_0^\infty \varphi(x) dx = 1$.
b) Bestätigen Sie den Erwartungswert $2d\sqrt{2/\pi}$ dieser Verteilung.
c) Bestätigen Sie die Varianz $(3 - 8/\pi)d^2$ dieser Verteilung.
d) Bestätigen Sie: Wenn X Maxwell-verteilt ist mit dem Parameter d, dann ist χ_3^2 die Verteilung von X^2/d^2 .

2.6 Die **Exponentialverteilung** mit dem positiven Parameter l hat die Dichte

$$\varphi(x) = \begin{cases} l e^{-lx} & \text{für} \quad x \geq 0 \\ 0 & \text{für} \quad x < 0 \end{cases} .$$

Bestätigen Sie

a) den Erwartungswert $1/l$
b) die Varianz $1/l^2$

dieser Verteilung.

2.7 Skizzieren Sie in einem geeigneten Maßstab die Wahrscheinlichkeitsdichten der im Abschn. 2.4 eingeführten Zufallsvariablen Z_{10} und Z_{20} ($p = 1/2$) und vergleichen Sie diese mit der Dichte der Standardnormalverteilung.

2.8 Die Zufallsvariable X sei $\beta_{48,1/4}$-verteilt. Über welches Intervall ist die Dichte der Standardnormalverteilung $\nu_{0,1}$ zu integrieren, um einen Näherungswert im Sinne des Grenzwertsatzes von de Moivre-Laplace für die Wahrscheinlichkeit des Ereignisses „$6 \leq X \leq 27$" zu bekommen?

2.9 Wenn man mit zwei Würfeln würfelt und die beiden Zahlen addiert, entsteht eine diskret verteilte Zufallsvariable. Deren Atome sind die natürlichen Zahlen von 2 bis 12. Bestimmen Sie deren Massen.

Vektorielle Zufallsvariable

3

Übersicht

3.1 Verteilungen auf $\mathbb{R}^n$

Bis jetzt haben wir noch nicht geklärt, wie man die Zufallsvariablen X und Y addieren kann. Tatsächlich ist es auch nicht möglich, nur aus der Kenntnis der Verteilungen von X und Y auf die Verteilung der Summe zu schließen. Angenommen, X und Y sind standardnormalverteilt. Wenn in Situationen, in denen X positive Werte annimmt, auch Y positiv ist, dann wird die Summe eine relativ große Varianz haben. Wenn umgekehrt positive Werte von X negative Werte von Y implizieren, dann werden sich bei der Summe die Abweichungen vom Erwartungswert 0 mindestens teilweise aufheben und die Varianz der Summe wird relativ klein sein. Dieses Gegenbeispiel zeigt, dass es für die Bestimmung der Verteilung der Summe $X + Y$ notwendig ist, Informationen über das gemeinsame Verhalten von X und Y zu haben. Insbesondere ist es unmöglich, ohne solche zusätzlichen Informationen aus den Varianzen von X und Y die Varianz von $X + Y$ zu berechnen. Überraschenderweise gilt aber immer

$$E(X + Y) = E(X) + E(Y).$$

© Springer-Verlag Berlin Heidelberg 2017
R. Oloff, *Wahrscheinlichkeitsrechnung und Maßtheorie*,
DOI 10.1007/978-3-662-53024-5_3

Für diskret verteilte Zufallsvariable X und Y lässt sich diese Gleichung folgendermaßen gegründen: X habe die Atome x_i mit den Massen m_i und Y die Atome y_k mit den Massen n_k. Dann hat die Summe $X+Y$ die Atome x_i+y_k, deren Massen wir hier mit p_{ik} bezeichnen. Der Erwartungswert von $X + Y$ ist dann

$$\mathrm{E}(X + Y) = \sum_{i,k} p_{ik}(x_i + y_k) = \sum_i \left(x_i \sum_k p_{ik} \right) + \sum_k \left(y_k \sum_i p_{ik} \right) = \mathrm{E}(X) + \mathrm{E}(Y) ,$$

denn die Summen $\sum_k p_{ik}$ und $\sum_i p_{ik}$ sind die Wahrscheinlichkeiten m_i von $X = x_i$ bzw. n_k von $Y = y_k$. Der Nachweis der Gleichung $\mathrm{E}(X + Y) = \mathrm{E}(X) + \mathrm{E}(Y)$ für kontinuierlich verteilte Zufallsvariable X und Y sei dem Leser als Aufgabe 3.6 überlassen.

Während eine (skalare) Zufallsvariable X durch ihre Atome x_i auf der reellen Achse $\mathbb{R}$ mit deren Massen m_i mit $\sum_i m_i = 1$ oder ihre Wahrscheinlichkeitsdichte, die eine nichtnegative Funktion φ auf $\mathbb{R}$ mit $\int_{-\infty}^{+\infty} \varphi(x)dx = 1$ ist, festgelegt ist, besteht eine (n-dimensionale) **vektorielle Zufallsvariable** aus n skalaren Zufallsvariablen $X_1,\ldots,X_n$, die darüber hinaus auch noch in dem folgenden Sinn miteinander gekoppelt sind: Für jeden achsenparallelen Quader Q in $\mathbb{R}^n$ ist die Wahrscheinlichkeit des Ereignisses „$(X_1,\ldots,X_n) \in Q$" festgelegt. Im Fall einer **diskret verteilten vektoriellen Zufallsvariablen** $(X_1,\ldots,X_n)$ geschieht das in Form von **Atomen** $(x_1^i,\ldots,x_n^i) \in \mathbb{R}^n$ mit positiven Massen (Wahrscheinlichkeiten) m_i, wobei wieder $\sum_i m_i = 1$ gelten muss. Eine **kontinuierlich verteilte vektorielle Zufallsvariable** $(X_1,\ldots,X_n)$ wird durch eine **Wahrscheinlichkeitsdichte** φ erzeugt, das ist eine auf $\mathbb{R}^n$ definierte nichtnegative Funktion mit der Eigenschaft

$$\int \cdots \int_{\mathbb{R}^n} \varphi(x_1,\ldots,x_n)dx_1 \cdots dx_n = 1 .$$

Solche Verteilungen auf $\mathbb{R}^n$ erzeugen dann sogenannte **Randverteilungen** auf $\mathbb{R}$. Dadurch werden die Komponenten X_i automatisch zu skalaren Zufallsvariablen.

Um nicht mit zu vielen Indizes zu verwirren, demonstrieren wir das jetzt nur für eine zweidimensionale Zufallsvariable (X, Y), es handelt sich also um den Spezialfall $n = 2$. Im diskreten Fall werden die Atome (x_i, y_i) in der Ebene $\mathbb{R}^2$ mit ihren Massen m_i auf die x-Achse projiziert und sind dann dort die Atome x_i mit den Massen m_i für die skalare Zufallsvariable X. Sollten irgendwelche x_i übereinstimmen, sind die entsprechenden Massen zu addieren. Genauso werden die y_i die Atome für Y.

Die Wahrscheinlichkeitsdichte $\varphi(.,.)$ einer kontinuierlich verteilten vektoriellen Zufallsvariablen (X, Y) gibt Anlass zu Wahrscheinlichkeitsdichten

$$\phi(x) = \int_{-\infty}^{+\infty} \varphi(x, y)dy$$

auf der x-Achse und

$$\psi(y) = \int_{-\infty}^{+\infty} \varphi(x, y)dx$$

auf der y-Achse. Wegen

$$1 = \int\int_{\mathbb{R}^2} \varphi(y, x)dxdy = \int_{-\infty}^{+\infty}\left(\int_{-\infty}^{+\infty}\varphi(x,y)dy\right)dx = \int_{-\infty}^{+\infty}\left(\int_{-\infty}^{+\infty}\varphi(x,y)dx\right)dy$$

sind ϕ und ψ tatsächlich als Wahrscheinlichkeitsdichten brauchbar. Das sind die Wahrscheinlichkeitsdichten der beiden Randverteilungen, denn die Wahrscheinlichkeit des Ereignisses „$a \leq X \leq b$" ist das Integral

$$\int\int_{[a,b]\times\mathbb{R}} \varphi(x,y)dxdy = \int_a^b\left(\int_{-\infty}^{+\infty}\varphi(x,y)dy\right)dx = \int_a^b \phi(x)dx$$

und die Wahrscheinlichkeit von „$c \leq Y \leq d$" ist

$$\int\int_{\mathbb{R}\times[c,d]} \varphi(x,y)dxdy = \int_c^d\left(\int_{-\infty}^{+\infty}\varphi(x,y)dx\right)dy = \int_c^d \psi(y)dy.$$

Die i-te Komponente X_i einer vektoriellen Zufallsvariablen $(X_1, \ldots, X_n)$ mit der Wahrscheinlichkeitsdichte φ ist eine (skalare) kontinuierlich verteilte Zufallsvariable mit der Wahrscheinlichkeitsdichte

$$\varphi_i(x_i) = \int\cdots\int_{\mathbb{R}^{n-1}} \varphi(x_1, \ldots, x_{i-1}, x_i, x_{i+1}, \ldots, x_n)dx_1\cdots dx_{i-1}dx_{i+1}\cdots dx_n.$$

Zusammen mit der j-ten Komponente X_j ist (X_i, X_j) eine (zweidimensionale) vektorielle Zufallsvariable mit der Wahrscheinlichkeitsdichte

$$\varphi(x_i, x_j) = \int\cdots\int_{\mathbb{R}^{n-2}} \varphi(x_1, \ldots, x_n)dx_1\cdots dx_{i-1}dx_{i+1}\cdots dx_{j-1}dx_{j+1}\cdots dx_n,$$

wobei nur über alle x_k mit $k \neq i$ und $k \neq j$ von $-\infty$ bis $+\infty$ integriert wird.

Wenn zwei Zufallsvariable Komponenten der gleichen kontinuierlich verteilten vektoriellen Zufallsvariablen sind, lässt sich auf dieses Paar ein Begriff anwenden, mit dem man den gegenseitigen Einfluss dieser beiden Zufallsvariablen quantifizieren kann. Insbesondere ist dieser Begriff sinnvoll für die beiden Komponenten einer zweidimensionalen kontinuierlich verteilten Zufallsvariablen.

Definition 3.1 Die **Kovarianz** $\text{Cov}(X_i, X_j)$ der beiden Komponenten X_i und X_j einer kontinuierlich verteilten vektoriellen Zufallsvariablen $(X_1, \ldots, X_n)$ ist das Integral

$$\text{Cov}(X_i, X_j) = \int \cdots \int_{\mathbb{R}^n} (x_i - \text{E}(X_i))(x_j - \text{E}(X_j))\varphi(x_1, \ldots, x_n)dx_1 \cdots dx_n.$$

♦

Angesichts dieses Integrals drängt sich die folgende Interpretation der Kovarianz auf: Wenn $\text{Cov}(X, Y)$ positiv ist, dann überwiegen die Fälle, in denen der Integrand positiv ist, d. h. die Zufallsvariablen X und Y haben entweder beide Werte, die größer sind als $\text{E}(X)$ bzw. $\text{E}(Y)$, oder ihre Werte sind beide kleiner als ihre Erwartungswerte. Anders ausgedrückt, wenn eine Variable größer als ihr Erwartungswert ist, steigt die Wahrscheinlichkeit, dass auch der Wert der anderen größer ist als deren Erwartungswert. Wenn die Kovarianz $\text{Cov}(X, Y)$ negativ ist, steigt im Fall $X \geq \text{E}(X)$ die Wahrscheinlichkeit für $Y \leq \text{E}(Y)$, und umgekehrt.

3.2   Normalverteilte vektorielle Zufallsvariable

Um erklären zu können, was eine Normalverteilung auf $\mathbb{R}^n$ ist, müssen wir uns zunächst an einige Begriffe und Erkenntnisse aus der Linearen Algebra erinnern.

Eine quadratische Matrix

$$B = \begin{pmatrix} b_{11} & \cdots & b_{1n} \\ \vdots & \ddots & \vdots \\ b_{n1} & \cdots & b_{nn} \end{pmatrix}$$

ist **symmetrisch**, wenn $b_{ik} = b_{ki}$ gilt, d. h. sie stimmt überein mit der dazu **transponierten Matrix**

$$B^T = \begin{pmatrix} b_{11} & \cdots & b_{n1} \\ \vdots & \ddots & \vdots \\ b_{1n} & \cdots & b_{nn} \end{pmatrix}.$$

Eine symmetrische Matrix B ist **positiv definit**, wenn die **quadratische Form**

$$x \mapsto x \cdot Bx = \sum_i \left(x_i \sum_k b_{ik} x_k \right) = \sum_{i,k=1}^{n} b_{ik} x_i x_k$$

für jedes n-Tupel $x \neq 0$ einen positiven Wert annimmt.

Es ist ein Hauptergebnis jeder einsemestrigen Vorlesung über Lineare Algebra, dass jede symmetrische Matrix B durch geeignete Drehung des Koordinatensystems diagonalisiert werden kann. In Formeln bedeutet das, dass eine **orthonormale Matrix** U (d. h. $U^T = U^{-1}$ und $\det U = 1$) existiert mit

$$UBU^T = \begin{pmatrix} d_1 & 0 & \cdots & 0 \\ 0 & \ddots & \ddots & \vdots \\ \vdots & \ddots & \ddots & 0 \\ 0 & \cdots & 0 & d_n \end{pmatrix}.$$

Die entsprechende quadratische Form ist dann nur die Summe

$$(y_1, \ldots, y_n) \to \sum_{i=1}^{n} d_i y_i^2.$$

Die Zahlen d_i in der Diagonalen sind die **Eigenwerte** von B, d. h. die Nullstellen des **Polynoms** $\lambda \mapsto \det(B - \lambda I)$. Die symmetrische Matrix B ist genau dann positiv definit, wenn die Zahlen $d_1, \ldots, d_n$ positiv sind.

Definition 3.2 Eine **normalverteilte vektorielle Zufallsvariable** hat die Wahrscheinlichkeitsdichte

$$\varphi(x_1, \ldots, x_n) = \frac{\sqrt{\det B}}{(2\pi)^{n/2}} e^{-\frac{1}{2}(x-a)\cdot B(x-a)}$$

$$= \frac{\sqrt{\det B}}{(2\pi)^{n/2}} \exp\left(-\frac{1}{2} \sum_{i,k=1}^{n} b_{ik}(x_i - a_i)(x_k - a_k) \right)$$

mit einem Vektor $a = (a_1, \ldots, a_n)$ und einer positiv definiten symmetrischen Matrix $B = (b_{ik})$. ◆

Zum Nachweis der Eigenschaft

$$\int \cdots \int_{x \in \mathbb{R}^n} \varphi(x_1, \ldots, x_n) dx_1 \cdots dx_n = 1$$

diagonalisieren wir die Matrix B zur Diagonalmatrix $D = UBU^T$, deren positive Diagonalelemente wir aus taktischen Gründen hier mit $(1/d_i)^2$ bezeichnen. Die Substitution $y = U(x - a)$ führt zu

$$\frac{\sqrt{\det B}}{(2\pi)^{n/2}} \int \cdots \int_{x \in \mathbb{R}^n} e^{-\frac{1}{2}(x-a)\cdot B(x-a)} dx_1 \cdots dx_n$$

$$= \frac{\sqrt{\det D}}{(2\pi)^{n/2}} \int \cdots \int_{y \in \mathbb{R}^n} e^{-\frac{1}{2}y\cdot Dy} dy_1 \cdots dy_n$$

$$= \frac{\frac{1}{d_1} \cdots \frac{1}{d_n}}{(2\pi)^{n/2}} \int \cdots \int_{y \in \mathbb{R}^n} \exp\left(-\frac{1}{2}\sum_{i=1}^{n}(y_i/d_i)^2\right) dy_1 \cdots dy_n$$

$$= \prod_{i=1}^{n} \frac{1}{d_i\sqrt{2\pi}} \int_{-\infty}^{+\infty} e^{-\frac{1}{2}(y_i/d_i)^2} dy_i$$

$$= \prod_{i=1}^{n} \frac{1}{\sqrt{2\pi}} \int_{-\infty}^{+\infty} e^{-z_i^2/2} dz_i = 1.$$

Zur Veranschaulichung dieser Wahrscheinlichkeitsdichte müssen wir uns auf den Fall $n = 2$ zurückziehen. Die Höhenlinien von φ werden durch die Gleichung

$$c = (x-a)\cdot B(x-a) = b_{11}(x_1-a_1)^2 + b_{22}(x_2-a_2)^2 + 2b_{12}(x_1-a_1)(x_2-a_2)$$

beschrieben. Im y_1-y_2-Koordinatensystem sind das die Ellipsen

$$c = \frac{y_1^2}{d_1^2} + \frac{y_2^2}{d_2^2}$$

mit Mittelpunkt $(0,0)$ und auf den Koordinatenachsen liegenden Halbachsen der Länge $d_1/\sqrt{c}$ und $d_2/\sqrt{c}$. Auch im x_1-x_2-Koordinatensystem müssen das dann Ellipsen der gleichen Form sein, aber (a_1, a_2) ist dann der Mittelpunkt und die Halbachsen sind im Allgemeinen nicht parallel zu den Koordinatenachsen. Je kleiner diese Ellipsen sind, desto größer ist c und damit dort φ. Das Funktionengebirge φ ist also ein Hügel der Höhe $1/(2\pi d_1 d_2)$, der aus einer Ebene der Höhe 0 aufragt.

Wie sind der Vektor a und die Matrix B wahrscheinlichkeitstheoretisch zu interpretieren? Mindestens im Fall $n = 2$ ist anschaulich klar, dass die Zahlen a_1 und a_2 die Erwartungswerte der beiden Komponenten X_1 und X_2 der normalverteilten vektoriellen Zufallsvariablen X sind. Das bestätigt auch im allgemeinen Fall die folgende Rechnung, die auf der Substitution $y = U(x - a)$ beruht. Dabei ist U die im Sinne von

$$UBU^T = \begin{pmatrix} 1/d_1^2 & 0 & \cdots & 0 \\ 0 & \ddots & \ddots & \vdots \\ \vdots & \ddots & \ddots & 0 \\ 0 & \cdots & 0 & 1/d_n^2 \end{pmatrix}$$

geeignete orthonormale Matrix mit den Elementen u_{ik}. Die k-te Komponente X_k der normalverteilten vektoriellen Zufallsvariablen $(X_1, \ldots, X_n)$ hat die Wahrscheinlichkeitsdichte

$$\varphi_k(x_k) = \frac{\sqrt{\det B}}{(2\pi)^{n/2}} \int \cdots \int_{\mathbb{R}^{n-1}} e^{-\frac{1}{2}(x-a)\cdot B(x-a)} dx_1 \cdots dx_{k-1} dx_{k+1} \cdots dx_n$$

und deshalb den Erwartungswert

$$
\begin{aligned}
E(X_k) &= \int_{-\infty}^{+\infty} x_k \varphi_k(x_k) dx_k \\
&= \frac{\sqrt{\det B}}{(2\pi)^{n/2}} \int \cdots \int_{x \in \mathbb{R}^n} x_k e^{-\frac{1}{2}(x-a)\cdot B(x-a)} dx_1 \cdots dx_n \\
&= a_k + \frac{\sqrt{\det B}}{(2\pi)^{n/2}} \int \cdots \int_{x \in \mathbb{R}^n} (x_k - a_k) e^{-\frac{1}{2}(x-a)\cdot B(x-a)} dx_1 \cdots dx_n \\
&= a_k + \frac{\sqrt{\det B}}{(2\pi)^{n/2}} \int \cdots \int_{y \in \mathbb{R}^n} \left(\sum_{j=1}^{n} u_{jk} y_j \right) e^{-\frac{1}{2} y \cdot Dy} dy_1 \cdots dy_n \\
&= a_k + \frac{\sqrt{\det B}}{(2\pi)^{n/2}} \sum_{j=1}^{n} u_{jk} \int \cdots \int_{y \in \mathbb{R}^n} y_j e^{-\frac{1}{2} \sum_{i=1}^{n} y_i^2 / d_i^2} dy_1 \cdots dy_n \\
&= a_k + \frac{\sqrt{\det B}}{(2\pi)^{n/2}} \sum_{j=1}^{n} u_{jk} \int \cdots \int_{y \in \mathbb{R}^n} y_j \prod_{i=1}^{n} e^{-\frac{1}{2} y_i^2 / d_i^2} dy_1 \cdots dy_n \\
&= a_k,
\end{aligned}
$$

weil aus Symmetriegründen

$$\int_{-\infty}^{+\infty} y_j e^{-\frac{1}{2} y_j^2} dy_j = 0$$

gilt.

Bei der Berechnung der Kovarianz der Komponenten X_i und X_k verwenden wir die gleiche Substitution, und wieder sind viele der auftretenden Integrale aus Symmetriegründen Null. Es ergibt sich

$$
\begin{aligned}
\text{Cov}(X_i, X_k) &= \frac{\sqrt{\det B}}{(2\pi)^{n/2}} \int \cdots \int_{x \in \mathbb{R}^n} (x_i - a_i)(x_k - a_k) e^{-\frac{1}{2}(x-a)\cdot B(x-a)} dx_1 \cdots dx_n \\
&= \frac{\sqrt{\det B}}{(2\pi)^{n/2}} \sum_{j,l=1}^{n} u_{ji} u_{lk} \int \cdots \int_{y \in \mathbb{R}^n} y_j y_l e^{-\frac{1}{2} \sum_{s=1}^{n} y_s^2 / d_s^2} dy_1 \cdots dy_n
\end{aligned}
$$

$$= \frac{\sqrt{\frac{1}{d_1^2} \cdots \frac{1}{d_n^2}}}{(2\pi)^{n/2}} \sum_{j,l=1}^{n} u_{ji} u_{lk} \int \cdots \int_{y \in \mathbb{R}^n} y_j y_l \prod_{s=1}^{n} e^{-\frac{1}{2} y_s^2/d_s^2} dy_1 \cdots dy_n$$

$$= \frac{1/(d_1 \cdots d_n)}{(2\pi)^{n/2}} \sum_{j=1}^{n} u_{ji} u_{jk} \int \cdots \int_{y \in \mathbb{R}^n} y_j^2 \prod_{s=1}^{n} e^{-\frac{1}{2} y_s^2/d_s^2} dy_1 \cdots dy_n$$

$$= \frac{1}{d_1 \cdots d_n (2\pi)^{n/2}} \sum_{j=1}^{n} u_{ji} u_{jk} d_j^2 \sqrt{2\pi d_j^2} \prod_{s \neq j} \sqrt{2\pi d_s^2}$$

$$= \sum_{j=1}^{n} u_{ji} u_{jk} d_j^2 .$$

Dabei haben wir

$$\int_{-\infty}^{+\infty} \frac{1}{\sqrt{2\pi d^2}} e^{-\frac{1}{2} y^2/d^2} dy = 1$$

(weil der Integrand eine Wahrscheinlichkeitsdichte ist) und

$$\int_{-\infty}^{+\infty} \frac{y^2}{\sqrt{2\pi d^2}} e^{-\frac{1}{2} y^2/d^2} dy = d^2$$

(weil das die Varianz einer ν_{0,d^2}-verteilten Zufallsvariablen ist) verwendet.

Um die erhaltene Summendarstellung der Kovarianzen zu interpretieren, erinnern wir uns an die Kopplung

$$B = U^{-1} D U = U^T D U$$

mit der mit den Zahlen $1/d_i^2$ gebildeten Diagonalmatrix D. Von der Matrizengleichung

$$B^{-1} = U^{-1} D^{-1} U = U^T D^{-1} U$$

ist abzulesen, dass die Kovarianz

$$\text{Cov}(X_i, X_k) = \sum_{j=1}^{n} u_{ji} u_{jk} d_j^2$$

das Element von B^{-1} an der Position (i, k) ist.

Wir fassen unser Ergebnis zusammen.

Satz 3.1

Die Komponenten $X_1, \ldots, X_n$ der mit der Wahrscheinlichkeitsdichte

$$\varphi(x) = \frac{\sqrt{\det B}}{(2\pi)^{n/2}} e^{-\frac{1}{2}(x-a)\cdot B(x-a)}$$

normalverteilten vektoriellen Zufallsvariablen $X = (X_1, \ldots, X_n)$ haben die Erwartungswerte $a_1, \ldots a_n$. Die Kovarianz von X_i und X_k ist das Element der Matrix B^{-1} in Zeile i und Spalte k. Insbesondere stehen in der Hauptdiagonalen von B^{-1} die Varianzen von $X_1, \ldots, X_n$.

3.3 Unabhängige Komponenten

Zwei Zufallsvariable X und Y hält man für unabhängig, wenn für alle Zahlenpaare $a \leq b$ und $c \leq d$ die Ereignisse „$a \leq X \leq b$" und „$c \leq Y \leq d$" unabhängig sind. Dieser Begriff erfordert die Kenntnis der Wahrscheinlichkeit von Ereignissen der Struktur „$a \leq X \leq b \;\wedge\; c \leq Y \leq d$", benötigt wird also die gemeinsame Verteilung auf $\mathbb{R}^2$. Die Frage nach der Unabhängigkeit von Zufallsvariablen ist deshalb nur sinnvoll, wenn sie Komponenten einer vektoriellen Zufallsvariablen sind.

Definition 3.3 Die Komponenten $X_1, \ldots, X_n$ einer vektoriellen Zufallsvariablen $X = (X_1, \ldots, X_n)$ sind **unabhängig**, wenn für alle Zahlenpaare $a_i \leq b_i$ ($i = 1, \ldots, n$) die Ereignisse „$a_i \leq X_i \leq b_i$" unabhängig sind. ◆

Beispiel 3.1 Die vektorielle Zufallsvariable (X, Y) habe die vier Atome $(x_1, y_1) = (1, 0)$, $(x_2, y_2) = (-1, 0)$, $(x_3, y_3) = (0, 1)$ und $(x_4, y_4) = (0, -1)$, jedes mit der Masse $1/4$. Dann hat die erste Komponente X die drei Atome $-1, 0, 1$ mit den Massen $1/4, 1/2, 1/4$, dasselbe gilt für die zweite Komponente Y. Die Ereignisse „$X = 1$" und „$Y = 1$" sind nicht unabhängig, denn „$X = 1 \wedge Y = 1$" hat die Wahrscheinlichkeit 0. Deshalb sind X und Y nicht unabhängig.

Beispiel 3.2 Diesmal seien die vier Atome mit der Masse $1/4$ in den Punkten $(\pm 1, \pm 1)$ platziert. Die erste Komponente X hat dann in ± 1 Atome mit der Masse $1/2$, und auch Y hat in ± 1 Atome mit der Masse $1/2$. Das Produkt der Wahrscheinlichkeiten von „$X = 1$" und „$Y = 1$" ist $1/4$, wie auch die Wahrscheinlichkeit von „$X = 1 \wedge Y = 1$". Das Gleiche gilt für die anderen drei relevanten Paare von Ereignissen. Also sind die Komponenten dieser vektoriellen Zufallsvariablen (X, Y) unabhängig.

Dieses letzte Beispiel lässt sich offensichtlich zu der folgenden Regel verallgemeinern.

Satz 3.2

Die Komponenten X mit den Atomen x_i mit den Massen m_i und Y mit den Atomen y_j mit den Massen n_j sind genau dann unabhängig, wenn die vektorielle Zufallsvariable (X, Y) die Atome (x_i, y_j) mit den Massen $m_i n_j$ hat.

Satz 3.3

Wenn die vektorielle Zufallsvariable $(X_1, \cdots, X_n)$ die Wahrscheinlichkeitsdichte

$$\varphi(x_1, \cdots, x_n) = \varphi_1(x_1) \cdots \varphi_n(x_n) \qquad \text{mit} \qquad \int_{-\infty}^{\infty} \varphi_i(x_i) dx_i = 1$$

hat, dann haben die Komponenten X_i die Wahrscheinlichkeitsdichte φ_i und sind unabhängig. Wenn umgekehrt die Komponenten X_i mit ihrer Wahrscheinlichkeitsdichte φ_i unabhängig sind, ist die Funktion $\varphi(x_1, \cdots, x_n) = \varphi_1(x_1) \cdots \varphi_n(x_n)$ die Wahrscheinlichkeitsdichte der vektoriellen Zufallsvariablen $(X_1, \cdots, X_n)$.

Diese in Satz 3.3 formulierte Regel wird durch die folgende Rechnung plausibel. In der beschriebenen Situation hat das Ereignis „$a_1 \leq X_1 \leq b_1$" die Wahrscheinlichkeit

$$\int_{a_1}^{b_1} \int_{-\infty}^{\infty} \cdots \int_{-\infty}^{\infty} \varphi_1(x_1)\varphi_2(x_2) \cdots \varphi_n(x_n) dx_1 dx_2 \cdots dx_n$$

$$= \int_{a_1}^{b_1} \varphi_1(x_1) dx_1 \int_{-\infty}^{\infty} \varphi_2(x_2) dx_2 \cdots \int_{-\infty}^{\infty} \varphi_n(x_n) dx_n = \int_{a_1}^{b_1} \varphi_1(x_1) dx_1$$

und Analoges gilt für die anderen Komponenten. Ferner hat das Ereignis

$$a_1 \leq X_1 \leq b_1 \wedge \cdots \wedge a_n \leq X_n \leq b_n$$

die Wahrscheinlichkeit

$$\int_{a_1}^{b_1} \cdots \int_{a_n}^{b_n} \varphi_1(x_1) \cdots \varphi_n(x_n) dx_1 \cdots dx_n = \int_{a_1}^{b_1} \varphi_1(x_1) dx_1 \cdots \int_{a_n}^{b_n} \varphi_n(x_n) dx_n \, ,$$

das ist das Produkt der Wahrscheinlichkeiten von „$a_i \leq X_i \leq b_i$".

Bereits in Abschn. 3.1 hatten wir die Kovarianz für Komponenten einer kontinuierlich verteilten vektoriellen Zufallsvariablen eingeführt und beschrieben, wie die Kovarianz den gegenseitigen Einfluss von zwei Komponenten beschreibt. Es liegt nun nahe zu untersuchen, inwieweit die Kovarianz die Unabhängigkeit zum Ausdruck bringt.

Zunächst werden wir jetzt den Begriff der Kovarianz auf den diskreten Fall ausdehnen und dann Rechenregeln für die Kovarianz sammeln.

Definition 3.4 Die **Kovarianz** der Komponenten X und Y einer diskret verteilten vektoriellen Zufallsvariablen (X, Y), die die Atome (x_i, y_i) mit den Massen m_i hat, ist

$$\text{Cov}(X, Y) = \sum_i m_i(x_i - \text{E}(X))(y_i - \text{E}(Y)) \,.$$

◆

Satz 3.4

Für die Kovarianz gelten die Rechenregeln

(i) $\text{Cov}(X, Y) = \text{Cov}(Y, X)$
(ii) $\text{Cov}(X, X) = \text{Var}(X)$
(iii) $\text{Cov}(aX + bY, Z) = a\text{Cov}(X, Z) + b\text{Cov}(Y, Z)$
(iv) $\text{Cov}(X, Y) = \text{E}(XY) - \text{E}(X)\text{E}(Y)$
(v) $\text{Var}(X + Y) = \text{Var}(X) + \text{Var}(Y) + 2\text{Cov}(X, Y)$.

Beweis. Die Regeln (i) und (ii) sind unmittelbar aus den Definitionen abzulesen. Regel (iii) lässt sich zerlegen in die Regeln

(iiia) $\text{Cov}(X + Y, Z) = \text{Cov}(X, Z) + \text{Cov}(Y, Z)$
und
(iiib) $\text{Cov}(aX, Y) = a\text{Cov}(X, Y)$,

die auch wieder beide abzulesen sind. Regel (iv) ergibt sich im diskreten Fall durch

$$\text{Cov}(X, Y) = \sum_i m_i(x_i - \text{E}(X))(y_i - \text{E}(Y))$$

$$= \sum_i m_i x_i y_i - \text{E}(Y)\sum_i m_i x_i - \text{E}(X)\sum_i m_i y_i + \text{E}(X)\text{E}(Y)\sum_i m_i$$

$$= \text{E}(XY) - \text{E}(Y)\text{E}(X) - \text{E}(X)\text{E}(Y) + \text{E}(X)\text{E}(Y) = \text{E}(XY) - \text{E}(X)\text{E}(Y)$$

und im kontinuierlichen Fall in ähnlicher Weise durch

$$\text{Cov}(X, Y) = \int\int_{\mathbb{R}^2} (x - \text{E}(X))(y - \text{E}(Y))dxdy$$

$$= \int\int_{\mathbb{R}^2} xy\varphi(x, y)dxdy - \text{E}(Y)\int_{-\infty}^{\infty} x \int_{-\infty}^{\infty} \varphi(x, y)dydx$$

$$- \text{E}(X)\int_{-\infty}^{\infty} y \int_{-\infty}^{\infty} \varphi(x, y)dxdy$$

$$+ \text{E}(X)\text{E}(Y)\int\int_{\mathbb{R}^2} \varphi(x, y)dxdy = \text{E}(XY) - \text{E}(X)\text{E}(Y) \,.$$

Der Nachweis von (v) beruht auf der Gleichungskette

$$\begin{aligned}
\text{Var}(X + Y) &= E((X + Y - E(X + Y))^2) = E(((X - E(X)) + (Y - E(Y)))^2) \\
&= E((X - E(X))^2 + 2(X - E(X))(Y - E(Y)) + (Y - E(Y))^2) \\
&= E((X - E(X))^2) + 2E(XY - E(Y)X - E(X)Y \\
&\quad + E(X)E(Y)) + E((Y - E(Y))^2) \\
&= \text{Var}(X) + 2(E(XY) - E(X)E(Y)) + \text{Var}(Y)
\end{aligned}$$

und Anwendung der Rechenregel (iv).

Satz 3.5

Jede vektorielle Zufallsvariable (X, Y) mit unabhängigen Komponenten X und Y hat die Kovarianz Null.

Beweis. Eine diskret verteilte vektorielle Zufallsvariable (X, Y) hat bei geforderter Unabhängigkeit von X und Y nach Satz 3.2 Atome (x_i, y_j) mit Massen $m_i n_j$. Ihre Kovarianz ist deshalb

$$\begin{aligned}
\text{Cov}(X, Y) &= \sum_i \sum_j m_i n_j (x_i - E(X))(y_j - E(Y)) \\
&= \sum_i m_i (x_i - E(X)) \sum_j n_j (y_j - E(Y)) \\
&= \left((\sum_i m_i x_i) - E(X) \sum_i m_i \right) \left((\sum_j n_j y_j) - E(Y) \sum_j n_j \right) \\
&= (E(X) - E(X))(E(Y) - E(Y)) = 0.
\end{aligned}$$

Im kontinuierlichen Fall hat (X, Y) eine Wahrscheinlichkeitsdichte der Form $\varphi(x)\psi(y)$ und damit auch die Kovarianz Null, denn

$$\begin{aligned}
\text{Cov}(X, Y) &= \int\int_{\mathbb{R}^2} (x - E(X))(y - E(Y))\varphi(x)\psi(y)dxdy \\
&= \int_{-\infty}^{\infty} (x - E(X))\varphi(x)dx \int_{-\infty}^{\infty} (y - E(Y))\psi(y)dy \\
&= \left(\int_{-\infty}^{\infty} x\varphi(x)dx - E(X) \int_{-\infty}^{\infty} \varphi(x)dx \right) \left(\int_{-\infty}^{\infty} y\psi(y)dy - E(Y) \int_{-\infty}^{\infty} \psi(y)dy \right) \\
&= (E(X) - E(X))(E(Y) - E(Y)) = 0.
\end{aligned}$$

Komponenten X und Y mit $\text{Cov}(X, Y) = 0$ nennt man auch **unkorreliert**. Der soeben bewiesene Satz bedeutet also, dass aus der Unabhängigkeit die Unkorreliertheit folgt. Die Umkehrung ist übrigens nicht richtig, Beispiel 3.1 aus diesem Abschnitt ist ein Gegenbeispiel dazu. Die vier Atome $(\pm 1, 0)$ und $(0, \pm 1)$ mit den Massen $1/4$ ergeben $\text{E}(X) = 0 = \text{E}(Y)$ und die Kovarianz

$$\text{Cov}(X, Y) = \frac{1}{4}(1 \cdot 0 + (-1) \cdot 0 + 0 \cdot 1 + 0 \cdot (-1)) = 0,$$

wir hatten aber bereits festgestellt, dass diese beiden Komponenten nicht unabhängig sind.

Auch wenn der Begriff der Kovarianz offenbar zu grob ist, um die Unabhängigkeit zu charakterisieren, so ist er, oder genauer gesagt der im Folgenden definierte Korrelations-koeffizient, nützlich, um den Grad der Abhängigkeit zu quantifizieren.

Definition 3.5 Der **Korrelationskoeffizient** $R(X, Y)$ der vektoriellen Zufallsvariablen (X, Y) mit $\text{Var}(X) \neq 0$ und $\text{Var}(Y) \neq 0$ ist

$$R(X, Y) = \frac{\text{Cov}(X, Y)}{\sqrt{\text{Var}(X)\text{Var}(Y)}}.$$

$\blacklozenge$

Satz 3.6

> *Für den Korrelationskoeffizienten gilt*
>
> $$-1 \leq R(X, Y) \leq 1$$
>
> *und*
>
> $$R(X, aX + b) = \text{sign } a.$$

Beweis. Für jede reelle Zahl c gilt

$$0 \leq \text{Var}(Y - cX) = \text{Var}(Y) + c^2\text{Var}(X) - 2c\text{Cov}(X, Y),$$

insbesondere für $c = \text{Cov}(X, Y)/\text{Var}(X)$. Das führt zu

$$\text{Var}(Y) + \frac{(\text{Cov}(X, Y))^2}{\text{Var}(X)} \geq 2\frac{(\text{Cov}(X, Y))^2}{\text{Var}(X)},$$

also

$$\text{Var}(X)\text{Var}(Y) \geq (\text{Cov}(X, Y))^2,$$

was nur eine andere Formulierung der zu beweisenden Ungleichungskette ist. Eine reelle Zahl b lässt sich auch als Zufallsvariable auffassen, die ein einziges Atom im Punkt b mit der Masse 1 hat. Natürlich heißt das dann $\mathrm{Var}(b) = 0$ und nach Rechenregel (v) aus Satz 3.4

$$2\mathrm{Cov}(X, b) = \mathrm{Var}(X + b) - \mathrm{Var}(X) = 0\,.$$

Das ergibt

$$\mathrm{R}(X, aX + b) = \frac{\mathrm{Cov}(X, aX + b)}{\sqrt{\mathrm{Var}(X)\mathrm{Var}(aX + b)}} = \frac{a\mathrm{Cov}(X, X) + \mathrm{Cov}(X, b)}{\sqrt{\mathrm{Var}(X)a^2\mathrm{Var}(X)}}$$

$$= \frac{a\mathrm{Var}(X)}{|a|\mathrm{Var}(X)} = \frac{a}{|a|} = \mathrm{sign}\, a.$$

Unabhängigkeit von X und Y führt zu $\mathrm{R}(X, Y) = 0$. Bei der besonders deutlich ausgeprägten Abhängigkeit in der Form $Y = aX + b$ ergeben sich die Extremwerte $\mathrm{R}(X, Y) = \pm 1$, für positives a erscheint $+1$, für negatives -1. Das passt auch zu der Interpretation der Kovarianz, die wir schon am Ende von Abschn. 3.1 formuliert hatten.

Wir formulieren noch zwei Rechenregeln für unabhängige Komponenten X und Y, die sich über $\mathrm{Cov}(X, Y)$ aus den Regeln (iv) und (v) von Satz 3.4 ergeben.

Satz 3.7

Für eine vektorielle Zufallsvariable (X, Y) mit unabhängigen Komponenten X, Y gilt

$$E(XY) = E(X)E(Y)$$

und

$$Var(X + Y) = Var(X) + Var(Y)\,.$$

3.4   Kugelkoordinaten in $\mathbb{R}^n$

Für die Integration über Teilmengen von $\mathbb{R}^n$ der Form

$$\left\{ (x_1, \ldots, x_n) : \quad R_1 \le \sqrt{(x_1)^2 + \cdots + (x_n)^2} \le R_2 \right\}$$

(Hohlkugel) sind Kugelkoordinaten nützlich.

Definition 3.6 Die **Kugelkoordinaten** $r, \varphi_1, \ldots, \varphi_{n-1}$ mit $r \geq 0$, $0 \leq \varphi_k < \pi$ für $k = 1, \ldots, n-2$ und $0 \leq \varphi_{n-1} < 2\pi$ in $\mathbb{R}^n$ sind festgelegt durch die Umrechnungen

$$x_1 = r \sin \varphi_1 \cdots\cdots\cdots\cdots \sin \varphi_{n-2} \sin \varphi_{n-1}$$

$$x_2 = r \sin \varphi_1 \cdots\cdots\cdots\cdots \sin \varphi_{n-2} \cos \varphi_{n-1}$$

$$x_3 = r \sin \varphi_1 \cdots\cdots \sin \varphi_{n-3} \cos \varphi_{n-2}$$

$$\vdots$$

$$x_{n-2} = r \sin \varphi_1 \sin \varphi_2 \cos \varphi_3$$

$$x_{n-1} = r \sin \varphi_1 \cos \varphi_2$$

$$x_n = r \cos \varphi_1 \, .$$

Abgesehen von Schwierigkeiten für $x_1 = 0$ lassen sich aus $x_1, \ldots, x_n$ tatsächlich diese Kugelkoordinaten berechnen. Die radiale Koordinate r ist durch

$$(x_1)^2 + \cdots (x_n)^2 = r^2$$

festgelegt. Die Quadrate der Sinuswerte der Winkelkoordinaten ergeben sich aus

$$(x_1)^2 + \cdots + (x_k)^2 = r^2 \sin^2 \varphi_1 \cdots \sin^2 \varphi_{n-k}$$

und damit

$$\frac{(x_1)^2 + \cdots + (x_k)^2}{(x_1)^2 + \cdots + (x_k)^2 + (x_{k+1})^2} = \sin^2 \varphi_{n-k} \, ,$$

die Winkel selbst dann schrittweise aus den Vorzeichen von $x_n, x_{n-1}, \ldots, x_2, x_1$.

Bei Verwendung der Kugelkoordinaten für die Integration benötigt man die entsprechende Jacobi-Determinante

$$\begin{vmatrix} \frac{\partial x_1}{\partial r} & \frac{\partial x_1}{\partial \varphi_1} & \cdots & \frac{\partial x_1}{\partial \varphi_{n-1}} \\ \frac{\partial x_2}{\partial r} & \frac{\partial x_2}{\partial \varphi_1} & \cdots & \frac{\partial x_2}{\partial \varphi_{n-1}} \\ \vdots & \vdots & & \vdots \\ \frac{\partial x_n}{\partial r} & \frac{\partial x_n}{\partial \varphi_1} & \cdots & \frac{\partial x_n}{\partial \varphi_{n-1}} \end{vmatrix} = r^{n-1} J(\varphi_1, \ldots, \varphi_{n-1}) \, .$$

Die Jacobi-Determinante hat tatsächlich diese Struktur, weil die Elemente in der ersten Spalte nur von den Winkelkoordinaten abhängen und für die anderen Spalten nach

Ausklammern von r dasselbe gilt. Wie die Funktion J wirklich aussieht, ist undurchsichtig, glücklicherweise brauchen wir das auch nicht zu wissen, solange wir das Integral nur für rotationssymmetrische Integranden über eine Hohlkugel ausrechnen wollen. Für ein solches Integral gilt

$$\int \cdots \int_{R_1 \leq \sqrt{(x_1)^2 + \cdots (x_n)^2} \leq R_2} f(\sqrt{(x_1)^2 + \cdots + (x_n)^2}) dx_1 \cdots dx_n$$

$$= \int_{R_1}^{R_2} f(r) r^{n-1} dr \int_0^{2\pi} \int_0^{\pi} \cdots \int_0^{\pi} J(\varphi_1, \ldots, \varphi_{n-1}) d\varphi_1 d\varphi_2 \cdots d\varphi_{n-1}$$

$$= \int_{R_1}^{R_2} f(r) r^{n-1} dr \cdot s_n.$$

Die Zahlen s_n bestimmen wir mit dem folgenden Trick: Wir berechnen das Integral über $\mathbb{R}^n$ für einen anderen rotationssymmetrischen Integranden g mit kartesischen Koordinaten und formulieren dieses Integral dann auch mit Kugelkoordinaten. Da wir

$$\int_{-\infty}^{+\infty} e^{-x^2} dx = \sqrt{\pi}$$

wissen, bietet sich als Integrand die Funktion

$$g(x_1, \ldots, x_n) = e^{-((x_1)^2 + \cdots + (x_n)^2)}$$

an. Einerseits ist

$$\int \cdots \int_{\mathbb{R}^n} e^{-((x_1)^2 + \cdots + (x_n)^2)} dx_1 \cdots dx_n = \int_{-\infty}^{+\infty} e^{-(x_1)^2} dx_1 \cdots \int_{-\infty}^{+\infty} e^{-(x_n)^2} dx_n = \pi^{n/2}.$$

Andererseits gilt auch

$$\int \cdots \int_{\mathbb{R}^n} e^{-((x_1)^2 + \cdots + (x_n)^2)} dx_1 \cdots dx_n = \int_0^{+\infty} e^{-r^2} r^{n-1} dr \cdot s_n.$$

Der Vergleich ergibt

$$s_n = \frac{\pi^{n/2}}{\int_0^{\infty} e^{-r^2} r^{n-1} dr} = \frac{\pi^{n/2}}{\int_0^{\infty} e^{-t} t^{(n-1)/2} \frac{dt}{2\sqrt{t}}} = \frac{2\pi^{n/2}}{\int_0^{\infty} e^{-t} t^{(n/2)-1} dt} = \frac{2\pi^{n/2}}{\Gamma\left(\frac{n}{2}\right)}.$$

Wir fassen jetzt das Ergebnis unserer Untersuchung zusammen.

Satz 3.8

Es sei $0 \leq R_1 < R_2$ und f eine stetige Funktion auf dem Intervall $[R_1, R_2]$. Dann gilt

$$\int \cdots \int_{R_1 \leq \sqrt{(x_1)^2 + \cdots (x_n)^2} \leq R_2} f(\sqrt{(x_1)^2 + \cdots + (x_n)^2}) dx_1 \cdots dx_n$$

$$= \frac{2\pi^{n/2}}{\Gamma(n/2)} \int_{R_1}^{R_2} f(r) r^{n-1} dr.$$

Jetzt können wir zeigen, wie aus der Normalverteilung die χ^2-Verteilung entsteht. Die formale Ähnlichkeit der Symbole χ^2 und X^2 war übrigens das Motiv für die Bezeichnung der χ^2-Verteilung.

Satz 3.9

Für die vektorielle Zufallsvariable $X = (X_1, \ldots, X_n)$ mit unabhängigen standardnormalverteilten Komponenten $X_1, \ldots, X_n$ ist die reellwertige Zufallsvariable

$$X^2 = (X_1)^2 + \cdots + (X_n)^2$$

χ^2-*verteilt mit n Freiheitsgraden.*

Beweis. Weil die Komponenten standardnormalverteilt und unabhängig sind, ist die Wahrscheinlichkeitsdichte der vektoriellen Zufallsvariablen X die Funktion

$$\varphi(x_1, \ldots, x_n) = \left(\frac{1}{\sqrt{2\pi}} e^{-(x_1)^2/2} \right) \cdots \left(\frac{1}{\sqrt{2\pi}} e^{-(x_n)^2/2} \right) = \frac{1}{(2\pi)^{n/2}} e^{-((x_1)^2 + \cdots (x_n)^2)/2}.$$

Für $0 < a < b$ ist nun

$$\int \cdots \int_{a \leq (x_1)^2 + \cdots + (x_n)^2 \leq b} \frac{1}{(2\pi)^{n/2}} e^{-((x_1)^2 + \cdots + (x_n)^2)/2} dx_1 \cdots dx_n$$

$$= \int_a^b \frac{1}{2^{n/2} \Gamma(n/2)} t^{(n/2)-1} e^{-t/2} dt$$

zu zeigen. Nach Satz 3.8 gilt

$$\frac{1}{(2\pi)^{n/2}} \int \cdots \int_{\sqrt{a} \leq \sqrt{(x_1)^2 + \cdots + (x_n)^2} \leq \sqrt{b}} e^{-((x_1)^2 + \cdots + (x_n)^2)/2} dx_1 \cdots dx_n$$

$$= \frac{1}{(2\pi)^{n/2}} \cdot \frac{2\pi^{n/2}}{\Gamma(n/2)} \int_{\sqrt{a}}^{\sqrt{b}} e^{-r^2/2} r^{n-1} dr = \frac{2^{1-n/2}}{\Gamma(n/2)} \int_a^b e^{-t/2} t^{(n-1)/2} \frac{dt}{2\sqrt{t}}$$

$$= \frac{1}{2^{n/2} \Gamma(n/2)} \int_a^b t^{(n/2)-1} e^{-t/2} dt.$$

3.5   Summe und Quotient unabhängiger Zufallsvariabler

Wenn die Zufallsvariablen X und Y die Komponenten einer vektoriellen Zufallsvariablen (X, Y) sind, besteht der wesentliche Vorteil darin, dass man X und Y miteinander verrechnen kann, was sonst nicht der Fall ist. Die Verteilung von (X, Y) liefert die Wahrscheinlichkeiten für die Ereignisse $X + Y \leq c$, $X \cdot Y \leq c$ und $X/Y \leq c$. Wenn die vektorielle Zufallsvariable (X, Y) kontinuierlich verteilt ist, geschieht das durch Integration ihrer Wahrscheinlichkeitsdichte über die Teilmengen $\{(x, y) \epsilon \mathbb{R}^2 : x + y \leq c\}$, $\{(x, y) \epsilon \mathbb{R}^2 : x \cdot y \leq c\}$ bzw. $\{(x, y) \epsilon \mathbb{R}^2 : x/y \leq c\}$. Wenn (X, Y) diskret verteilt ist, müssen wir zur Bestimmung dieser Wahrscheinlichkeiten die Massen der Atome addieren, die in den genannten Teilmengen enthalten sind.

Satz 3.10

Wenn die unabhängigen Zufallsvariablen X und Y die Wahrscheinlichkeitsdichten φ und ψ haben, dann hat die Zufallsvariable $X + Y$ die Wahrscheinlichkeitsdichte

$$z \mapsto \int_{-\infty}^{+\infty} \varphi(x)\psi(z - x)dx$$

und die Zufallsvariable X/Y die Wahrscheinlichkeitsdichte

$$z \mapsto \int_{-\infty}^{+\infty} |y|\varphi(yz)\psi(y)dy.$$

Beweis. Die Wahrscheinlichkeit des Ereignisses $X + Y \leq c$ ist das Doppelintegral

$$\int\int_{x+y \leq c} \varphi(x)\psi(y)dxdy = \int_{-\infty}^{+\infty} \left(\int_{-\infty}^{c-x} \varphi(x)\psi(y)dy \right) dx$$

$$= \int_{-\infty}^{+\infty} \left(\int_{-\infty}^{c} \varphi(x)\psi(z - x)dz \right) dx$$

$$= \int_{-\infty}^{c} \left(\int_{-\infty}^{+\infty} \varphi(x)\psi(z - x)dx \right) dz.$$

Die Ungleichung $x/y \leq c$ bedeutet $x \leq cy$ für positive y und $x \geq cy$ für negative y. Von einer Skizze der Teilmenge $\{(x, y) \in \mathbb{R}^2 : x/y \leq c\}$ (Aufgabe 3.4) ist abzulesen, dass die Wahrscheinlichkeit des Ereignisses $X/Y \leq c$ die Summe

$$\int_{-\infty}^{0} \left(\int_{cy}^{+\infty} \varphi(x)\psi(y)dx \right) dy + \int_{0}^{+\infty} \left(\int_{-\infty}^{cy} \varphi(x)\psi(y)dx \right) dy$$

ist. Durch die Substitution $z = x/y$ wird aus den inneren Integralen

$$\int_{-\infty}^{cy} \varphi(x)\psi(y)dx = \int_{-\infty}^{c} \varphi(yz)\psi(y)ydz$$

und

$$\int_{cy}^{+\infty} \varphi(x)\psi(y)dx = \int_{c}^{-\infty} \varphi(yz)\psi(y)ydz = -\int_{-\infty}^{c} \varphi(yz)\psi(y)ydz.$$

Damit verändert sich die Formulierung der Wahrscheinlichkeit von $X/Y \leq c$ zu

$$-\int_{-\infty}^{0}\left(\int_{-\infty}^{c} y\varphi(yz)\psi(y)dz\right)dy + \int_{0}^{+\infty}\left(\int_{-\infty}^{c} y\varphi(yz)\psi(y)dz\right)dy$$

$$= \int_{-\infty}^{c}\left(\int_{-\infty}^{0} (-y)\varphi(yz)\psi(y)dy\right)dz + \int_{-\infty}^{c}\left(\int_{0}^{+\infty} y\varphi(yz)\psi(y)dy\right)dz$$

$$= \int_{-\infty}^{c}\left(\int_{-\infty}^{+\infty} |y|\varphi(yz)\psi(y)dy\right)dz.$$

Der folgende Satz besagt, dass die Summe von zwei unabhängigen normalverteilten Zufallsvariablen wieder normalverteilt ist, wobei sich die Erwartungswerte und die Varianzen addieren.

Satz 3.11

Wenn die unabhängigen Zufallsvariablen X und Y v_{a,c^2}-verteilt bzw. v_{b,d^2}-verteilt sind, ist die Summe $X + Y$ v_{a+b,c^2+d^2}-verteilt.

Beweis. Wegen der Unabhängigkeit von X und Y ist die Gleichung

$$\frac{1}{2\pi cd}\int_{-\infty}^{+\infty} \exp\left(-\frac{(x-a)^2}{2c^2} - \frac{(z-x-b)^2}{2d^2}\right)dx = \frac{1}{\sqrt{2\pi(c^2+d^2)}}\exp\left(-\frac{(z-a-b)^2}{2(c^2+d^2)}\right)$$

zu bestätigen. Dazu sortieren wir den Inhalt der großen Klammer im Integral nach Potenzen von x und erhalten mit den Abkürzungen

$$\frac{1}{c^2} + \frac{1}{d^2} = h, \qquad \frac{a}{c^2} + \frac{z-b}{d^2} = k, \qquad \frac{a^2}{c^2} + \frac{(z-b)^2}{d^2} = l$$

und durch quadratische Ergänzung

$$-\frac{(x-a)^2}{2c^2} - \frac{(z-x-b)^2}{2d^2}$$

$$= -\frac{1}{2}\left[\left(\frac{1}{c^2}+\frac{1}{d^2}\right)x^2 - 2\left(\frac{a}{c^2}+\frac{z-b}{d^2}\right)x + \left(\frac{a^2}{c^2}+\frac{(z-b)^2}{d^2}\right)\right]$$

$$= -\frac{1}{2}[hx^2 - 2kx + l] = -\frac{1}{2}\left[h\left(x-\frac{k}{h}\right)^2 + l - \frac{k^2}{h}\right] = -\frac{1}{2}\left[hs^2 + l - \frac{k^2}{h}\right]$$

und damit insgesamt

$$\frac{1}{2\pi cd}\int_{-\infty}^{+\infty}\exp\left(-\frac{(x-a)^2}{2c^2} - \frac{(z-x-b)^2}{2d^2}\right)dx = \frac{e^{-\frac{1}{2}\left(l-\frac{k^2}{h}\right)}}{2\pi cd}\int_{-\infty}^{+\infty}e^{-\frac{1}{2}hs^2}ds$$

$$= \frac{e^{-\frac{1}{2}\left(l-\frac{k^2}{h}\right)}}{2\pi cd}\cdot\sqrt{2\pi/h} = \frac{e^{-\frac{1}{2}\left(l-\frac{k^2}{h}\right)}}{cd\sqrt{2\pi h}}.$$

Der Rest ist Bruchrechnung. Es gilt

$$cd\sqrt{2\pi h} = cd\sqrt{2\pi}\cdot\sqrt{\frac{1}{c^2}+\frac{1}{d^2}} = \sqrt{2\pi}\cdot\sqrt{d^2+c^2} = \sqrt{2\pi(c^2+d^2)}$$

und

$$l - \frac{k^2}{h} = \frac{\left(\frac{1}{c^2}+\frac{1}{d^2}\right)\left(\frac{a^2}{c^2}+\frac{(z-b)^2}{d^2}\right) - \left(\frac{a}{c^2}+\frac{z-b}{d^2}\right)^2}{\frac{1}{c^2}+\frac{1}{d^2}}$$

$$= \frac{\left(d^2+c^2\right)\left(\frac{a^2}{c^2}+\frac{(z-b)^2}{d^2}\right) - \left(\frac{d^2a^2}{c^2}+2a(z-b)+\frac{c^2}{d^2}(z-b)^2\right)}{d^2+c^2}$$

$$= \frac{(z-b)^2+a^2-2a(z-b)}{c^2+d^2} \quad = \quad \frac{((z-b)-a)^2}{c^2+d^2}.$$

Satz 3.12

> *Wenn die unabhängigen Zufallsvariablen X und Y χ_n^2-verteilt bzw. χ_m^2-verteilt sind, ist die Summe $X + Y$ χ_{n+m}^2-verteilt.*

Zum Beweis müsste man wieder das in Satz 3.10 angegebene Integral bearbeiten, was jedoch tieferliegende Formeln aus der Integralrechnung erfordern würde. Deshalb wollen wir uns hier vorläufig mit einer Plausibilitätserklärung begnügen. $X_1, \ldots, X_n, Y_1, \ldots Y_m$ seien unabhängige standardnormalverteilte Zufallsvariable. Nach Satz 3.9 wissen wir, dass dann die Zufallsvariablen $(X_1)^2 + \cdots + (X_n)^2$, $(Y_1)^2 + \ldots + (Y_m)^2$ und $(X_1)^2 + \cdots + (X_n)^2 + (Y_1)^2 + \cdots + (Y_m)^2$ χ^2-verteilt sind mit den Freiheitsgraden n, m und $n+m$. Wenn wir uns an die inhaltliche Bedeutung der Unabhängigkeit erinnern, halten wir es für vernünftig, uns auf den Standpunkt zu stellen, dass die Unabhängigkeit der Zufallsvariablen $X_1, \ldots, Y_m$ auch die Unabhängigkeit der beiden Zufallsvariablen $(X_1)^2 + \cdots + (X_n)^2$ und $(Y_1)^2 + \cdots + (Y_m)^2$ impliziert. Da diese beiden Zufallsvariablen die gleichen Verteilungen haben wie X und Y, hat dann auch $X + Y$ die gleiche Verteilung wie $((X_1)^2 + \cdots + (X_n)^2) + ((Y_1)^2 + \cdots + (Y_m)^2)$, ist also χ^2_{n+m}-verteilt.

Der nächste Satz klärt ein zunächst etwas abwegig erscheinendes Problem, das sich aber in der mathematischen Statistik stellt.

Satz 3.13

> *Wenn die Zufallsvariablen X und Y unabhängig sind, X standardnormalverteilt ist und Y χ^2_n-verteilt ist, dann ist die Zufallsvariable $X / \sqrt{Y/n}$ τ_n-verteilt.*

Beweis. X hat die Wahrscheinlichkeitsdichte

$$\varphi_1(x) = \frac{1}{\sqrt{2\pi}} e^{-x^2/2}$$

und Y die Wahrscheinlichkeitsdichte

$$\varphi_2(x) = \frac{1}{2^{n/2} \Gamma(n/2)} x^{(n/2)-1} e^{-x/2}$$

auf $(0, \infty)$. Wir bestimmen jetzt die Wahrscheinlichkeitsdichten φ_3, φ_4 und schließlich φ_5 der Zufallsvariablen Y/n, $\sqrt{Y/n}$ und $X/\sqrt{Y/n}$. Y/n hat nach Satz 2.1(i) die Wahrscheinlichkeitsdichte

$$\varphi_3(x) = n\varphi_2(nx) = \frac{n}{2^{n/2} \Gamma(n/2)} (nx)^{(n/2)-1} e^{-nx/2} = \frac{(n/2)^{n/2}}{\Gamma(n/2)} x^{(n/2)-1} e^{-nx/2}.$$

Punkt (iii) desselben Satzes liefert für $\sqrt{Y/n}$ die Wahrscheinlichkeitsdichte

$$\varphi_4(x) = 2x\varphi_3(x^2) = \frac{2(n/2)^{n/2}}{\Gamma(n/2)} x^{n-1} e^{-nx^2/2}$$

auf $(0, \infty)$. Nach Satz 3.10 ist die Wahrscheinlichkeitsdichte φ_5 von $X/\sqrt{Y/n}$ dann

$$\varphi_5(x) = \int_0^\infty y\varphi_1(yx)\varphi_4(y)dy$$

$$= \frac{2(n/2)^{n/2}}{\Gamma(n/2)\sqrt{2\pi}} \int_0^\infty y e^{-y^2x^2/2} y^{n-1} e^{-ny^2/2} dy$$

$$= \frac{2(n/2)^{n/2}}{\Gamma(n/2)\sqrt{2\pi}} \int_0^\infty y^n e^{-(x^2+n)y^2/2} dy$$

$$= \frac{2(n/2)^{n/2}}{\Gamma(n/2)\sqrt{2\pi}} \int_0^\infty \sqrt{\frac{2z}{x^2+n}}^{\,n-1} \frac{e^{-z}}{x^2+n} dz$$

$$= \frac{2^{1-(n/2)-(1/2)+(n-1)/2} n^{n/2}}{\Gamma(n/2)\sqrt{\pi}\sqrt{x^2+n}^{\,n+1}} \int_0^\infty z^{(n-1)/2} e^{-z} dz$$

$$= \frac{1}{\Gamma(n/2)\sqrt{n\pi}\sqrt{1+x^2/n}^{\,n+1}} \int_0^\infty z^{(n+1)/2-1} e^{-z} dz$$

$$= \frac{\Gamma((n+1)/2)}{\Gamma(n/2)\sqrt{n\pi}} (1+x^2/n)^{-(n+1)/2} ,$$

und das ist tatsächlich die Wahrscheinlichkeitsdichte der Verteilung τ_n .

Abschließend bearbeiten wir noch ein Beispiel aus dem Bereich der diskret verteilten Zufallsvariablen, das auch in der mathematischen Statistik eine Rolle spielen wird.

Satz 3.14

Wenn die unabhängigen Zufallsvariablen X und Y $\beta_{n,p}$-verteilt bzw. $\beta_{m,p}$-verteilt sind, dann ist ihre Summe $X + Y$ $\beta_{n+m,p}$-verteilt.

Beweis. Die Summe kann nur die Werte $0, 1, 2, \ldots, n + m$ annehmen. Das Ereignis „$X + Y = k$" setzt sich zusammen aus den sich gegenseitig ausschließenden Ereignissen „$X = 0 \wedge Y = k$", „$X = 1 \wedge Y = k - 1$",…, „$X = k \wedge Y = 0$", die wegen der Unabhängigkeit von X und Y die Wahrscheinlichkeiten

$$\binom{n}{0}p^0(1-p)^n \cdot \binom{m}{k}p^k(1-p)^{m-k}, \ldots, \binom{n}{k}p^k(1-p)^{n-k} \cdot \binom{m}{0}p^0(1-p)^m$$

haben. Es ist also zu zeigen, dass die Summe den Wert

$$\binom{n+m}{k}p^k(1-p)^{n+m-k}$$

ergibt, oder einfacher formuliert

$$\binom{n}{0}\binom{m}{k} + \binom{n}{1}\binom{m}{k-1} + \cdots + \binom{n}{k}\binom{m}{0} = \binom{n+m}{k} .$$

Diese Gleichung bestätigen wir mit dem folgenden Trick: Für jedes Paar von Zahlen a und b gilt

$$(a+b)^n (a+b)^m = (a+b)^{n+m} .$$

Wenn wir diese drei Potenzen mit dem binomischen Satz formulieren und auf der linken Seite ausmultiplizieren, entsteht eine Gleichung zwischen zwei Linearkombinationen von Potenzen der Form $a^i b^j$. Da diese Gleichung für alle a und b gilt, ist ein Koeffizientenvergleich gerechtfertigt, und dieser liefert genau die gewünschte Gleichung.

3.6   Das Gesetz der großen Zahlen

Die Wahrscheinlichkeitsrechnung beruht auf der Überzeugung, dass die relative Häufigkeit des Eintretens eines Ereignisses bei wachsender Anzahl der Versuche gegen dessen Wahrscheinlichkeit konvergiert. Gegenstand dieses Abschnitts ist die Objektivierung dieses Sachverhalts. Ein wichtiges Hilfsmittel dazu ist die folgende sogenannte **Tschebyschew'sche Ungleichung**.

Satz 3.15

Für jede positive Zahl ε ist die Wahrscheinlichkeit dafür, dass die diskret oder kontinuierlich verteilte Zufallsvariable X um mehr als ε von ihrem Erwartungswert differiert, kleiner als oder gleich $Var(X)/\varepsilon^2$, also

$$P(|X - E(X)| > \varepsilon) \le \frac{1}{\varepsilon^2} Var(X) \,.$$

Beweis. Wenn X die Atome x_k mit den Massen m_k hat, lässt sich die Varianz nach unten abschätzen entsprechend

$$Var(X) = \sum_k m_k(x_k - E(X))^2 \ge \sum_{|x_k - E(X)| > \varepsilon} m_k(x_k - E(X))^2$$

$$\ge \sum_{|x_k - E(X)| > \varepsilon} m_k \varepsilon^2 = \varepsilon^2 \sum_{|x_k - E(X)| > \varepsilon} m_k = \varepsilon^2 P(|X - E(X)| > \varepsilon).$$

Für eine Zufallsvariable X mit Wahrscheinlichkeitsdichte φ liefert eine ähnliche Argumentation

$$Var(X) = \int_{-\infty}^{+\infty} (x - E(X))^2 \varphi(x) dx$$

$$\ge \int_{-\infty}^{E(X)-\varepsilon} (x - E(X))^2 \varphi(x) dx + \int_{E(X)+\varepsilon}^{+\infty} (x - E(X))^2 \varphi(x) dx$$

$$\ge \int_{-\infty}^{E(X)-\varepsilon} \varepsilon^2 \varphi(x) dx + \int_{E(X)+\varepsilon}^{+\infty} \varepsilon^2 \varphi(x) dx$$

$$= \varepsilon^2 \int_{|x-\mathrm{E}(X)|>\varepsilon} \varphi(x)dx$$

$$= \varepsilon^2 P(|X - \mathrm{E}(X)| > \varepsilon).$$

Diesem Beweis der Tschebyschew'schen Ungleichung ist zu entnehmen, dass diese nur eine sehr grobe Abschätzung darstellt. Trotzdem impliziert sie den folgenden, ganz wichtigen Satz der Wahrscheinlichkeitsrechnung, genannt **Chintschins schwaches Gesetz der großen Zahlen**. Dass dieser Satz nur „schwaches Gesetz..." genannt wird, liegt daran, dass es verschiedene Konvergenzbegriffe für Zufallsvariable gibt. Das soll hier aber nicht weiter vertieft werden.

Satz 3.16

Es sei $X_1, X_2, \ldots$ eine Folge unabhängiger diskret oder kontinuierlich verteilter Zufallsvariabler mit Erwartungswert E und Varianz d^2. Dann konvergieren für die Zufallsvariablen $Y_n = \frac{1}{n}(X_1 + \cdots + X_n)$ die Wahrscheinlichkeiten der Ereignisse $|Y_n - E| > \varepsilon$ für jedes positive ε für $n \to \infty$ gegen 0.

Beweis. Für jede der Zufallsvariablen Y_n gilt

$$\mathrm{E}(Y_n) = \frac{1}{n}\mathrm{E}(X_1 + \cdots + X_n) = \frac{1}{n}(\mathrm{E}(X_1) + \cdots + \mathrm{E}(X_n)) = E$$

und

$$\mathrm{Var}(Y_n) = \left(\frac{1}{n}\right)^2 \mathrm{Var}(X_1 + \cdots + X_n) = \frac{1}{n^2}(\mathrm{Var}(X_1) + \cdots + \mathrm{Var}(X_n)) = \frac{d^2}{n},$$

und die Tschebyschew'sche Ungleichung liefert

$$P(|Y_n - E| > \varepsilon) \leq \frac{1}{\varepsilon^2} \cdot \frac{d^2}{n} \to 0.$$

Dieses Chintschin'sche Gesetz der großen Zahlen umfasst als Spezialfall ein viel älteres Ergebnis, genannt **Bernoullis schwaches Gesetz der großen Zahlen**, formuliert im nächsten Satz.

Satz 3.17

Es sei A ein Ereignis, das im Rahmen eines gewissen Experiments die Wahrscheinlichkeit p hat. Dann konvergiert für jedes positive ε die Wahrscheinlichkeit dafür, dass die relative Häufigkeit n_A/n des Auftretens von A im Verlauf von n Versuchen um mehr als ε von p differiert, für n gegen ∞ gegen 0.

Beweis. Bernoullis Gesetz entspricht Chintschins Gesetz für den Fall, dass die Zufallsvariablen X_k $\beta_{1,p}$-verteilt sind, denn $X_1 + \cdots + X_n$ ist dann $\beta_{n,p}$-verteilt, und das ist auch die Verteilung der Häufigkeit n_A.

Mit Bernoullis Gesetz der großen Zahlen hat sich übrigens der Standpunkt bestätigt, mit dem wir im Abschn. 1.1 die Wahrscheinlichkeitsrechnung begonnen haben.

Aufgaben

3.1 Die Zufallsvariable X sei $\beta_{n,p}$-verteilt. Beschreiben Sie die Verteilung der vektoriellen Zufallsvariablen (X, X).

3.2 Die vektorielle Zufallsvariable (X, Y) habe die Wahrscheinlichkeitsdichte φ. Skizzieren Sie die Teilmenge von $\mathbb{R}^2$, über die Sie φ integrieren müssen, um die Wahrscheinlichkeit des Ereignisses $X + Y \leq c$ zu erhalten für

a) $c = -2$
b) $c = 0$
c) $c = 3$.

3.3 Die vektorielle Zufallsvariable (X, Y) habe die Wahrscheinlichkeitsdichte φ. Skizzieren Sie die Teilmenge von $\mathbb{R}^2$, über die Sie φ integrieren müssen, um die Wahrscheinlichkeit des Ereignisses $X \cdot Y \leq c$ zu erhalten für

a) positives c
b) negatives c.

3.4 Die vektorielle Zufallsvariable (X, Y) habe die Wahrscheinlichkeitsdichte φ. Skizzieren Sie die Teilmenge von $\mathbb{R}^2$, über die Sie φ integrieren müssen, um die Wahrscheinlichkeit des Ereignisses $X/Y \leq c$ zu erhalten für

a) positives c
b) negatives c.

3.5 Die vektorielle Zufallsvariable (X, Y) habe die Wahrscheinlichkeitsdichte φ. Bestimmen Sie die Wahrscheinlichkeitsdichte von X.

3.6 Die vektorielle Zufallsvariable (X, Y) habe die Wahrscheinlichkeitsdichte φ.

a) Zeigen Sie, dass $X + Y$ die Wahrscheinlichkeitsdichte

$$\psi(z) = \int_{-\infty}^{+\infty} \varphi(x, z - x) dx$$

   hat.

b) Bestätigen Sie die Rechenregel $E(X + Y) = E(X) + E(Y)$.

3.7 Die Zufallsvariablen X und Y mit den Wahrscheinlichkeitsdichten φ und ψ seien unabhängig. Zeigen Sie, dass die Funktion

$$z \mapsto \int_{-\infty}^{+\infty} \varphi(z/y)\psi(y)\frac{1}{|y|} dy$$

die Wahrscheinlichkeitsdichte von $X \cdot Y$ ist.

3.8 Die Zufallsvariablen X und Y seien unabhängig und normalverteilt mit Erwartungswert 0 und Varianzen c^2 und d^2. Berechnen Sie die Wahrscheinlichkeitsdichte von X/Y.

3.9 Beim **Buffon'schen Nadelexperiment** wird eine Nadel der Länge l völlig zufällig auf eine mit parallelen Geraden mit dem Abstand $d > l$ ausgestattete Ebene geworfen. Bestätigen Sie, dass die Nadel mit der Wahrscheinlichkeit $\frac{2l}{d\pi}$ eine der Parallelen trifft.

Statistik

4

Übersicht

4.1   Abschätzung der Wahrscheinlichkeit eines Ereignisses

Angenommen, wir haben ein Experiment n-mal ausgeführt und registriert, dass dabei ein bestimmtes Ereignis A, dessen Wahrscheinlichkeit $p = P(A)$ wir bestimmen wollen, n_A-mal eingetreten ist. Wir haben also die relative Häufigkeit n_A/n festgestellt und wissen, dass diese auch so ungefähr die Wahrscheinlichkeit p ist. Die Frage ist nur, wie weit p von n/n_A abweichen kann.

Grundsätzlich ist in dieser Situation für p noch jeder Wert zwischen 0 und 1 möglich, jedoch beruht die Wahrscheinlichkeitstheorie ja gerade auf der Illusion, und das Gesetz der großen Zahlen hat ja auch untermauert, dass mit wachsender Anzahl n der durchgeführten Experimente die relative Häufigkeit immer genauer mit der Wahrscheinlichkeit übereinstimmt. Es geht uns jetzt darum, diesen Effekt zu bestätigen und genauer zu quantifizieren.

Es ist vernünftig, zunächst ein **Konfidenzniveau** c zu wählen. Das könnte etwa $c = 0,99$ (99-prozentige Sicherheit, vorsichtige Abschätzung) oder $c = 0,95$ (95-prozentige Sicherheit, riskantere Abschätzung) sein. Aus diesem Konfidenzniveau ergibt sich dann, wie die nachfolgende Rechnung zeigt, ein **Konfidenzintervall**, das die gesuchte Wahrscheinlichkeit p enthält.

© Springer-Verlag Berlin Heidelberg 2017
R. Oloff, *Wahrscheinlichkeitsrechnung und Maßtheorie*,
DOI 10.1007/978-3-662-53024-5_4

Im Abschn. 2.1 haben wir festgestellt, dass die Zufallsvariable, die der beobachteten Häufigkeit zugrunde liegt, $\beta_{n,p}$-verteilt ist. Nach dem Grenzwertsatz von de Moivre-Laplace ist für positives g die Wahrscheinlichkeit von

$$np - g\sqrt{np(1-p)} \leq n_A \leq np + g\sqrt{np(1-p)}$$

nahe bei

$$\frac{1}{\sqrt{2\pi}} \int_{-g}^{+g} e^{-t^2/2} dt.$$

Wir gehen hier davon aus, dass die Anzahl n groß genug ist, sodass die Ungenauigkeit, die die Verwendung des Grenzwertsatzes verursacht, zu vernachlässigen ist. Wenn wir jetzt g so wählen, dass

$$\frac{1}{\sqrt{2\pi}} \int_{-g}^{+g} e^{-t^2/2} dt = c$$

gilt, können wir uns mit der c entsprechenden Sicherheit darauf verlassen, dass dann die Ungleichungskette

$$p - g\sqrt{\frac{p(1-p)}{n}} \leq \frac{n_A}{n} \leq p + g\sqrt{\frac{p(1-p)}{n}},$$

also

$$\left|\frac{n_A}{n} - p\right| \leq g\sqrt{\frac{p(1-p)}{n}}$$

gilt.

Was heißt das nun für p? Handlicher ist die dazu äquivalente Ungleichung

$$\left(\frac{n_A}{n}\right)^2 - 2\frac{n_A}{n}p + p^2 \leq \frac{g^2}{n}(p - p^2).$$

Links steht eine nach oben geöffnete und rechts eine nach unten geöffnete Parabel, die Ungleichung gilt also zwischen den beiden Schnittpunkten. Deren Berechnung beruht auf der Lösung der quadratischen Gleichung

$$\left(1 + \frac{g^2}{n}\right)p^2 - \left(2\frac{n_A}{n} + \frac{g^2}{n}\right)p + \left(\frac{n_A}{n}\right)^2 = 0,$$

also

$$p^2 - \frac{2n_A + g^2}{n + g^2}p + \frac{(n_A)^2}{n^2 + ng^2} = 0.$$

Die Lösungsformel für die Nullstellen p_1 und p_2 liefert

$$p_{1,2} = \frac{n_A + g^2/2}{n + g^2} \mp \sqrt{\frac{(n_A)^2 + n_A g^2 + g^4/4}{(n + g^2)^2} - \frac{(n_A)^2/n}{n + g^2}}$$

$$= \frac{n_A + g^2/2 \mp \sqrt{(n_A)^2 + n_A g^2 + g^4/4 - (n + g^2)(n_A)^2/n}}{n + g^2}$$

$$= \frac{n_A + g^2/2 \mp \sqrt{n_A g^2 - (n_A)^2 g^2/n + g^4/4}}{n + g^2}$$

$$= \frac{n_A + g^2/2 \mp g\sqrt{n_A(1 - n_A/n) + g^2/4}}{n + g^2}.$$

Für die Berechnung der Zahl g aus dem Konfidenzniveau c ist die Tabelle im Abschn. 2.2 zu verwenden. Zu $c = 0,99$ gehört $g = 2,58$ und $c = 0,95$ führt zu $g = 1,96$.

Wir fassen unsere Erkenntnisse im folgenden Satz zusammen.

Satz 4.1

Wenn ein Ereignis A bei n-facher Durchführung eines Experiments n_A-mal eingetreten ist, dann liegt die Wahrscheinlichkeit P(A) von A mit 99-prozentiger (95-prozentiger) Sicherheit im Konfidenzintervall $[p_1, p_2]$ mit

$$p_{1,2} = \frac{n_A + 3,32 \mp 2,58\sqrt{n_A(1 - n_A/n) + 1,66}}{n + 6,63}$$

bzw.

$$p_{1,2} = \frac{n_A + 1,92 \mp 1,96\sqrt{n_A(1 - n_A/n) + 0,96}}{n + 3,84}.$$

Beispiel 4.1 Ein Ereignis A_1 sei in 240 Versuchen 51-mal eingetreten. Die relative Häufigkeit war also 0,2125. Mit 99-prozentiger Sicherheit gilt dann

$$0,153 \leq P(A_1) \leq 0,288$$

und mit nur 95-prozentiger Sicherheit

$$0,165 \leq P(A_1) \leq 0,269.$$

Beispiel 4.2 Ein anderes Ereignis A_2 zum gleichen Experiment sei in 180 Versuchen 54-mal eingetreten, das ergibt eine relative Häufigkeit von 0,3. Mit 99-prozentiger Sicherheit gilt dann

$$0,220 \leq P(A_2) \leq 0,394$$

und mit 95-prozentiger Sicherheit

$$0,238 \leq P(A_2) \leq 0,371.$$

Wenn wir die beiden Beispiele vergleichen, stellen wir fest, dass das Ereignis A_2 mit größerer relativer Häufigkeit eingetreten ist. Da sich aber die Konfidenzintervalle überschneiden, lässt sich selbst mit der geringeren 95-prozentigen Sicherheit nicht schlussfolgern, dass A_2 auch die größere Wahrscheinlichkeit hat.

4.2   Vergleich von zwei Ereignissen

Wir greifen jetzt die Problemstellung vom Ende des vorigen Abschnitts auf. Ein Ereignis A_1 ist im Verlauf von n_1 Versuchen k_1-mal eingetreten und das Ereignis A_2 ist in n_2 Versuchen k_2-mal eingetreten, und für die relativen Häufigkeiten hat sich dadurch $k_1/n_1 < k_2/n_2$ ergeben. Unter welchen Bedingungen kann man mit welcher Sicherheit daraus $P(A_1) < P(A_2)$ schlussfolgern?

Die Argumentation folgt einer Strategie, die in der mathematischen Statistik häufig zum Einsatz kommt. Sie besteht aus fünf Programmpunkten.

1) Wir formulieren eine Hypothese H, die wir dann versuchen zu widerlegen. In unserem Fall ist das der Standpunkt $P(A_1) = P(A_2)$.
2) Wir wählen ein Vertrauensniveau. In unserem Beispiel nehmen wir wieder 99 oder 95 Prozent.
3) Wir konstruieren ein Ereignis A, das mit der im zweiten Programmpunkt gewählten Wahrscheinlichkeit eintreten müsste.
4) Wir stellen fest, ob das Ereignis A eingetreten ist.
5) Wenn das Ereignis A nicht eingetreten ist, lehnen wir die Hypothese H ab. In unserem Fall heißt das $P(A_1) \neq P(A_2)$. Da die positive Zahl $k_2/n_2 - k_1/n_1$ also zu groß ist, um mit der Hypothese $P(A_1) = P(A_2)$ vereinbar zu sein, ist sie erst recht nicht mit $P(A_1) > P(A_2)$ zu vereinbaren. Also gilt mit der gewählten Sicherheit $P(A_1) < P(A_2)$.

Im konkreten Fall steckt der wesentliche Aufwand im dritten Programmpunkt. Es sei K_i ($i = 1, 2$) die Zufallsvariable, die die Häufigkeit des Eintretens des Ereignisses A_i im Verlauf von n_i unabhängigen Versuchen beschreibt, und H_i sei K_i/n_i. K_i ist $\beta_{n_i,p}$-verteilt mit $p = P(A_1) = P(A_2)$. Die Zufallsvariable $H_1 - H_2$ hat den Erwartungswert

$$E(H_1 - H_2) = \frac{E(K_1)}{n_1} - \frac{E(K_2)}{n_2} = \frac{n_1 p}{n_1} - \frac{n_2 p}{n_2} = 0$$

und die Varianz

$$\begin{aligned}
\text{Var}(H_1 - H_2) &= \text{Var}(H_1 + (-1)H_2) = \text{Var}(H_1) + \text{Var}(H_2) \\
&= \text{Var}\left(\frac{K_1}{n_1}\right) + \text{Var}\left(\frac{K_2}{n_2}\right) = \left(\frac{1}{n_1}\right)^2 n_1 p(1 - p) + \left(\frac{1}{n_2}\right)^2 n_2 p(1 - p) \\
&= \left(\frac{1}{n_1} + \frac{1}{n_2}\right) p(1 - p) = \frac{(n_1 + n_2)p(1 - p)}{n_1 n_2} = \frac{p(1 - p)}{n} \cdot \frac{n^2}{n_1 n_2}
\end{aligned}$$

mit $n = n_1 + n_2$. Die Wahrscheinlichkeit p kennen wir nicht, aber die Kombination $p(1 - p)/n$ haben wir durch eine relativ große Anzahl von Versuchen experimentell näherungsweise bestimmt, denn die Zufallsvariable $X = K_1 + K_2$ ist $\beta_{n,p}$-verteilt, und in Beispiel 2.4 Abschn. 2.3 haben wir den Erwartungswert

$$E\left(\frac{X(n - X)}{n^2(n - 1)}\right) = \frac{p(p - 1)}{n}$$

berechnet. Indem wir für $p(1 - p)/n$ den Näherungswert $(k_1 + k_2)(n - k_1 - k_2)/n^2(n - 1)$ einsetzen, erhalten wir

$$\text{Var}(H_1 - H_2) \approx \frac{(k_1 + k_2)(n - k_1 - k_2)}{n^2(n - 1)} \cdot \frac{n^2}{n_1 n_2} = \frac{(k_1 + k_2)(n_1 + n_2 - k_1 - k_2)}{(n_1 + n_2 - 1)n_1 n_2}.$$

Der Grenzwertsatz von de Moivre-Laplace berechtigt uns, die Zufallsvariable $H_1 - H_2$ näherungsweise als normalverteilt aufzufassen. Da wir deren Erwartungswert und deren Varianz kennen, heißt das, $H_1 - H_2$ ist näherungsweise ν_{0,d^2}-verteilt mit

$$d^2 = \frac{(k_1 + k_2)(n_1 + n_2 - k_1 - k_2)}{(n_1 + n_2 - 1)n_1 n_2}.$$

Für die standardnormalverteilte Zufallsvariable $(H_1 - H_2)/d$ gilt dann

$$|(H_1 - H_2)/d| \leq g$$

auf dem Vertrauensniveau von

$$\frac{1}{\sqrt{2\pi}} \int_{-g}^{g} e^{-x^2/2} dx = \sqrt{2/\pi} \int_{0}^{g} e^{-x^2/2} dx.$$

Die Ungleichung $(H_1 - H_2)^2/d^2 \leq g^2$ ist das gesuchte Ereignis A. Es müsste mit der vorgegebenen Sicherheit eintreten, aus der sich g mit Hilfe der Tabelle im Abschn. 2.2 bestimmen lässt. Wenn 99 Prozent Sicherheit gefordert wird, ist g mit

$$\frac{1}{\sqrt{2\pi}} \int_{-\infty}^{g} e^{-x^2/2} dx = 0,995$$

zu verwenden. Das ist $g = 2,575$, in der Ungleichung steht dann $g^2 = 6,63$. Analog erscheint für 95 Prozent Sicherheit $g^2 = 3,84$.

Wir kommen nun zum vierten Programmpunkt und haben zu prüfen, ob das Ereignis $(H_1 - H_2)^2/d^2 \leq g^2$ in unseren Versuchen stattgefunden hat. Dabei ist für H_1 der Quotient k_1/n_1 und für H_2 der Quotient k_2/n_2 einzusetzen. Die linke Seite der Ungleichung ergibt

$$\left(\frac{k_1}{n_1} - \frac{k_2}{n_2}\right)^2 \cdot \frac{(n_1 + n_2 - 1)n_1 n_2}{(k_1 + k_2)(n_1 + n_2 - k_1 - k_2)} = \frac{(k_1 n_2 - k_2 n_1)^2 (n_1 + n_2 - 1)}{n_1 n_2 (k_1 + k_2)(n_1 + n_2 - k_1 - k_2)}.$$

Es ist üblich, diesen Ausdruck mit χ^2 zu bezeichnen, das passt auch zur Interpretation von χ_1^2 als die Verteilung des Quadrats einer standardnormalverteilten Zufallsvariablen.

Die folgende Zusammenfassung unserer Überlegungen beschreibt den sogenannten χ^2-**Test**.

Satz 4.2

> *Ein Ereignis A_1 sei im Verlauf von n_1 Versuchen k_1-mal aufgetreten, ein anderes Ereignis A_2 sei in n_2 Versuchen k_2-mal aufgetreten, und für die relativen Häufigkeiten hat sich $k_1/n_1 < k_2/n_2$ ergeben. Wenn für*
>
> $$\chi^2 = \frac{(k_1 n_2 - k_2 n_1)^2 (n_1 + n_2 - 1)}{n_1 n_2 (k_1 + k_2)(n_1 + n_2 - k_1 - k_2)}$$
>
> *$\chi^2 > 6,63$ ist, dann gilt für die Wahrscheinlichkeiten mit 99-prozentiger Sicherheit $P(A_1) < P(A_2)$, wenn $\chi^2 > 3,84$ ist, dann gilt noch mit 95-prozentiger Sicherheit $P(A_1) < P(A_2)$.*

Beispiel Wir kommen zurück auf die Beispiele 4.1 und 4.2 des vorigen Abschnitts, also $k_1 = 51$, $n_1 = 240$, $k_2 = 54$, $n_2 = 180$. Das ergibt $\chi^2 = 4,19$. Deshalb können wir keine Entscheidung mit der hohen Sicherheit von 99 Prozent treffen. Aber mit nur 95-prozentiger Sicherheit können wir $P(A_1) < P(A_2)$ schlussfolgern, obwohl sich auch die beiden Konfidenzintervalle um k_1/n_1 und k_2/n_2 zum Vertrauensniveau von 95 Prozent überlappen.

4.3 Auswertung einer Messreihe

Wenn bei der Messung einer bestimmten (physikalischen) Größe eine gewisse Unschärfe in Kauf genommen werden muss, wird man diese Messung mehrmals durchführen in der Hoffnung, dass sich die Ungenauigkeiten durch die Verwendung des arithmetischen Mittels gegenseitig aufheben. Unter der vereinfachenden Annahme, dass die Messfehler voneinander unabhängig sind und normalverteilt mit Erwartungswert 0 und gleicher Varianz, wollen wir hier zu gegebenem Konfidenzniveau das Konfidenzintervall für die zu messende Größe bestimmen. Grundlage dafür ist der folgende Satz.

Satz 4.3

Die Komponenten X_i der vektoriellen Zufallsvariablen $(X_1, \ldots, X_n)$ seien unabhängig und normalverteilt mit Erwartungswert a und Varianz d^2. Dann sind die Zufallsvariablen

$$M = \frac{1}{n} \sum_{i=1}^{n} X_i \qquad \text{und} \qquad S^2 = \frac{1}{n-1} \sum_{i=1}^{n} (X_i - M)^2$$

unabhängig, M ist $\nu_{a,d^2/n}$-verteilt, $S^2(n-1)/d^2$ ist χ^2_{n-1}-verteilt und $(M-a)\sqrt{n}/S$ ist τ_{n-1}-verteilt.

Beweis. Um die Wahrscheinlichkeit des Ereignisses

$$M < b_1 \qquad \wedge \qquad \frac{n-1}{d^2} S^2 < b_2$$

zu berechnen, müssen wir die Wahrscheinlichkeitsdichte

$$\varphi(x_1, \ldots, x_n) = \frac{1}{\sqrt{2\pi d^2}^n} \exp\left(-\frac{1}{2} \sum_{i=1}^{n} (x_i - a)^2/d^2\right)$$

über die Teilmenge von $\mathbb{R}^n$ integrieren, die charakterisiert ist durch die äquivalenten Paare von Ungleichungen

$$\frac{1}{n} \sum_{i=1}^{n} x_i < b_1 \qquad \wedge \qquad \frac{1}{d^2} \sum_{i=1}^{n} \left(x_i - \frac{1}{n} \sum_{j=1}^{n} x_j\right)^2 < b_2$$

$$a + \frac{d}{n}\sum_{i=1}^{n}\frac{x_i - a}{d} < b_1 \quad \wedge \quad \sum_{i=1}^{n}\left(\frac{x_i - a}{d} - \frac{1}{n}\sum_{j=1}^{n}\frac{x_j - a}{d}\right)^2 < b_2$$

$$a + \frac{d}{n}\sum_{i=1}^{n}y_i < b_1 \quad \wedge \quad \sum_{i=1}^{n}(y_i)^2 - \frac{2}{n}\sum_{i=1}^{n}y_i\sum_{j=1}^{n}y_j + \frac{n}{n^2}\left(\sum_{j=1}^{n}y_j\right)^2 < b_2$$

$$a + \frac{d}{n}\sum_{i=1}^{n}y_i < b_1 \quad \wedge \quad \sum_{i=1}^{n}(y_i)^2 - \frac{1}{n}\left(\sum_{i=1}^{n}y_i\right)^2 < b_2$$

$$a + \frac{d}{\sqrt{n}}z_n < b_1 \quad \wedge \quad \sum_{i=1}^{n}(z_i)^2 - (z_n)^2 < b_2$$

$$a + \frac{d}{\sqrt{n}}z_n < b_1 \quad \wedge \quad (z_1)^2 + (z_2)^2 + \cdots + (z_{n-1})^2 < b_2.$$

Dabei haben wir zunächst Variable $y_i = (x_i - a)/d$ und dann Variable z_i durch $z = Dy$ eingeführt, wobei D eine orthonormale Matrix mit positiver Determinante (Drehung in $\mathbb{R}^n$) sein soll, in deren letzter Zeile n-mal die Zahl $1/\sqrt{n}$ = steht. Insbesondere können wir die Gleichheit der euklidischen Normen der n-Tupel y und z verwenden. Die Wahrscheinlichkeit des Ereignisses $M < b_1$ ist

$$\frac{1}{(2\pi d^2)^{n/2}}\int\cdots\int_{\frac{1}{n}\sum x_i < b_1}\exp\left(-\frac{1}{2}\sum(x_i - a)^2/d^2\right)dx_1\cdots dx_n$$

$$= \frac{1}{(2\pi)^{n/2}}\int\cdots\int_{a+\frac{d}{n}\sum y_i < b_1}\exp\left(-\frac{1}{2}\sum(y_i)^2\right)dy_1\cdots dy_n$$

$$= \frac{1}{(2\pi)^{n/2}}\int\cdots\int_{a+\frac{z_n d}{\sqrt{n}} < b_1}\exp\left(-\frac{1}{2}(z_i)^2\right)dz_1\cdots dz_n$$

$$= \left(\frac{1}{\sqrt{2\pi}}\int_{-\infty}^{+\infty}e^{-t^2/2}dt\right)^{n-1}\cdot\frac{1}{\sqrt{2\pi}}\int_{-\infty}^{(b_1-a)\sqrt{n}/d}e^{-(z_n)^2/2}dz_n$$

$$= \frac{1}{\sqrt{2\pi d^2/n}}\int_{-\infty}^{b_1}\exp\left(-\frac{(s - a)^2}{2(d/\sqrt{n})^2}\right)ds.$$

Davon ist insbesondere abzulesen, dass M $v_{a,d^2/n}$-verteilt ist, was nach den Rechenregeln

$$E(M) = E((X_1 + \cdots + X_n)/n) = (E(X_1) + \cdots + E(X_n))/n = a$$

und

$$\mathrm{Var}(M) = \mathrm{Var}((X_1 + \cdots + X_n)/n) = (\mathrm{Var}(X_1) + \cdots + \mathrm{Var}(X_n))/n^2 = d^2/n$$

auch schon vor dieser Rechnung klar war. Das Ereignis $\frac{n-1}{d^2}S^2 < b_2$ hat die Wahrscheinlichkeit

$$\frac{1}{(2\pi d^2)^{n/2}} \int \cdots \int_{\frac{1}{d^2}\sum_i (x_i - \frac{1}{n}\sum_j x_j)^2 < b_2} \exp\left(-\frac{1}{2}\sum_i (x_i - a)^2/d^2\right) dx_1 \cdots dx_n$$

$$= \frac{1}{(2\pi)^{n/2}} \int \cdots \int_{\sum (y_i)^2 - \frac{1}{n}(\sum y_i)^2 < b_2} \exp\left(-\frac{1}{2}\sum (y_i)^2\right) dy_1 \cdots dy_n$$

$$= \frac{1}{(2\pi)^{n/2}} \int \cdots \int_{(z_1)^2 + \cdots + (z_{n-1})^2 < b_2} \exp\left(-\frac{1}{2}\sum (z_i)^2\right) dz_1 \cdots dz_n$$

$$= \frac{1}{(2\pi)^{(n-1)/2}} \int \cdots \int_{(z_1)^2 + \cdots + (z_{n-1})^2 < b_2} \exp\left(-\frac{1}{2}((z_1)^2 + \cdots + (z_{n-1})^2)\right) dz_1 \cdots dz_{n-1}$$

$$= \frac{1}{(2\pi)^{(n-1)/2}} \cdot \frac{2\pi^{\frac{n-1}{2}}}{\Gamma\left(\frac{n-1}{2}\right)} \int_0^{\sqrt{b_2}} e^{-r^2/2} r^{n-2} dr$$

$$= \frac{1}{2^{\frac{n-1}{2}}} \cdot \frac{2}{\Gamma\left(\frac{n-1}{2}\right)} \int_0^{b_2} e^{-\frac{t}{2}} t^{\frac{n}{2}-1} \frac{1}{2t^{1/2}} dt$$

$$= \frac{1}{2^{\frac{n-1}{2}} \Gamma\left(\frac{n-1}{2}\right)} \int_0^{b_2} t^{\frac{n-1}{2}-1} e^{-t/2} dt.$$

Hier haben wir

$$\frac{1}{\sqrt{2\pi}} \int_{-\infty}^{+\infty} e^{-(z_n)^2/2} dz_n = 1$$

und Kugelkoordinaten in $\mathbb{R}^{n-1}$ verwendet und können nun ablesen, dass die Zufallsvariable $\frac{n-1}{d^2}S^2$ tatsächlich χ_{n-1}^2-verteilt ist. Die beiden Ereignisse $M < b_1$ und $\frac{n-1}{d^2}S^2 < b_2$ finden statt mit der Wahrscheinlichkeit

$$\frac{1}{(2\pi d^2)^{n/2}} \int \cdots \int_{M_x} \exp\left(-\frac{1}{2}\sum (x_i - a)^2/d^2\right) dx_1 \cdots dx_n$$

$$= \frac{1}{(2\pi)^{n/2}} \int \cdots \int_{M_z} \exp\left(-\frac{1}{2}\sum (z_i)^2\right) dz_1 \cdots dz_n$$

mit

$$M_x = \left\{ (x_1, \ldots, x_n) : \quad \frac{1}{n}\sum x_i < b_1 \quad \wedge \quad \frac{1}{d^2}\sum_i \left(x_i - \frac{1}{n}\sum_j x_j\right)^2 < b_2 \right\}$$

und

$$M_z = \left\{ (z_1, \ldots, z_n) : \quad a + \frac{d}{\sqrt{n}} z_n < b_1 \quad \wedge \quad (z_1)^2 + \cdots + (z_{n-1})^2 < b_2 \right\}.$$

Das letzte Integral lässt sich faktorisieren in die beiden Integrale

$$\frac{1}{\sqrt{2\pi}} \int_{-\infty}^{(b_1-a)\sqrt{n}/d} e^{-(z_n)^2/2} dz_n$$

und

$$\frac{1}{(2\pi)^{(n-1)/2}} \int \cdots \int_{(z_1)^2 + \cdots + (z_{n-1})^2 < b_2} \exp\left(-\frac{1}{2}((z_1)^2 + \cdots + (z_{n-1})^2) \right) dz_1 \cdots dz_{n-1}.$$

Also ist die Wahrscheinlichkeit des Ereignisses

$$(M < b_1) \wedge (\frac{n-1}{d^2} S^2 < b_2)$$

das Produkt der Wahrscheinlichkeiten der Ereignisse $M < b_1$ und $\frac{n-1}{d^2} S^2 < b_2$. Damit ist die Unabhängigkeit der Zufallsvariablen M und S^2 gesichert. Die Zufallsvariable $(M - a)\sqrt{n/S^2}$ lässt sich als Quotient

$$(M - a)\sqrt{n/S^2} = \frac{(M - a)\sqrt{n/d^2}}{\sqrt{\frac{n-1}{d^2} S^2/(n-1)}}$$

schreiben. Zähler und Nenner sind unabhängig voneinander, der Zähler ist standardnormalverteilt und $\frac{n-1}{d^2} S^2$ ist χ_{n-1}^2-verteilt. Nach Satz 3.13 ist der Quotient dann τ_{n-1}-verteilt. Damit ist Satz 4.3 schließlich vollständig bewiesen.

Wir kommen jetzt auf die zu Beginn dieses Abschnitts formulierte Aufgabenstellung zurück. Wir haben die unbekannte Größe a n-mal gemessen und dabei die **Messreihe** $x_1, \ldots, x_n$ erhalten. Diese verarbeiten wir zum **empirischen Mittelwert**

$$\bar{x} = \frac{1}{n} \sum_{i=1}^{n} x_i$$

und zur **empirischen Streuung**

$$s^2 = \frac{1}{n-1} \sum_{i=1}^{n} (x_i - \bar{x})^2 = \frac{1}{n-1} \left(\sum_{i=1}^{n} (x_i)^2 - n\bar{x}^2 \right).$$

Die Zahl $(\bar{x} - a)\sqrt{n/s^2}$ ist ein Wert der τ_{n-1}-verteilten Zufallsvariablen $(M - a)\sqrt{n/S^2}$, der deshalb mit der Wahrscheinlichkeit $\int_{-t}^{t} \tau_{n-1}(x)dx$ zwischen $-t$ und t liegen muss. Mit dieser Wahrscheinlichkeit gilt deshalb

$$|\bar{x} - a|\sqrt{n/s^2} \leq t,$$

also

$$|a - \bar{x}| \leq t\sqrt{s^2/n}.$$

Damit haben wir eine Abschätzung der Abweichung der gesuchten Zahl a vom empirischen Mittelwert erhalten.

Wir fassen unser Ergebnis im folgenden Satz zusammen.

Satz 4.4

Die n-fache Messung der unbekannten Größe a hat die Messreihe $x_1, x_2, \ldots, x_n$ mit

$$\bar{x} = \frac{1}{n} \sum_{i=1}^{n} x_i \qquad und \qquad s^2 = \frac{1}{n-1} \sum_{i=1}^{n} (x_i - \bar{x})^2$$

ergeben. Dann ist das Konfidenzintervall für a zum Konfidenzniveau 99 % (bzw. 95 %) durch die Ungleichungen

$$|a - \bar{x}| \leq t_{n-1}^{0,99} \sqrt{s^2/n} \qquad bzw. \qquad |a - \bar{x}| \leq t_{n-1}^{0,95} \sqrt{s^2/n}$$

charakterisiert, wobei die Zahlen $t_{n-1}^{0,99}$ und $t_{n-1}^{0,95}$ bestimmt sind durch

$$\int_{-t_{n-1}^{0,99}}^{t_{n-1}^{0,99}} \varphi(t)dt = 0,99 \qquad bzw. \qquad \int_{-t_{n-1}^{0,95}}^{t_{n-1}^{0,95}} \varphi(t)dt = 0,95,$$

wobei φ die Wahrscheinlichkeitsdichte der τ_{n-1}-Verteilung ist.

Für die Anwendung von Satz 4.4 benötigt man die Zahlen, die durch die τ_{n-1}-Verteilung bestimmt sind. Sie können der Tabelle am Ende dieses Abschnitts entnommen werden.

In den folgenden Beispielen werten wir auf dem Konfidenzniveau von 95 % zwei Messreihen aus, jede aus $n = 20$ Messungen entstanden. Aus der Tabelle lesen wir $t_{19}^{0,95} = 2,09$ ab.

	Beispiel 4.1	**Beispiel 4.2**
x_1	3,171	3,191
x_2	3,220	3,227
x_3	3,209	3,221
x_4	3,232	3,273
x_5	3,200	3,288
x_6	3,194	3,165
x_7	3,256	3,213
x_8	3,127	3,263
x_9	3,245	3,265
x_{10}	3,200	3,281
x_{11}	3,248	3,211
x_{12}	3,173	3,214
x_{13}	3,220	3,231
x_{14}	3,209	3,235
x_{15}	3,248	3,228
x_{16}	3,176	3,244
x_{17}	3,236	3,273
x_{18}	3,177	3,204
x_{19}	3,218	3,167
x_{20}	3,202	3,223
$\bar{x}$	3,208	3,231
s^2	0,00106	0,00124
s^2/n	0,000053	0,000062
$\sqrt{s^2/n}$	0,00728	0,00787
$t_{n-1}^{0,95}\sqrt{s^2/n}$	0,0152	0,0165
Ergebnis	**3,208 ± 0,015**	**3,231 ± 0,017**

n	$t_n^{0,9}$	$t_n^{0,95}$	$t_n^{0,98}$	$t_n^{0,99}$	$t_n^{0,999}$
1	6,31	12,71	31,82	63,66	636,62
2	2,92	4,30	6,97	9,93	31,60
3	2,35	3,18	4,54	5,84	12,94
4	2,13	2,78	3,75	4,60	8,61
5	2,02	2,57	3,37	4,03	6,86
6	1,94	2,45	3,14	3,71	5,96
7	1,90	2,37	3,00	3,50	5,40
8	1,86	2,31	2,90	3,36	5,04
9	1,83	2,26	2,82	3,25	4,78

(Fortsetzung)

n	$t_n^{0,9}$	$t_n^{0,95}$	$t_n^{0,98}$	$t_n^{0,99}$	$t_n^{0,999}$
10	1,81	2,23	2,76	3,17	4,59
11	1,80	2,20	2,72	3,11	4,44
12	1,78	2,18	2,68	3,06	4,32
13	1,77	2,16	2,65	3,01	4,22
14	1,76	2,15	2,62	2,98	4,14
15	1,75	2,13	2,60	2,95	4,07
16	1,75	2,12	2,58	2,92	4,02
17	1,74	2,11	2,57	2,90	3,97
18	1,73	2,10	2,55	2,88	3,92
19	1,73	2,09	2,54	2,86	3,88
20	1,72	2,09	2,53	2,85	3,85
25	1,71	2,06	2,49	2,79	3,72
30	1,70	2,04	2,46	2,75	3,65
40	1,68	2,02	2,42	2,70	3,55
60	1,67	2,00	2,39	2,66	3,46
120	1,66	1,98	2,36	2,62	3,37

4.4 Vergleich von zwei Messreihen

Die Beispiele am Ende des vorigen Abschnitts beinhalten zwei Messreihen mit leicht unterschiedlichen empirischen Mittelwerten. Da sich die Konfidenzintervalle überschneiden, lässt sich nicht mit 95 % Sicherheit aus der Ungleichung für die beiden empirischen Mittelwerte auch die entsprechende Ungleichung für die beiden zu messenden Größen schlussfolgern. Für eine solche Situation gibt es ein sensibleres Verfahren, genannt **t-Test**, das in diesem Abschnitt vorgestellt werden soll. Für dessen Begründung benötigen wir den folgenden Satz.

Satz 4.5

Es seien $X_1^{(1)}, \ldots, X_{n_1}^{(1)}, X_1^{(2)}, \ldots, X_{n_2}^{(2)}$ unabhängige ν_{a,d^2}-verteilte Zufallsvariable und für $j = 1$ und $j = 2$ sei

$$M_j = \frac{1}{n_j} \sum_{i=1}^{n_j} X_i^{(j)} \quad \text{und} \quad S_j^2 = \frac{1}{n_j - 1} \sum_{i=1}^{n_j} \left(X_i^{(j)} - M_j \right)^2.$$

Dann ist die Zufallsvariable

$$\frac{M_1 - M_2}{\sqrt{\left(\frac{1}{n_1} + \frac{1}{n_2} \right) \frac{(n_1-1)S_1^2 + (n_2-1)S_2^2}{n_1 + n_2 - 2}}}$$

$\tau_{n_1 + n_2 - 2}$-verteilt.

Beweis. M_1 und M_2 sind normalverteilt mit Erwartungswert a und Varianz $\mathrm{Var}(M_1) = d^2/n_1$ und $\mathrm{Var}(M_2) = d^2/n_2$. Deshalb ist $M_1 - M_2$ normalverteilt mit Erwartungswert 0 und Varianz $d^2(1/n_1 + 1/n_2)$. Also ist $(M_1 - M_2)/d\sqrt{1/n_1 + 1/n_2}$ standardnormalverteilt. Nach Satz 4.3 sind die Zufallsvariablen $S_j^2(n_j - 1)/d^2$ $\chi^2_{n_j-1}$-verteilt, damit ist ihre Summe $\chi^2_{n_1+n_2-2}$-verteilt. Nach Satz 3.13 ist dann

$$\frac{M_1 - M_2}{\sqrt{\left(\frac{1}{n_1} + \frac{1}{n_2}\right)\frac{(n_1-1)S_1^2+(n_2-1)S_2^2}{n_1+n_2-2}}} = \frac{(M_1 - M_2)/d\sqrt{\frac{1}{n_1} + \frac{1}{n_2}}}{\sqrt{\frac{S_1^2(n_1-1)/d^2+S_2^2(n_2-1)/d^2}{n_1+n_2-2}}}$$

$\tau_{n_1+n_2-2}$-verteilt.

Wir kommen jetzt auf die zu Beginn dieses Abschnitts beschriebene Situation zurück. Die beiden Messreihen $x_1^{(1)}, \ldots, x_{n_1}^{(1)}$ und $x_1^{(2)}, \ldots, x_{n_2}^{(2)}$ für die Größen a_1 bzw. a_2 haben die empirischen Mittelwerte $\bar{x}^{(1)} < \bar{x}^{(2)}$ ergeben, und die empirischen Streuungen s_1^2 und s_2^2 sollen sich nur wenig unterscheiden. Kann daraus auf die Ungleichung $a_1 < a_2$ geschlossen werden?

Wir folgen der schon im Abschn. 4.2 beschriebenen Argumentationslinie und starten also mit der Hypothese $a_1 = a_2(= a)$. Aus unseren beiden Messreihen berechnen wir den Quotienten

$$q = \frac{\bar{x}^{(1)} - \bar{x}^{(2)}}{\sqrt{\left(\frac{1}{n_1} + \frac{1}{n_2}\right)\frac{(n_1-1)s_1^2+(n_2-1)s_2^2}{n_1+n_2-2}}}.$$

Dieser ist eine Realisierung der Zufallsvariablen

$$\frac{M_1 - M_2}{\sqrt{\left(\frac{1}{n_1} + \frac{1}{n_2}\right)\frac{(n_1-1)S_1^2+(n_2-1)S_2^2}{n_1+n_2-2}}},$$

die nach Satz 4.5 $\tau_{n_1+n_2-2}$-verteilt ist. Deshalb müsste mit der unserem zuvor gewählten Konfidenzniveau entsprechenden Wahrscheinlichkeit

$$\int_{-t_{n_1+n_2-2}}^{t_{n_1+n_2-2}} \tau_{n_1+n_2-2}(t)dt$$

die Ungleichung $|q| \le t_{n_1+n_2-2}$ gelten. Andernfalls lehnen wir die Hypothese $a_1 = a_2$ (und erst recht $a_1 > a_2$) ab. Also gilt dann $a_1 < a_2$ mit der ausgewählten Sicherheit.

Der folgende unsere Überlegungen zusammenfassende Satz beschreibt den **t-Test**.

Satz 4.6

Zu den Messreihen $x_1^{(1)}, \ldots, x_{n_1}^{(1)}$ und $x_1^{(2)}, \ldots, x_{n_2}^{(2)}$ der Größen a_1 und a_2 berechnen wir

$$\bar{x}^{(j)} = \frac{1}{n_j} \sum_{i=1}^{n_j} x_i^{(j)} \qquad und \qquad s_j^2 = \frac{1}{n_j - 1} \sum_{i=1}^{n_j} \left(x_i^{(j)} - \bar{x}^{(j)} \right)^2.$$

Es sei $\bar{x}^{(1)} < \bar{x}^{(2)}$ und s_1^2 und s_2^2 seien ungefähr gleich. Die Zahl $t_{n_1+n_2-2}$ entspreche dem gewählten Konfidenzniveau

$$\int_{-t_{n_1+n_2-2}}^{t_{n_1+n_2-2}} \varphi(t)dt$$

mit der Wahrscheinlichkeitsdichte φ der $\tau_{n_1+n_2-2}$-Verteilung. Wenn

$$\bar{x}^{(2)} - \bar{x}^{(1)} > t_{n_1+n_2-2} \cdot \sqrt{\left(\frac{1}{n_1} + \frac{1}{n_2} \right) \frac{(n_1 - 1)s_1^2 + (n_2 - 1)s_2^2}{n_1 + n_2 - 2}},$$

dann gilt mit der gewählten Sicherheit $a_1 < a_2$.

Beispiel Wir kommen auf die beiden Messreihen des vorigen Abschnitts zurück. Zu den Anzahlen $n_1 = n_2 = 20$ der Messungen gehört t_{38}, und für das Konfidenzniveau von 95 % ist das $t_{38} = 2,025$. Auf der rechten Seite der entscheidenden Ungleichung steht

$$2,025 \cdot \sqrt{(0,05 + 0,05) \frac{19 \cdot 0,00106 + 19 \cdot 0,00124}{38}} = 2,025\sqrt{0,000115} = 0,0217$$

und auf der linken Seite 0,023. Also hat sich mit 95-prozentiger Sicherheit $a_1 < a_2$ ergeben, was von den entsprechenden Konfidenzintervallen nicht abzulesen war.

4.5 Beschreibung einer Population

Wenn man feststellen will, wie lang die Tiere einer bestimmten Art sind, liegt es nahe, einige zufällig ausgewählte Exemplare zu messen. Wie kann man aus dieser Messreihe ein (möglichst kurzes) Intervall gewinnen mit der Eigenschaft, dass die Länge eines Tieres dieser Art normalerweise in diesem Intervall liegt?

Aus Gründen der rechnerischen Einfachheit stellen wir uns auf den Standpunkt, dass die Länge normalverteilt ist. Das ist natürlich in gewisser Weise weltfremd, da die Länge nicht negativ sein kann. Dieser Fehler im Modell kommt jedoch erst relativ weit entfernt vom Erwartungswert zum Tragen und stört uns deshalb nicht ernsthaft.

Die Zahlen $x_1, \ldots, x_n$ sollen die Beobachtungen der unabhängigen v_{a,d^2}-verteilten Zufallsvariablen $X_1, \ldots, X_n$ sein. Wir wollen Informationen über die Zahlen a und d^2 erhalten. Die Zahl a ist auch der Erwartungswert von $M = \frac{1}{n}(X_1 + \cdots + X_n)$. Mit dem **empirischen Mittelwert** $\bar{x} = (x_1 + \cdots + x_n)/n$ haben wir einen Wert dieser Zufallsvariablen registriert. Da $\mathrm{Var}(M) = d^2/n$ für $n \to \infty$ gegen 0 konvergiert, können wir $\bar{x}$ als einen Näherungswert der unbekannten Zahl a auffassen.

Die zur Verfügung stehende **empirische Streuung**

$$s^2 = \frac{1}{n-1} \sum_{i=1}^{n} (x_i - \bar{x})^2$$

ist ein beobachteter Wert der Zufallsvariablen

$$S^2 = \frac{1}{n-1} \sum_{i=1}^{n} (X_i - M)^2.$$

Nach Satz 4.3 und den Beispielen 4.1 und 2.6 aus Abschn. 2.3 sind deren Erwartungswert

$$\mathrm{E}(S^2) = \mathrm{E}\left(\frac{d^2}{n-1} \left(S^2 \frac{n-1}{d^2} \right) \right) = \frac{d^2}{n-1} \mathrm{E}\left(S^2 \frac{n-1}{d^2} \right) = \frac{d^2}{n-1}(n-1) = d^2$$

und deren Varianz

$$\mathrm{Var}(S^2) = \mathrm{Var}\left(\frac{d^2}{n-1} \left(S^2 \frac{n-1}{d^2} \right) \right) = \left(\frac{d^2}{n-1} \right)^2 \mathrm{Var}(S^2 (n-1)/d^2)$$

$$= \frac{d^4}{(n-1)^2} \cdot 2(n-1) = \frac{2d^4}{n-1}.$$

Die Konvergenz der Varianz von S^2 gegen 0 für $n \to \infty$ berechtigt uns wieder dazu, die empirische Streuung s^2 als einen Näherungswert der Zahl $\mathrm{E}(S^2) = d^2$ anzuerkennen. Insgesamt stellen wir uns damit auf den Standpunkt, dass die der zu bestimmenden Maßzahl der untersuchten Population zugrunde liegende Zufallsvariable X $v_{\bar{x},s^2}$-verteilt ist. Jetzt brauchen wir nur noch, wie schon im Abschn. 4.1, zu vorgegebenem Konfidenzniveau (z. B. 99 % oder 95 %) die Zahl g aufzusuchen, für die

$$\frac{1}{\sqrt{2\pi}} \int_{-g}^{g} e^{-x^2/2} dx = 0,99$$

(bzw. 0,95) gilt. Dann erstreckt sich das gesuchte Konfidenzintervall von $\bar{x} - gs$ bis $\bar{x} + gs$. Wir fassen unser Ergebnis im folgenden Satz zusammen.

Satz 4.7

Wenn die Zahlen $x_1, \ldots, x_n$ die Messwerte einer normalverteilten Größe einer Population sind, dann liegt diese Größe bei 99 % (bzw. 95 %) dieser Population zwischen $\bar{x} - 2,58s$ und $\bar{x} + 2,58s$ (bzw. $\bar{x} - 1,96s$ und $\bar{x} + 1,96s$) mit

$$\bar{x} = \frac{1}{n} \sum_{i=1}^{n} x_i \quad \text{und} \quad s = \sqrt{\frac{1}{n-1} \sum_{i=1}^{n} (x_i - \bar{x})^2}.$$

Beispiel Es sind 10 ausgewachsene Exemplare einer Tierart zufällig ausgewählt und dabei die Längen 1,74 m, 1,71 m, 1,49 m, 1,61 m, 1,60 m, 1,67 m, 1,67 m, 1,54 m, 1,63 m, 1,64 m gemessen worden. Daraus ergibt sich für 99 % solcher Tiere eine Länge zwischen 1,44 m und 1,82 m und für 95 % zwischen 1,48 m und 1,78 m.

4.6 Lineare Regression

Von einer Messreihe $y_1, \ldots, y_n$, die durch mit Ungenauigkeiten behaftete Messungen einer Größe y entstanden ist, bildet man den empirischen Mittelwert $\bar{y} = (y_1, \ldots, y_n)/n$ in der Hoffnung, dass sich die Messfehler gegenseitig aufheben und deshalb $\bar{y}$ ziemlich genau die Größe y liefert. Dieser Mittelwert lässt sich auch als Lösung einer Extremwertaufgabe charakterisieren: Für jede Zahl $\hat{y}$ gilt

$$\sum_{i=1}^{n} (y_i - \bar{y})^2 \leq \sum_{i=1}^{n} (y_i - \hat{y})^2$$

(siehe Aufgabe 4.6). Es liegt deshalb nahe, auch das folgende allgemeinere Problem als Extremwertaufgabe zu bearbeiten: Eine Größe y hänge von einem Parameter x ab, und man hat Grund zu der Annahme, dass die Abhängigkeit dieser Größe y von x durch eine Funktion zu beschreiben ist, deren Graph eine Gerade, genannt **Regressionsgerade**, ist. Diese Kenntnis könnte aus theoretischen Überlegungen resultieren, oder man hat ganz einfach festgestellt, dass die Punkte der Messreihe $(x_1, y_1), \ldots, (x_n, y_n)$ in der x-y-Ebene so ungefähr auf einer Geraden liegen.

Die Extremwertaufgabe besteht nun darin, die Gerade $y = ax + b$ zu bestimmen, für die die Summe der Quadrate von $(ax_i + b) - y_i$ kleinstmöglich ist. Das ist dann die **empirische Regressionsgerade**, resultierend aus der sogenannten **Methode der kleinsten Quadrate**.

Zur Vereinfachung der Rechnung kürzen wir ab

$$\frac{1}{n} \sum_{i=1}^{n} x_i = \bar{x} \quad \text{und} \quad \frac{1}{n} \sum_{i=1}^{n} y_i = \bar{y}$$

und schreiben die gesuchte empirische Regressionsgerade in der Form $y = m(x - \bar{x}) + h$. Die Zahlen m und h sind so zu bestimmen, dass der Ausdruck

$$g(m, h) = \sum_{i=1}^{n} (m(x_i - \bar{x}) + h - y_i)^2$$

so klein wie möglich wird.

Mit dem Gleichungssystem

$$0 = \frac{\partial g}{\partial m}(m, h) = \sum_{i=1}^{n} 2(m(x_i - \bar{x}) + h - y_i)(x_i - \bar{x})$$

$$0 = \frac{\partial g}{\partial h}(m, h) = \sum_{i=1}^{n} 2(m(x_i - \bar{x}) + h - y_i) = 2\left(nh - \sum_{i=1}^{n} y_i\right)$$

bestimmen wir zunächst alle relativen Extrema. Die zweite Gleichung liefert $h = \bar{y}$ und die erste wegen $\sum(x_i - \bar{x}) = 0$

$$0 = m \sum_{i=1}^{n} (x_i - \bar{x})^2 - \sum_{i=1}^{n} y_i(x_i - \bar{x})$$

und damit

$$m = \frac{\sum y_i(x_i - \bar{x})}{\sum(x_i - \bar{x})^2} = \frac{\sum x_i y_i - n\bar{x}\bar{y}}{\sum(x_i)^2 - 2\bar{x}\sum x_i + n\bar{x}^2} = \frac{\sum x_i y_i - n\bar{x}\bar{y}}{\sum(x_i)^2 - n\bar{x}^2}.$$

Also ist die Gerade

$$y = \frac{\sum x_i y_i - n\bar{x}\bar{y}}{\sum(x_i)^2 - n\bar{x}^2}(x - \bar{x}) + \bar{y}$$

das einzige relative Extremum von g und damit nach Lage der Dinge das globale Minimum, also die empirische Regressionsgerade.

Jetzt geht es darum, zu vorgegebenem Konfidenzniveau den Konfidenzbereich zu konstruieren, in dem die Regressionsgerade liegt. Dazu benötigen wir den folgenden Satz.

Satz 4.8

Zu reellen Zahlen $x_1, \ldots, x_n$ mit Mittelwert $\bar{x} = (x_1 + \cdots + x_n)/n$ und empirischer Streuung $s^2 = ((x_1 - \bar{x})^2 + \cdots + (x_n - \bar{x})^2)/(n - 1)$ seien $Y_1, \ldots, Y_n$ unabhängige normalverteilte Zufallsvariable mit $E(Y_i) = a(x_i - \bar{x}) + b$ und $Var(Y_i) = c^2$. Es sei

$$R(x) = \frac{\sum_{i=1}^{n}(x_i - \bar{x})Y_i}{(n - 1)s^2}(x - \bar{x}) + \frac{1}{n}\sum_{i=1}^{n} Y_i,$$

$$Z^2 = \frac{1}{n - 2}\sum_{k=1}^{n}(Y_k - R(x_k))^2$$

und

$$T(x) = \frac{R(x) - a(x - \bar{x}) - b}{\sqrt{Z^2 \left(\frac{1}{n} + \frac{(x-\bar{x})^2}{(n-1)s^2}\right)}}.$$

Dann sind für jedes x die Zufallsvariablen $R(x)$ und Z^2 unabhängig, $R(x)$ ist normalverteilt mit

$$E(R(x)) = a(x - \bar{x}) + b \qquad \text{und} \qquad Var(R(x)) = c^2 \left(\frac{1}{n} + \frac{(x - \bar{x})^2}{(n - 1)s^2}\right),$$

$Z^2(n - 2)/c^2$ ist χ^2_{n-2}-verteilt und $T(x)$ ist τ_{n-2}-verteilt.

Beweis. Die Zufallsvariable $R(x)$ ist als Linearkombination der unabhängigen normalverteilten Zufallsvariablen Y_i normalverteilt und hat den Erwartungswert

$$E(R(x)) = \sum_{i=1}^{n} \left(\frac{(x - \bar{x})(x_i - \bar{x})}{(n - 1)s^2} + \frac{1}{n}\right)(a(x_i - \bar{x}) + b)$$

$$= \frac{a(x - \bar{x})}{(n - 1)s^2} \sum_{i=1}^{n}(x_i - \bar{x})^2 + \left(\frac{b(x - \bar{x})}{(n - 1)s^2} + \frac{a}{n}\right)\sum_{i=1}^{n}(x_i - \bar{x}) + n\frac{b}{n} = a(x - \bar{x}) + b$$

wegen $\sum_i(x_i - \bar{x}) = 0$. Die Varianz von $R(x)$ ist wegen der Unabhängigkeit der Y_i wieder eine Linearkombination der Varianzen von Y_i, wobei aber die Koeffizienten in der Darstellung von $R(x)$ jetzt zu quadrieren sind. Dadurch ergibt sich wie angekündigt

$$Var(R(x)) = \sum_{i=1}^{n} \left(\frac{(x - \bar{x})(x_i - \bar{x})}{(n - 1)s^2} + \frac{1}{n}\right)^2 c^2$$

$$= \frac{(x - \bar{x})^2 c^2}{((n - 1)s^2)^2} \sum_{i=1}^{n}(x_i - \bar{x})^2 + 2\frac{(x - \bar{x})c^2}{(n - 1)s^2} \sum_{i=1}^{n}(x_i - \bar{x}) + n\frac{c^2}{n^2}$$

$$= c^2 \left(\frac{1}{n} + \frac{(x - \bar{x})^2}{(n - 1)s^2}\right).$$

Zur Bestätigung der Verteilung von $Z^2(n - 2)/c^2$ und der Unabhängigkeit von $R(x)$ und $Z^2(n - 2)/c^2$ benötigen wir die Wahrscheinlichkeiten der Ereignisse $R(x) < d_1$, $Z^2(n - 2)/c^2 < d_2$ und $R(x) < d_1 \wedge Z^2(n - 2)/c^2 < d_2$. Die Wahrscheinlichkeit des erstgenannten Ereignisses könnten wir aus der uns schon bekannten Verteilung von $R(x)$ nehmen, in der vorliegenden Situation ist es aber einfacher, die drei Wahrscheinlichkeiten mit einer einheitlichen Methode der Integration über die Wahrscheinlichkeitsdichte der vektoriellen Zufallsvariablen $(Y_1, \ldots, Y_n)$ zu berechnen.

Die reellwertigen Zufallsvariablen Y_i haben die Wahrscheinlichkeitsdichten

$$\varphi_i(y_i) = \frac{1}{\sqrt{2\pi c^2}} \exp\left(-\frac{1}{2c^2}(y_i - a(x_i - \bar{x}) - b)^2\right).$$

Wegen der Unabhängigkeit hat dann $(Y_1, \ldots, Y_n)$ die Wahrscheinlichkeitsdichte

$$\varphi(y_1, \ldots, y_n) = \varphi_1(y_1) \cdots \varphi_n(y_n) = \frac{1}{(2\pi c^2)^{n/2}} \exp\left(-\frac{1}{2c^2} \sum_{i=1}^{n}(y_i - a(x_i - \bar{x}) - b)^2\right).$$

Es liegt nun nahe, die neue Variable $t_i = (y_i - a(x_i - \bar{x}) - b)/c$ einzuführen. Damit verändert sich die Wahrscheinlichkeitsdichte zu

$$\varphi^*(t_1, \ldots, t_n) = \frac{1}{(2\pi)^{n/2}} \exp\left(-\frac{1}{2} \sum_{i=1}^{n}(t_i)^2\right).$$

Zur Berechnung der Wahrscheinlichkeit von $R(x) < d_1$ ist über die Menge zu integrieren, die charakterisiert ist durch die Ungleichung

$$d_1 > \frac{\sum_i (x_i - \bar{x})y_i}{(n-1)s^2}(x - \bar{x}) + \frac{1}{n}\sum_{i=1}^{n} y_i = \sum_{i=1}^{n}\left(\frac{(x - \bar{x})(x_i - \bar{x})}{(n-1)s^2} + \frac{1}{n}\right)y_i$$

$$= \sum_{i=1}^{n}\left(\frac{(x - \bar{x})(x_i - \bar{x})}{(n-1)s^2} + \frac{1}{n}\right)(ct_i + a(x_i - \bar{x}) + b)$$

$$= \frac{c(x - \bar{x})}{(n-1)s^2}\sum_{i=1}^{n}(x_i - \bar{x})t_i + \frac{c}{n}\sum_{i=1}^{n} t_i + a(x - \bar{x})\sum_{i=1}^{n}\frac{(x_i - \bar{x})^2}{(n-1)s^2} + b$$

$$= \frac{c(x - \bar{x})}{\sqrt{(n-1)s^2}}\sum_{i=1}^{n}\frac{(x_i - \bar{x})t_i}{\sqrt{(n-1)s^2}} + \frac{c}{\sqrt{n}}\sum_{i=1}^{n}\frac{1}{\sqrt{n}}t_i + a(x - \bar{x}) + b.$$

Die Koeffizienten in den Linearkombinationen

$$z_{n-1} = \sum_{i=1}^{n}\frac{(x_i - \bar{x})}{\sqrt{(n-1)s^2}}t_i \qquad \text{und} \qquad z_n = \sum_{i=1}^{n}\frac{1}{\sqrt{n}}t_i$$

bilden zwei n-Tupel mit der euklidischen Länge 1, die zueinander orthogonal sind. Dazu lässt sich eine Drehmatrix D finden, in deren letzter Zeile die Zahlen $1/\sqrt{n}$ und in der vorletzten Zeile die Zahlen $(x_i - \bar{x})/\sqrt{(n-1)s^2}$ stehen. Mit der Umrechnung $z = Dt$

führen wir neue Koordinaten $z_1, \ldots, z_n$ ein. Die entsprechende Wahrscheinlichkeitsdichte φ^{**} ist

$$\varphi^{**}(z_1, \ldots, z_n) = \frac{1}{(2\pi)^{n/2}} \exp\left(-\frac{1}{2} \sum_{i=1}^{n} (z_i)^2\right),$$

denn die Drehung D verändert die euklidische Länge nicht und die Jacobi-Determinante der Transformation ist 1. Als Wahrscheinlichkeit von $R(x) < d_1$ haben wir somit erhalten

$$\frac{1}{(2\pi)^{n/2}} \int \cdots \int_{r(x)<d_1} \exp\left(-\frac{1}{2} \sum_{i=1}^{n} (z_i)^2\right) dz_1 \cdots dz_n$$

$$= \frac{1}{\sqrt{2\pi}} \int_{-\infty}^{+\infty} e^{(z_1)^2/2} dz_1 \cdots \frac{1}{\sqrt{2\pi}} \int_{-\infty}^{+\infty} e^{(z_{n-2})^2/2} dz_{n-2}$$

$$\cdot \frac{1}{2\pi} \int \int_{r(x)<d_1} e^{-((z_{n-1})^2 + (z_n)^2)/2} dz_{n-1} dz_n$$

$$= \frac{1}{2\pi} \int \int_{r(x)<d_1} e^{-((z_{n-1})^2 + (z_n)^2)/2} dz_{n-1} dz_n$$

mit

$$r(x) = \frac{c(x - \bar{x})}{\sqrt{(n-1)s^2}} z_{n-1} + \frac{c}{\sqrt{n}} z_n + a(x - \bar{x}) + b.$$

Die Wahrscheinlichkeit von $Z^2 (n-2)/c^2 < d_2$ ist das Integral der Wahrscheinlichkeitsdichte von $(Y_1, \ldots, Y_n)$ über die Integrationsmenge, die charakterisiert ist durch

$$d_2 > \frac{1}{c^2} \sum_{k=1}^{n} (y_k - r(x_k))^2$$

$$= \frac{1}{c^2} \sum_{k=1}^{n} \left(y_k - \frac{c(x_k - \bar{x})}{\sqrt{(n-1)s^2}} z_{n-1} - \frac{c}{\sqrt{n}} z_n - a(x_k - \bar{x}) - b\right)^2$$

$$= \sum_{k=1}^{n} \left(t_k - \frac{x_k - \bar{x}}{\sqrt{(n-1)s^2}} z_{n-1} - \frac{1}{\sqrt{n}} z_n\right)^2$$

$$= \sum_{k=1}^{n} (t_k)^2 + (z_{n-1})^2 + (z_n)^2 - 2 \sum_{k=1}^{n} \frac{(x_k - \bar{x})t_k}{\sqrt{(n-1)s^2}} z_{n-1} - 2 \sum_{k=1}^{n} \frac{1}{\sqrt{n}} t_k z_n$$

$$= \sum_{k=1}^{n} (z_k)^2 + (z_{n-1})^2 + (z_n)^2 - 2(z_{n-1})^2 - 2(z_n)^2 = \sum_{k=1}^{n-2} (z_k)^2,$$

also

$$\frac{1}{(2\pi)^{n/2}} \int \cdots \int_{\sum_{k=1}^{n-2}(z_k)^2 < d_2} \exp\left(-\frac{1}{2}\sum_{k=1}^{n}(z_k)^2\right) dz_1 \cdots dz_n$$

$$= \frac{1}{(2\pi)^{(n-2)/2}} \int \cdots \int_{\sum_{k=1}^{n-2}(z_k)^2 < d_2} \exp\left(-\frac{1}{2}\sum_{k=1}^{n-2}(z_k)^2\right) dz_1 \cdots dz_{n-2}$$

$$\cdot \frac{1}{\sqrt{2\pi}} \int_{-\infty}^{+\infty} e^{-(z_{n-1})^2/2} dz_{n-1} \cdot \frac{1}{\sqrt{2\pi}} \int_{-\infty}^{+\infty} e^{-(z_n)^2/2} dz_n$$

$$= \frac{1}{(2\pi)^{(n-2)/2}} \int \cdots \int_{\sum_{k=1}^{n-2}(z_k)^2 < d_2} \exp\left(-\frac{1}{2}\sum_{k=1}^{n-2}(z_k)^2\right) dz_1 \cdots dz_{n-2}.$$

Dieses letzte Integral ist die Wahrscheinlichkeit dafür, dass die euklidische Länge einer vektoriellen Zufallsvariablen mit n unabhängigen standardnormalverteilten Komponenten kleiner als d_2 ist. Nach Satz 3.9 ist diese Wahrscheinlichkeit gleich der Wahrscheinlichkeit, dass eine χ_{n-2}-verteilte Zufallsvariable kleiner als d_2 ist. Also ist die Zufallsvariable $Z^2(n-2)/c^2$ tatsächlich χ_{n-2}-verteilt.

Die Unabhängigkeit der Zufallsvariablen $R(x)$ und Z^2 ist aus der Produktdarstellung der Wahrscheinlichkeit des Ereignisses $(R(x) < d_1) \wedge (Z^2 < d_3)$ abzulesen, denn es gilt für die Teilmenge

$$M = \left\{ (z_1,\ldots,z_n): \quad (r(x) < d_1) \quad \wedge \quad \left(\sum_{k=1}^{n-2}(z_k)^2 < d_3(n-2)/c^2\right)\right\}$$

$$\frac{1}{(2\pi)^{n/2}} \int \cdots \int_M \exp\left(-\frac{1}{2}\sum_{k=1}^{n}(z_k)^2\right) dz_1 \cdots dz_n$$

$$= \frac{1}{2\pi} \int \int_{r(x)<d_1} e^{-((z_{n-1})^2+(z_n)^2)/2} dz_{n-1} dz_n$$

$$\cdot \frac{1}{(2\pi)^{(n-2)/2}} \int \cdots \int_{\sum_{k=1}^{n-2}(z_k)^2 < d_3(n-2)/c^2} \exp\left(-\frac{1}{2}\sum_{k=1}^{n-2}(z_k)^2\right) dz_1 \cdots dz_{n-2},$$

und das ist das Produkt der Wahrscheinlichkeiten von $R(x) < d_1$ und $Z^2 < d_3$.

Schließlich folgt aus der Darstellung

$$T(x) = \frac{R(x) - a(x-\bar{x}) - b}{\sqrt{Z^2\left(\frac{1}{n} + \frac{(x-\bar{x})^2}{(n-1)s^2}\right)}} = \frac{R(x) - a(x-\bar{x}) - b}{c\sqrt{\frac{1}{n} + \frac{(x-\bar{x})^2}{(n-1)s^2}}} \bigg/ \sqrt{\frac{Z^2(n-2)/c^2}{n-2}}$$

nach Satz 3.13, dass $T(x)$ τ_{n-2}-verteilt ist, denn die Zufallsvariable links von dem großen schrägen Bruchstrich ist standardnormalverteilt.

Wir kommen jetzt zu der am Anfang dieses Abschnitts beschriebenen Situation zurück. Die Messwerte $y_1, \ldots y_n$ liegen infolge der Unschärfe der Messungen nicht genau auf der Geraden $y = a(x - \bar{x}) + b$, sondern haben im Rahmen der Methode der kleinsten Quadrate eine empirische Regressionsgerade

$$r(x) = \frac{\sum x_i y_i - n\bar{x}\bar{y}}{\sum (x_i)^2 - n\bar{x}^2}(x - \bar{x}) + \bar{y} = \frac{\sum (x_i - \bar{x})y_i}{(n-1)s^2}(x - \bar{x}) + \frac{1}{n}\sum y_i = m(x - \bar{x}) + \bar{y}$$

erzeugt. Die zweite Formulierung von $r(x)$ zeigt, dass $r(x)$ eine Realisierung der Zufallsvariablen $R(x)$ ist. Damit ist auch

$$\frac{r(x) - a(x - \bar{x}) - b}{\sqrt{z^2\left(\frac{1}{n} + \frac{(x-\bar{x})^2}{(n-1)s^2}\right)}} \quad \text{mit} \quad z^2 = \frac{1}{n-2}\sum (y_k - r(x_k))^2$$

ein Wert, den die Zufallsvariable $T(x)$ angenommen hat. Deshalb muss auf einem ausgewählten Konfidenzniveau α die Ungleichung

$$\left| \frac{r(x) - a(x - \bar{x}) - b}{\sqrt{z^2\left(\frac{1}{n} + \frac{(x-\bar{x})^2}{(n-1)s^2}\right)}} \right| \leq t_{n-2}^{\alpha}$$

gelten, wobei die positive Zahl t_{n-2}^{α} charakterisiert ist durch

$$\int_{-t_{n-2}^{\alpha}}^{+t_{n-2}^{\alpha}} \varphi(t)dt = \alpha$$

mit der Wahrscheinlichkeitsdichte φ der τ_{n-2}-Verteilung.

Damit haben wir die Abschätzung

$$|a(x - \bar{x}) + b - r(x)| \leq st_{n-2}^{\alpha}\sqrt{\frac{1}{n} + \frac{(x - \bar{x})^2}{\sum (x_i - \bar{x})^2}}$$

gezeigt. Mit den Standardabkürzungen

$$\sigma_x = \sqrt{\frac{1}{n-1}\sum (x_k - \bar{x})^2} \quad (= s), \qquad \sigma_y = \sqrt{\frac{1}{n-1}\sum (y_k - \bar{y})^2}$$

und $\rho = m\sigma_x/\sigma_y$ (**empirischer Korrelationskoeffizient**) schreiben wir jetzt noch z in der Form

$$
z = \sqrt{\frac{1}{n-2} \sum (y_k - \bar{y} - m(x_k - \bar{x}))^2}
$$

$$
= \sqrt{\frac{1}{n-2} \left(\sum (y_k - \bar{y})^2 - 2m \sum (x_k - \bar{x})(y_k - \bar{y}) + m^2 \sum (x_k - \bar{x})^2 \right)}
$$

$$
= \sqrt{\frac{n-1}{n-2} \left(\frac{1}{n-1} \sum (y_k - \bar{y})^2 - \frac{2m^2}{n-1} \sum (x_k - \bar{x})^2 + \frac{m^2}{n-1} \sum (x_k - \bar{x})^2 \right)}
$$

$$
= \sqrt{\frac{n-1}{n-2}} \sqrt{(\sigma_y)^2 - m^2(\sigma_x)^2}
$$

$$
= \sigma_y \sqrt{\frac{n-1}{n-2}} \sqrt{1 - \rho^2}.
$$

In dieser Rechnung haben wir von der Vereinfachung

$$
\sum (x_k - \bar{x})(y_k - \bar{y}) = \sum (x_k - \bar{x})y_k - \bar{y} \sum (x_k - \bar{x}) = \sum (x_k - \bar{x})y_k
$$

Gebrauch gemacht.

Wir fassen unser Ergebnis im folgenden Satz zusammen.

Satz 4.9

Die Messreihe $y_1, \ldots, y_n$ resultiere aus unabhängigen Messungen der normalverteilten Zufallsvariablen $Y(x_1), \ldots, Y(x_n)$ mit der gleichen Varianz und den Erwartungswerten

$$
E(Y(x_k)) = a(x_k - \bar{x}) + b \quad \text{mit} \quad \bar{x} = (x_1 + \cdots + x_n)/n,
$$

wobei die beiden die Regressionsgerade $y = a(x - \bar{x}) + b$ bestimmenden Zahlen a und b unbekannt sind. Mit $\bar{y} = (y_1 + \cdots + y_n)/n$ und

$$
m = \frac{\sum (x_i - \bar{x})(y_i - \bar{y})}{\sum (x_i - \bar{x})^2} = \frac{\sum x_i y_i - n\bar{x}\bar{y}}{\sum (x_i)^2 - n\bar{x}^2}
$$

hat sich die empirische Regressionsgerade $y = m(x - \bar{x}) + \bar{y}$ ergeben. Dann gilt mit

$$
\sigma_x = \sqrt{\frac{1}{n-1} \sum (x_i - \bar{x})^2} = \sqrt{\frac{1}{n-1} \left(\sum (x_i)^2 - n\bar{x}^2 \right)},
$$

$$
\sigma_y = \sqrt{\frac{1}{n-1} \sum (y_i - \bar{y})^2} = \sqrt{\frac{1}{n-1} \left(\sum (y_i)^2 - n\bar{y}^2 \right)}
$$

> und $\rho = m\sigma_x/\sigma_y$ auf dem Konfidenzniveau α die Fehlerabschätzung
>
> $$|(a(x - \bar{x}) + b) - (m(x - \bar{x}) + \bar{y})| \le t_{n-2}^{\alpha} \sigma_y \sqrt{\frac{n-1}{n-2}(1 - \rho^2)\left(\frac{1}{n} + \frac{(x - \bar{x})^2}{(n-1)(\sigma_x)^2}\right)}.$$

Der Faktor t_{n-2}^{α} ist aus der Tabelle im Abschn. 4.3 abzulesen.

Aufgaben

4.1 Ein Ereignis A ist im Verlauf von 500 Versuchen 320-mal eingetreten. Berechnen Sie das Konfidenzintervall für die Wahrscheinlichkeit $P(A)$ auf einem Konfidenzniveau von

a) 99 %
b) 95 %
c) 90 %.

4.2 Bestätigen Sie durch Rechnung die folgende geometrische Interpretation des Ergebnisses von Abschn. 4.1:

Das Ereignis A sei im Verlauf von n Versuchen n_A-mal eingetreten. Die Gerade in der x-y-Ebene durch den Punkt $(0, n_A/n)$ mit dem Anstieg $g/\sqrt{n}$ schneidet den Kreis mit Mittelpunkt $(0, 1/2)$ und Radius $1/2$ in den Punkten (x_1, y_1) und (x_2, y_2) mit $x_1 < 0 < x_2$ und $y_1 < y_2$. Dann liegt die Wahrscheinlichkeit von A auf einem Konfidenzniveau von

$$\frac{1}{\sqrt{2\pi}} \int_{-g}^{g} e^{-x^2/2}\, dx$$

im Konfidenzintervall $[y_1, y_2]$.

4.3 Wie müssen die in Satz 4.1 angegebenen Formeln modifiziert werden für ein Konfidenzniveau von

a) 80 %
b) 90 %
c) 97 % ?

4.4 Ein Ereignis A sei im Verlauf von 100 Versuchen 38-mal eingetreten, und das Ereignis B sei im Verlauf von 150 Versuchen 60-mal eingetreten. Mit welcher Sicherheit lässt sich daraus schlussfolgern, dass B eine größere Wahrscheinlichkeit als A hat?

4.5 20 Messungen einer Größe haben die Messreihe 2,63; 2,51; 2,64; 2,60; 2,68; 2,56; 2,65; 2,61; 2,59; 2,61; 2,64; 2,66; 2,54; 2,58; 2,67; 2,62; 2,60; 2,63; 2,58; 2,66 ergeben. Bestimmen Sie diese Größe auf dem Konfidenzniveau von 99 %.

4.6 Bestätigen Sie durch Rechnung, dass für das arithmetische Mittel $\bar{x} = \frac{1}{n}(x_1 + \ldots + x_n)$ eines beliebigen n-Tupels $x_1, \ldots, x_n$ die Ungleichung

$$\sum_{i=1}^{n}(x_i - \bar{x})^2 \leq \sum_{i=1}^{n}(x_i - x)^2$$

für alle $x \in \mathbb{R}$ gilt.

4.7 Bestimmen Sie zu den Punkten $(x_1, y_1), \ldots, (x_9, y_9)$, gegeben durch die beigefügte Tabelle, die empirische Regressionsgerade und skizzieren Sie den bzgl. der Konfidenzniveaus

a) 90 %
b) 99 %

kleinstmöglichen Bereich in der x-y-Ebene, in dem die Regressionsgerade liegt.

i	x_i	y_i
1	1,0	−0,38
2	1,2	−0,24
3	1,4	−0,13
4	1,6	0,01
5	1,8	0,26
6	2,0	0,34
7	2,2	0,57
8	2,4	0,66
9	2,6	0,89

Markow-Ketten

5

Übersicht

5.1 Übergangswahrscheinlichkeiten

Eine Markow-Kette ist ein spezieller Typ eines stochastischen Prozesses. Diesen allgemeinen Begriff wollen wir aber erst sehr viel später einführen. Hier wollen wir uns jetzt auf den Fall der zeitlich homogenen Markow-Kette beschränken. Das ist eine Folge diskret verteilter Zufallsvariabler $X_0, X_1, X_2, \ldots$ mit dem gleichen abzählbaren Zustandsraum, deren Verteilungen in besonderer Weise gekoppelt sind.

Definition 5.1 Die Folge $X_0, X_1, X_2, \ldots$ von diskret verteilten Zufallsvariablen X_n auf der Menge $\{y_1, y_2, \ldots\}$ ist eine **zeitlich homogene Markow-Kette**, wenn für jedes n das Ereignis

$$X_0 = y_{i_0} \quad \wedge \quad X_1 = y_{i_1} \quad \wedge \quad \cdots \quad \wedge \quad X_n = y_{i_n}$$

die Wahrscheinlichkeit

$$P(X_0 = y_{i_0}, \ldots, X_n = y_{i_n}) = \pi_{i_0} p_{i_0 i_1} p_{i_1 i_2} \cdots p_{i_{n-1} i_n}$$

© Springer-Verlag Berlin Heidelberg 2017
R. Oloff, *Wahrscheinlichkeitsrechnung und Maßtheorie*,
DOI 10.1007/978-3-662-53024-5_5

hat, wobei für die nichtnegativen Zahlen π_i und p_{ik} (i,k natürliche Zahlen)

$$\sum_{i=1}^{\infty} \pi_i = 1 \quad \text{und} \quad \sum_{k=1}^{\infty} p_{ik} = 1$$

gilt. Die Zahlen p_{ik} heißen **Übergangswahrscheinlichkeiten**.   ◆

Insbesondere gilt $P(X_0 = y_{i_0}) = \pi_{i_0}$, also ist π_i die Masse des Atoms y_i von X_0. Die Zahlenfolge $\pi_1, \pi_2, \ldots$ bestimmt somit die Anfangsverteilung der Markow-Kette. Eine anschauliche Interpretation der Zahlen p_{ik} ergibt sich aus dem folgenden Satz.

Satz 5.1

Für die mit den Zahlen π_i und p_{ik} festgelegte Markow-Kette gilt

(i) $P(X_{n+1} = y_k) = \sum_{i=1}^{\infty} p_{ik} P(X_n = y_i)$,

(ii) $P(X_{n+1} = y_k | X_n = y_i) = p_{ik}$ *(wenn $P(X_n = y_i) \neq 0$),*

(iii) $P(X_{n+1} = y_{k_{n+1}}, \ldots, X_{n+m} = y_{k_{n+m}} | X_0 = y_{k_0}, \ldots, X_n = y_{k_n})$
$$= P(X_{n+1} = y_{k_{n+1}}, \ldots, X_{n+m} = y_{k_{n+m}} | X_n = y_{k_n}).$$

Beweis. Es gilt

$$P(X_n = y_i) = \sum_{i_0, \ldots, i_{n-1}} \pi_{i_0} p_{i_0 i_1} \cdots p_{i_{n-1} i}$$

und

$$P(X_{n+1} = y_k) = \sum_{i_0, \ldots, i_{n-1}, i_n} \pi_{i_0} p_{i_0 i_1} \cdots p_{i_{n-1} i_n} p_{i_n k}$$

$$= \sum_{i_n} p_{i_n k} \sum_{i_0, \ldots, i_{n-1}} \pi_{i_0} p_{i_0 i_1} \cdots p_{i_{n-1} i_n} = \sum_{i_n} p_{i_n k} P(X_n = y_{i_n}).$$

Das ist (i). Die bedingte Wahrscheinlichkeit $P(X_{n+1} = y_k | X_n = i)$ ist

$$\frac{P(X_n = i, X_{n+1} = k)}{P(X_n = i)} = \frac{\sum_{i_0, \ldots, i_{n-1}} \pi_{i_0} p_{i_0 i_1} \cdots p_{i_{n-1} i} p_{ik}}{\sum_{i_0, \ldots, i_{n-1}} \pi_{i_0 i_1} p \cdots p_{i_{n-1} i}} = p_{ik},$$

also gilt (ii). Die bedingte Wahrscheinlichkeit auf der linken Seite von (iii) ist

$$\frac{P(X_0 = y_{k_0}, \ldots, X_{n+m} = y_{k_{n+m}})}{P(X_0 = y_{k_0}, \ldots, X_n = y_{k_n})} = p_{k_n k_{n+1}} \cdots p_{k_{n+m-1} k_{n+m}}.$$

Das gleiche Produkt ergibt sich auf der rechten Seite, denn es gilt

$$\frac{P(X_n = y_{k_n}, X_{n+1} = y_{k_{n+1}}, \cdots, X_{n+m} = y_{k_{n+m}})}{P(X_n = y_{k_n})}$$

$$= \frac{\left(\sum_{i_0, \cdots, i_{n-1}} \pi_{i_0} p_{i_0 i_1} \cdots p_{i_{n-1} k_n}\right) p_{k_n k_{n+1}} \cdots p_{k_{n+m-1} k_{n+m}}}{\sum_{i_0, \cdots, i_{n-1}} \pi_{i_0} p_{i_0 i_1} \cdots p_{i_{n-1} k_n}}.$$

Die Aussage (ii) liefert wie angekündigt eine Interpretation der Zahlen p_{ik}. Die Aussage (iii), die **Markow-Eigenschaft** genannt und häufig auch als Definition der Markow-Ketten verwendet wird, lässt sich umgangssprachlich folgendermaßen interpretieren: Bei bekannter Gegenwart ist die Zukunft unabhängig von der Vergangenheit.

Beispiel 5.1 (Irrfahrt auf einer Kreislinie) Auf einer Kreislinie sind n Punkte markiert und im Sinne mathematisch positiver Drehung durchnummeriert. In einem bestimmten zeitlichen Takt springt ein Teilchen auf den markierten Punkten, mit Wahrscheinlichkeit p in positiver Drehrichtung zum Nachbarpunkt und mit Wahrscheinlichkeit $q = 1 - p$ zu dem anderen Nachbarpunkt. Die (n, n)-Matrix der Übergangswahrscheinlichkeiten p_{ik} ist dann

$$\begin{pmatrix} p_{11} \cdots p_{1n} \\ \vdots \quad\quad \vdots \\ p_{n1} \cdots p_{nn} \end{pmatrix} = \begin{pmatrix} 0 & p & 0 & \cdots & 0 & q \\ q & 0 & p & 0 & \cdots & 0 \\ 0 & q & 0 & p & 0 & \cdots \\ \vdots & \ddots & \ddots & \ddots & \ddots & \ddots \\ 0 & \vdots & \ddots & q & 0 & p \\ p & 0 & \cdots & 0 & q & 0 \end{pmatrix}.$$

Beispiel 5.2 (Irrfahrt mit absorbierendem Rand) Auf der Zahlengeraden sollen die Zahlen $1, 2, \ldots, n$ die einzig möglichen Positionen eines Teilchens sein, das sich mit einem zeitlichen Takt zur Nachbarposition bewegen kann, mit Wahrscheinlichkeit p nach rechts und mit Wahrscheinlichkeit $q = 1 - p$ nach links, aber mit der Annahme, dass es, sobald es die extremen Positionen 1 und n erreicht hat, mit Wahrscheinlichkeit 1 (d. h. fast sicher) dort bleibt. Die dazugehörige Matrix der Übergangswahrscheinlichkeiten ist

$$\begin{pmatrix} p_{11} \cdots p_{1n} \\ \vdots \quad\quad \vdots \\ p_{n1} \cdots p_{nn} \end{pmatrix} = \begin{pmatrix} 1 & 0 & 0 & \cdots \cdots & 0 \\ q & 0 & p & 0 & \cdots & 0 \\ 0 & q & 0 & p & 0 & \vdots \\ \vdots & \ddots & \ddots & \ddots & \ddots & 0 \\ \vdots & & \ddots & q & 0 & p \\ 0 & \cdots \cdots & & 0 & 0 & 1 \end{pmatrix}.$$

Beispiel 5.3 (Warteschlangenmodell) Von dem vorgegebenen System wird vorausgesetzt, dass es in einem festgelegten Takt (Taktlänge 1) genau einen Kunden abfertigen kann. Ein typisches Beispiel dafür wäre ein Skilift. Während des Intervalls $[0, 1)$ kommen mit Wahrscheinlichkeit q_j j Kunden ($j = 0, 1, 2, \ldots$). Es gilt natürlich $\sum q_j = 1$. Alles, was für das Zeitintervall $[0, 1)$ gilt, gilt auch für $[1, 2), [2, 3), \ldots$. Die Zufallsvariable X_m soll angeben, wie viel Kunden zum Zeitpunkt m vor Ort sind, wie lang also die Warteschlange ist. Offensichtlich hängt das nur von der Situation im Zeitpunkt $m - 1$ und im Intervall $[m - 1, m)$ ab, die ältere Vergangenheit hat also keinen Einfluss mehr auf die Länge der Warteschlange zum Zeitpunkt m. Wenn zum Zeitpunkt $m - 1$ kein Kunde zur Stelle ist, konnte auch keiner versorgt werden. Die Warteschlange rekrutiert sich also aus den im Verlaufe des Intervalls $[m - 1, m)$ eingetroffenen Kunden. Das sind mit Wahrscheinlichkeit q_0 kein Kunde, mit Wahrscheinlichkeit q_1 ein Kunde, ..., mit Wahrscheinlichkeit q_k k Kunden. Die Warteschlange hat sich also mit Wahrscheinlichkeit q_k von 0 auf k verlängert. Demzufolge stehen in der Zeile Nummer 0 der unendlichformatigen Matrix der Übergangswahrscheinlichkeiten die Zahlen $q_0, q_1, q_2, \ldots$. Genauso sieht die Zeile Nummer 1 aus, denn der zum Zeitpunkt 0 anwesende Kunde konnte bedient werden. Die zweite Zeile beginnt mit einer 0, denn die Wahrscheinlichkeit, dass die beiden im Zeitpunkt $m - 1$ vorhandenen Kunden verschwunden sind, ist 0. Mit Wahrscheinlichkeit q_0 ist zur Zeit m noch ein Kunde vor Ort, mit Wahrscheinlichkeit q_1 zwei Kunden, usw. Insgesamt hat die Matrix der Übergangswahrscheinlichkeiten also die Gestalt

$$
\begin{pmatrix} p_{00} & p_{01} & \cdots \\ p_{10} & p_{11} & \cdots \\ \vdots & \vdots & \ddots \end{pmatrix} = \begin{pmatrix} q_0 & q_1 & q_2 & q_3 & \cdots \\ q_0 & q_1 & q_2 & q_3 & \cdots \\ 0 & q_0 & q_1 & q_2 & \cdots \\ 0 & 0 & q_0 & q_1 & \cdots \\ \vdots & \vdots & & \ddots & \ddots \end{pmatrix}.
$$

Abschließend seien noch die **Übergangswahrscheinlichkeiten höherer Stufe** $p_{ik}^{(n)}$ erwähnt. Es ist

$$
p_{ik}^{(2)} = P(X_{m+2} = y_k | X_m = y_i) = \frac{P(X_m = y_i, X_{m+2} = y_k)}{P(X_m = y_i)}
$$

$$
= \frac{\sum_j P(X_m = y_i, X_{m+1} = y_j, X_{m+2} = y_k)}{P(X_m = y_i)}
$$

$$
= \sum_j \frac{\left(\sum_{i_0, \ldots, i_{m-1}} \pi_{i_0} p_{i_0 i_1} \cdots p_{i_{m-1} i} \right) p_{ij} p_{jk}}{\sum_{i_0, \ldots, i_{m-1}} \pi_{i_0} p_{i_0 i_1} \cdots p_{i_{m-1} i}} = \sum_j p_{ij} p_{jk}.
$$

Also ist $p_{ik}^{(2)}$ das Element in Zeile i und Spalte k des Quadrates der Matrix (p_{ik}) der originalen Übergangswahrscheinlichkeiten. Mit der gleichen Technik lässt sich induktiv der folgende allgemeinere Satz beweisen.

Satz 5.2

Es sei $X_1, X_2, \ldots$ eine Markow-Kette mit den Übergangswahrscheinlichkeiten p_{ik}. Dann ist die bedingte Wahrscheinlichkeit

$$p_{ik}^{(n)} = P(X_{m+n} = y_k | X_m = y_i)$$

das Element in Zeile i und Spalte k der n-ten Potenz der Matrix (p_{ik}).

Naheliegend ist die ergänzende Vereinbarung

$$p_{ik}^{(0)} = \begin{cases} 1 \text{ für } i = k \\ 0 \text{ für } i \neq k \end{cases},$$

die Matrix $\left(p_{ik}^{(0)} \right)$ ist also die Einheitsmatrix des entsprechenden Formats.

Wenn p^T die transponierte Matrix von (p_{ik}) bezeichnet, berechnet sich die Verteilung von X_1 aus der Verteilung von X_0 der Formel über die totale Wahrscheinlichkeit zufolge durch Anwendung von p^T auf $(\pi_1, \pi_2, \pi_3, \ldots)$. Satz 5.2 liefert die Verteilung von X_n in der Form $(p^T)^n (\pi_1, \pi_2, \pi_3, \ldots)$.

5.2 Rekurrente und transiente Zustände

In diesem Abschnitt geht es um die Wahrscheinlichkeit, ob und wann die gegebene homogene Markow-Kette, die im Zustand y_i gestartet ist, in diesen Zustand zurückkehrt.

Definition 5.2 Es bezeichne $f_{ii}^{(n)}$ die Wahrscheinlichkeit der erstmaligen Rückkehr nach y_i zum Zeitpunkt n und $f_{ii}^* = \sum_{n=1}^{\infty} f_{ii}^{(n)}$. ◆

Damit ist f_{ii}^* die Wahrscheinlichkeit dafür, dass das System überhaupt nach y_i zurückkehrt.

Definition 5.3 Ein Zustand y_i einer homogenen Markow-Kette ist **rekurrent** (wiederkehrend), wenn $f_{ii}^* = 1$ gilt, andernfalls (d. h. $f_{ii}^* < 1$) ist er **transient** (vorübergehend). ◆

Wenn der Zustand transient ist, heißt das nicht, dass das System niemals in den ursprünglichen Zustand zurückkehrt, sondern das heißt nur, dass eine Rückkehr nicht sicher ist.

Um im konkreten Fall zwischen Rekurrenz und Transienz zu entscheiden, wäre die Zahlenfolge $f_{ii}^{(1)}, f_{ii}^{(2)}, \ldots$ zu untersuchen. Die Berechnung dieser Zahlen für große n ist außerordentlich schwierig. Glücklicherweise lässt sich das Konvergenzverhalten der Partialsummen dieser Folge auf das Konvergenzverhalten der Folge $p_{ii}^{(1)}, p_{ii}^{(2)}, \ldots$ zurückführen. Ausgangspunkt ist die im folgenden Satz formulierte Kopplung.

Satz 5.3

Für

$$p_{ii}^{(n)} = P(X_{m+n} = y_i | X_m = y_i)$$

gilt

$$p_{ii}^{(n)} = \sum_{k=1}^{n} f_{ii}^{(k)} p_{ii}^{(n-k)}.$$

Beweis. Das Ereignis

$$X_0 = y_i \wedge X_1 = y_{i_1} \wedge X_2 = y_{i_2} \wedge \cdots \wedge X_{n-1} = y_{i_{n-1}} \wedge X_n = y_i$$

hat die Wahrscheinlichkeit

$$\pi_i p_{ii_0} p_{i_1 i_2} \cdots p_{i_{n-1} i}.$$

Daraus folgt für die bedingte Wahrscheinlichkeit $P(X_n = y_i | X_0 = y_i)$

$$p_{ii}^{(n)} = \sum_{i_1,\dots,i_{n-1}} p_{ii_1} p_{i_1 i_2} \cdots p_{i_{n-1} i}.$$

Wir klassifizieren die einzelnen Ereignisse jetzt nach der erstmaligen Rückkehr zum Zustand y_i. Wenn diese Rückkehr erstmalig zum Zeitpunkt k stattfindet, bedeutet das $i_1, \dots, i_{k-1} \neq i$ und $i_k = i$. Die ursprüngliche Summe lässt sich daher in der Form

$$p_{ii}^{(n)} = \sum_{k=1}^{n} \sum_{i_1,\dots,i_{k-1} \neq i} \sum_{i_{k+1},\dots,i_{n-1}} p_{ii_1} \cdots p_{i_{k-1} i} p_{ii_{k+1}} \cdots p_{i_{n-1} i}$$

schreiben, was sich durch Ausklammern vereinfacht zu

$$p_{ii}^{(n)} = \sum_{k=1}^{n} \left(\sum_{i_1,\dots,i_{k-1} \neq i} p_{ii_1} \cdots p_{i_{k+1} i} \right) \left(\sum_{i_{k+1},\dots,i_{n-1}} p_{ii_{k+1}} \cdots p_{i_{n-1} i} \right) = \sum_{k=1}^{n} f_{ii}^{(k)} p_{ii}^{(n-k)}.$$

Der folgende in unserem Kontext nützliche, aber von der Wahrscheinlichkeitsrechnung unabhängige Satz erfordert zur Begründung in der Analysis übliche Argumentationen.

Satz 5.4

Es sei $a_0, a_1, a_2, \ldots$ eine Folge nichtnegativer Zahlen, die nicht nur aus Nullen besteht, und $b_0, b_1, b_2, \ldots$ eine konvergente Folge nichtnegativer Zahlen. Dann gilt

$$\lim_{n\to\infty} \frac{\sum_{k=0}^{n} a_k b_{n-k}}{\sum_{k=0}^{n} a_k} = \lim_{n\to\infty} b_n.$$

Beweis. Zunächst beweisen wir die durchaus auch schon plausible Aussage, dass die Quotienten $a_n / \sum_{k=0}^{n} a_k$ eine Nullfolge sind. Wenn (a_n) selbst eine Nullfolge ist, stimmt diese Aussage offensichtlich, denn die Nenner lassen sich natürlich ab n_0 mit $a_{n_0} > 0$ nach unten durch a_{n_0} abschätzen, sodass die Folge der Quotienten ab n_0 bis auf einen positiven Faktor durch die Nullfolge (a_n) majorisiert wird. Wenn (a_n) keine Nullfolge ist, dann impliziert die logische Verneinung von $a_n \to 0$ die Existenz einer positiven Zahl ε und einer Teilfolge (a_{n_i}) mit $a_{n_i} \geq \varepsilon$ für alle i. Dann gehen die Nenner gegen ∞ und deshalb die Quotienten auch wieder gegen 0.

Zum Beweis der im Satz formulierten Konvergenz kürzen wir ab $\lim_{n\to\infty} b_n = b$, geben uns eine positive Zahl ε vor und wählen eine natürliche Zahl n_1 mit der Eigenschaft $|b_n - b| < \varepsilon/2$ für alle natürlichen Zahlen n ab n_1. Für den abzuschätzenden Abstand gilt

$$\left| \frac{\sum_{k=0}^{n} a_k b_{n-k}}{\sum_{k=0}^{n} a_k} - b \right| = \left| \frac{\sum_{k=0}^{n} a_k b_{n-k} - \left(\sum_{k=0}^{n} a_k\right) b}{\sum_{k=0}^{n} a_k} \right| = \frac{\left| \sum_{k=0}^{n} a_k (b_{n-k} - b) \right|}{\sum_{k=0}^{n} a_k}$$

$$\leq \frac{\sum_{k=0}^{n-n_1} a_k |b_{n-k} - b|}{\sum_{k=0}^{n} a_k} + \frac{\sum_{k=n-n_1+1}^{n} a_k |b_{n-k} - b|}{\sum_{k=0}^{n} a_k}.$$

Für $k \leq n - n_1$ können wir uns auf $|b_{n-k} - b| < \varepsilon/2$ berufen. Deshalb ist der linke Quotient kleiner als $\varepsilon/2$. Für die anderen k haben wir nur die Beschränktheit der Folge (b_n) bzw. $(b_n - b)$ zur Verfügung, also eine Abschätzung der Art $|b_{n-k} - b| \leq M$. Für den rechten Quotienten erhalten wir dadurch

$$\frac{\sum_{k=n-n_1+1}^{n} a_k |b_{n-k} - b|}{\sum_{k=0}^{n} a_k} \leq M \sum_{l=1}^{n_1} \frac{a_{n-n_1+l}}{\sum_{k=0}^{n} a_k}.$$

Um auch diesen Summanden unter $\varepsilon/2$ zu diskutieren, müssen wir die Ungleichung

$$\frac{a_{n-n_1+l}}{\sum_{k=0}^{n} a_k} < \frac{\varepsilon}{2Mn_1}$$

erzwingen. Wegen $a_n / \sum_{k=0}^{n} a_k \rightarrow 0$ können wir das in der Tat erreichen durch eine Forderung der Art $n > n_2$ mit einer geeignet gewählten Marke $n_2 > n_1$. Dass hier die Indizes um $n_1 - l$ verschoben sind, spielt keine Rolle, da sich die Argumente auf große n beziehen.

Insgesamt haben wir für n jenseits von n_2 die Abschätzung

$$\left| \frac{\sum_{k=0}^{n} a_k b_{n-k}}{\sum_{k=0}^{n} a_k} - b \right| < \frac{\varepsilon}{2} + \frac{\varepsilon}{2} = \varepsilon$$

gewonnen. Damit ist unser Satz aus dem Bereich der Analysis vollständig bewiesen.

Wir kehren jetzt zurück zur Untersuchung der Markow-Ketten. Die in Satz 5.3 angegebene Gleichung lässt sich mit der Konvention $f_{ii}^{(0)} = 0$ in der Form

$$p_{ii}^{(n)} = \sum_{k=0}^{n} f_{ii}^{(k)} p_{ii}^{(n-k)}$$

schreiben. Für unsere weiteren Überlegungen ist die Formulierung

$$p_{ii}^{(n)} = \sum_{l=0}^{n} f_{ii}^{(n-l)} p_{ii}^{(l)}$$

handlicher. Summation über n ergibt

$$\sum_{n=1}^{N} p_{ii}^{(n)} = \sum_{n=1}^{N} \sum_{l=0}^{n} f_{ii}^{(n-l)} p_{ii}^{(l)}$$

$$= \sum_{l=0}^{N} \sum_{n=l}^{N} f_{ii}^{(n-l)} p_{ii}^{(l)}$$

$$= \sum_{l=0}^{N} p_{ii}^{(l)} \sum_{n=l}^{N} f_{ii}^{(n-l)}$$

$$= \sum_{l=0}^{N} p_{ii}^{(l)} \sum_{m=0}^{N-l} f_{ii}^{(m)}.$$

Wir dividieren durch

$$\sum_{n=0}^{N} p_{ii}^{(n)} = 1 + \sum_{n=1}^{N} p_{ii}^{(n)}$$

und erhalten

$$\frac{\sum_{n=1}^{N} p_{ii}^{(n)}}{1 + \sum_{n=1}^{N} p_{(n)}} = \frac{\sum_{l=0}^{N} \left(p_{ii}^{(l)} \sum_{m=0}^{N-l} f_{ii}^{(m)} \right)}{\sum_{l=0}^{N} p_{ii}^{(l)}}.$$

Wenn wir Satz 5.4 auf die Folgen $(a_l) = (p_{ii}(l))$ und $(b_l) = (\sum_{m=0}^{l} f_{ii}^{(m)})$ anwenden, ergibt sich als Grenzwert für $N \to \infty$ auf der rechten Seite die unendliche Reihe $\sum_{m=0}^{\infty} f_{ii}^{(m)}$. Der Grenzwert auf der linken Seite hängt ab vom Konvergenzverhalten der unendlichen Reihe $\sum_{n=1}^{\infty} p_{ii}^{(n)}$. Im Fall der Konvergenz dieser Reihe ist der Grenzwert der linken Seite kleiner als 1, und im Fall der Divergenz ist der Grenzwert 1. Also gilt

$$\sum_{n=1}^{\infty} p_{ii}^{(n)} < \infty \iff \sum_{n=1}^{\infty} f_{ii}^{(n)} < 1$$

und

$$\sum_{n=1}^{\infty} p_{ii}^{(n)} = \infty \iff \sum_{n=1}^{\infty} f_{ii}^{(n)} = 1.$$

Damit können wir jetzt mit der Folge $(p_{ii}^{(n)})$ zwischen Rekurrenz und Transienz unterscheiden.

Satz 5.5

> *Der Zustand i der Markow-Kette mit den Übergangswahrscheinlichkeiten p_{ik} ist rekurrent, wenn die unendliche Reihe $\sum_{n=1}^{\infty} p_{ii}^{(n)}$ divergiert, und transient, wenn $\sum_{n=1}^{\infty} p_{ii}^{(n)}$ konvergiert.*

Dieser Satz ist handlicher als die ursprüngliche Charakterisierung mit der Folge $(f_{ii}^{(n)})$. Erstens ist es nicht so ganz hoffnungslos, Erkenntnisse über die Folge $(p_{ii}^{(n)})$ zu gewinnen, und zweitens genügen geeignete Abschätzungen der Zahlen $p_{ii}^{(n)}$, um zwischen Konvergenz und Divergenz der unendlichen Reihe $\sum_{n=1}^{\infty} p_{ii}^{(n)}$ zu unterscheiden.

Aufgaben

5.1 Zu einem Brettspiel gehöre ein (unrealistisch unendlich langes) Spielfeld mit den Feldern 1, 2, 3, …. Der Spieler, der am Zug ist, würfelt und rückt seine Spielfigur um die gewürfelte Zahl weiter vor. Wenn er eine 6 würfelt, darf er innerhalb seines Zuges immer ein weiteres Mal würfeln. Bestimmen Sie die Übergangswahrscheinlichkeiten p_{ik} dieser Markow-Kette und bestätigen Sie $\sum_{k=1}^{\infty} p_{ik} = 1$.

5.2 Berechnen Sie das Quadrat der Matrix der Übergangswahrscheinlichkeiten der im Beispiel 5.2 beschriebenen Irrfahrt mit absorbierendem Rand

a) durch Matrizenmultiplikation
b) durch kombinatorische Überlegungen

und überzeugen Sie sich davon, dass alle Zeilensummen die Zahl 1 ergeben.

5.3 Welche der Zustände der im Beispiel 5.2 beschriebenen Irrfahrt mit absorbierendem Rand sind rekurrent und welche sind transient?

Teil II

Maßtheorie

Maße

6

Übersicht

6.1 Mengensysteme

Ein Maß μ soll, wie das Wort schon suggeriert, die Größe von Teilmengen einer gegebenen Grundmenge Ω quantifizieren. Einer Teilmenge A von Ω soll eine nichtnegative Zahl $\mu(A)$ zugeordnet werden (oder ∞). Vernünftigerweise ist der leeren Menge $\emptyset$ die Zahl 0 zuzuordnen, und für disjunkte Teilmengen A und B, d. h. $A \cap B = \emptyset$, sollte

$$\mu(A \cup B) = \mu(A) + \mu(B)$$

gelten.

Im Fall $\Omega = \mathbb{R} \times \mathbb{R}$ bietet sich für ein Rechteck $[a, b] \times [c, d]$ das Maß

$$\mu([a, b] \times [c, d]) = (b - a)(d - c)$$

an. Schon im alten Ägypten war der Flächeninhalt des Dreiecks bekannt. In der Antike leiteten die Griechen daraus den Flächeninhalt der Kreisscheibe

$$\mu\left(\{(x, y) : \quad x^2 + y^2 \le R^2\}\right) = \pi R^2$$

ab.

© Springer-Verlag Berlin Heidelberg 2017

R. Oloff, *Wahrscheinlichkeitsrechnung und Maßtheorie*,

DOI 10.1007/978-3-662-53024-5_6

Ganz allgemein ist es das Anliegen der Maßtheorie, den Maßbegriff von besonders einfachen Teilmengen auf möglichst viele kompliziertere Teilmengen auszudehnen. Bedauerlicherweise gelingt es nicht, jeder Teilmenge in sinnvoller Weise eine Zahl zuzuordnen. Deshalb muss man sich damit begnügen, nur für Teilmengen A aus einer möglichst großen Gesamtheit $\mathcal{A}$ von Teilmengen von Ω die Zahlen $\mu(A)$ zu vereinbaren. Solche Gesamtheiten $\mathcal{A}$, die dann das Definitionsgebiet von μ sein sollen, müssen eine bestimmte Struktur haben.

Definition 6.1 Ein System $\mathcal{A}$ von Teilmengen einer Grundmenge Ω ist eine σ- **Algebra**, wenn $\Omega \in \mathcal{A}$, mit $A \in \mathcal{A}$ gilt auch $A' = \Omega \backslash A \in \mathcal{A}$ und

$$A_n \in \mathcal{A} \quad \text{für} \quad n = 1, 2, \ldots \quad \text{impliziert} \quad \bigcup_{n=1}^{\infty} A_n \in \mathcal{A}.$$

Ein solches Paar $[\Omega, \mathcal{A}]$ ist ein **Messraum**.   ♦

Jede σ-Algebra $\mathcal{A}$ enthält die leere Menge $\emptyset = \Omega'$ und mit $A_1, A_2, \ldots$ wegen

$$\left(\bigcap_{n=1}^{\infty} A_n \right)' = \bigcup_{n=1}^{\infty} A_n'$$

auch deren Durchschnitt.

Geringere Anforderungen werden an eine Algebra gestellt.

Definition 6.2 Ein System $\mathcal{A}$ von Teilmengen einer Grundmenge Ω ist eine **Algebra**, wenn $\Omega \in \mathcal{A}$, mit $A \in \mathcal{A}$ gilt auch $A' \in \mathcal{A}$ und

$$A_1, \ldots, A_n \in \mathcal{A} \quad \text{impliziert} \quad A_1 \cup \cdots \cup A_n \in \mathcal{A}.$$

♦

Offenbar ist jede σ-Algebra eine Algebra, umgekehrt gibt es aber Algebren, die keine σ-Algebra sind. Beispielsweise ist das System aller Teilmengen A einer unendlichen Menge Ω, die endlich sind oder deren Komplement A' endlich ist, eine Algebra aber keine σ-Algebra.

Noch schwächer sind die Anforderungen an einen Ring.

Definition 6.3 Ein System $\mathcal{A}$ von Teilmengen einer Grundmenge Ω ist ein **Ring**, wenn $\emptyset \in \mathcal{A}$ und mit $A, B \in \mathcal{A}$ auch $A \backslash B \in \mathcal{A}$ und $A \cup B \in \mathcal{A}$ gilt.   ♦

Wegen $A \cap B = A \backslash (A \backslash B)$ gehört mit A und B auch $A \cap B$ zu dem Ring. Dass jede Algebra ein Ring ist, beruht auf $A \backslash B = A \cap B'$.

Der folgende Begriff spielt beim Beweis der Fortsetzungssätze eine wichtige Rolle.

Definition 6.4 Ein System $\mathcal{A}$ von Teilmengen einer Grundmenge Ω ist ein **Dynkin-System**, wenn $\Omega \in \mathcal{A}$, $A, B \in \mathcal{A}$ und $B \subseteq A$ impliziert $A \backslash B \in \mathcal{A}$ und für jede Folge paarweise disjunkter $A_n \in \mathcal{A}$ gilt $\bigcup_{n=1}^{\infty} A_n \in \mathcal{A}$. ◆

Wenn eine Menge eine gewisse Eigenschaft nicht hat, versucht man mitunter, diesen Mangel durch Vergrößerung dieser Menge zu beheben. Eine Teilmenge der Ebene $\mathbb{R}^2$, die nicht konvex ist, kann man zu ihrer konvexen Hülle vergrößern. Wenn eine Menge nicht abgeschlossen ist, kann man sie zu ihrer abgeschlossenen Hülle vergrößern.

Die Existenz solcher Hüllen beruht darauf, dass sich die betreffende Eigenschaft von Mengen auf deren Durchschnitt überträgt. Der Durchschnitt konvexer Mengen ist wieder konvex. Auch der Durchschnitt abgeschlossener Teilmengen ist wieder abgeschlossen. Deshalb ist auch der Durchschnitt aller konvexen Teilmengen von $\mathbb{R}^2$, die eine gegebene (nicht konvexe) Teilmenge M umfassen, konvex. Das ist offenbar die kleinste konvexe Teilmenge, die M umfasst, **konvexe Hülle von M** genannt. Genauso funktioniert das bezüglich der Abgeschlossenheit. Die **abgeschlossene Hülle von M** ist der Durchschnitt aller abgeschlossenen Teilmengen, die M umfassen, also die kleinste abgeschlossene Teilmenge, die M umfasst.

Bei Mengensystemen gibt es eine ähnliche Problemstellung bezüglich der Eigenschaft, eine σ-Algebra zu sein. Offenbar ist der Durchschnitt von σ-Algebren zu der gleichen Grundmenge Ω, also das System der Teilmengen von Ω, die zu allen der gegebenen σ-Algebren gehören, wieder eine σ-Algebra. Der Durchschnitt aller σ-Algebren, die ein gegebenes Mengensystem $\mathcal{A}$ umfassen, ist dann die kleinste σ-Algebra, die $\mathcal{A}$ umfasst.

Definition 6.5 Zu einem gegebenen System $\mathcal{A}$ von Teilmengen von Ω ist die σ-**Hülle von** $\mathcal{A}$, bezeichnet mit $\sigma(\mathcal{A})$, die kleinste σ-Algebra, die $\mathcal{A}$ umfasst. ◆

Bei den Dynkin-Systemen haben wir die gleiche Situation. Auch der Durchschnitt von Dynkin-Systemen zur gleichen Grundmenge ist wieder ein Dynkin-System.

Definition 6.6 Zu einem gegebenen System von Teilmengen von Ω ist die δ-**Hülle von** $\mathcal{A}$, bezeichnet mit $\delta(\mathcal{A})$, das kleinste Dynkin-System, das $\mathcal{A}$ umfasst. ◆

Die beweistheoretische Bedeutung der Dynkin-Systeme beruht auf dem nächsten Satz. Zu dessen Formulierung benötigen wir die folgende Sprachregelung: Ein Mengensystem, das mit A und B immer auch $A \cap B$ enthält, wollen wir **durchschnittsstabil** nennen.

Satz 6.1

> *Jedes durchschnittsstabile Dynkin-System $\mathcal{A}$ ist eine σ-Algebra. Wenn ein Mengensystem $\mathcal{A}$ durchschnittsstabil ist, ist dessen δ-Hülle $\delta(\mathcal{A})$ eine σ-Algebra.*

Beweis. Strittig ist nur die letzte der drei in Definition 6.1 formulierten Eigenschaften einer σ-Algebra. Aus einer gegebenen Folge von Teilmengen $A_n \in \mathcal{A}$ konstruieren wir eine neue Folge von Teilmengen $B_n = A_1 \cup \cdots \cup A_n$, die auch wieder zu $\mathcal{A}$ gehören, denn wegen

$$A \cup B = (A' \cap B')'$$

gehört mit $A, B \in \mathcal{A}$ immer auch $A \cup B$ zu dem durchschnittsstabilen Dynkin-System $\mathcal{A}$. Ergänzt durch $B_0 = \emptyset$ haben wir jetzt in $\mathcal{A}$ eine neue Folge mit der Eigenschaft $B_n \supseteq B_{n-1}$. In $\mathcal{A}$ liegen dann auch die Teilmengen $C_n = B_n \backslash B_{n-1}$ und diese Folge ist paarweise disjunkt. Damit ist

$$\bigcup A_n = \bigcup B_n = \bigcup C_n \in \mathcal{A}$$

gesichert.

Jetzt sei $\mathcal{A}$ ein System von Teilmengen von Ω, von dem wir nur wissen, dass es durchschnittsstabil ist. Für $A \in \delta(\mathcal{A})$ bestehe $\mathcal{D}_A$ aus allen Teilmengen C von Ω mit der Eigenschaft $A \cap C \in \delta(\mathcal{A})$. Jedes dieser $\mathcal{D}_A$ erweist sich als Dynkin-System: $\Omega \in \mathcal{D}_A$ ist klar. Für $C, D \in \mathcal{D}_A$ mit $D \subseteq C$ gilt

$$A \cap (C \backslash D) = (A \cap C) \backslash (A \cap D) \in \delta(\mathcal{A})$$

wegen $A \cap D \subseteq A \cap C$, also $C \backslash D \in \mathcal{D}_A$. Sei $C_1, C_2, \ldots$ eine paarweise disjunkte Folge aus $\mathcal{D}_A$. Dann ist auch die Folge $A \cap C_1, A \cap C_2, \ldots$ paarweise disjunkt und es gilt deshalb

$$A \cap \left(\bigcup_{n=1}^{\infty} C_n \right) = \bigcup_{n=1}^{\infty} (A \cap C_n) \in \delta(\mathcal{A}),$$

also $\bigcup C_n \in \mathcal{D}_A$.

Da $\delta(\mathcal{A})$ das kleinste Dynkin-System ist, das $\mathcal{A}$ umfasst, gilt $\delta(\mathcal{A}) \subseteq \mathcal{D}_A$ für alle $A \in \delta(\mathcal{A})$. Jedes $B \in \delta(\mathcal{A})$ gehört also auch zu $\mathcal{D}_A$, nach Definition von $\mathcal{D}_A$ heißt das $A \cap B \in \delta(\mathcal{A})$. Demnach ist das Dynkin-System $\delta(\mathcal{A})$ durchschnittsstabil, also ist $\delta(\mathcal{A})$ tatsächlich eine σ-Algebra.

6.2   Borel-Mengen

In einem **metrischen Raum** Ω ist bekanntlich eine Abstandsfunktion

$$d: \quad \Omega \times \Omega \mapsto [0, \infty)$$

(genannt **Metrik**) vereinbart, die die Eigenschaften

$$d(x, y) = d(y, x) \quad \text{(Symmetrie)}$$

$$d(x, y) = 0 \quad \Longleftrightarrow \quad x = y$$

$$d(x, z) \leq d(x, y) + d(y, z) \quad \text{(Dreiecksungleichung)}$$

hat. Dadurch ist ein Grenzwertbegriff für Folgen festgelegt, genauso wie im Fall $\Omega = \mathbb{R}$ durch die Metrik $d(x, y) = |x - y|$: Eine Folge $x_1, x_2, \ldots$ **konvergiert** genau dann gegen x, wenn zu jedem $\varepsilon > 0$ ein Index n_ε existiert, sodass $d(x_n, x) < \varepsilon$ für alle $n > n_\varepsilon$ gilt.

Genauso einfach lässt sich der Begriff der offenen Teilmengen von $\mathbb{R}$ auf einen metrischen Raum übertragen: Eine Teilmenge G von Ω heißt **offen**, wenn zu jedem $x \in G$ eine positive Zahl ε existiert, für die die Teilmenge $\{y \in \Omega : \quad d(x, y) < \varepsilon\}$ in G enthalten ist.

Es ist bekannt und auch leicht einzusehen, dass sich die Konvergenz einer Folge in einem metrischen Raum auch mit offenen Teilmengen formulieren lässt: Eine Folge $x_1, x_2, \ldots$ konvergiert genau dann gegen x, wenn zu jeder offenen Menge G, die x enthält, ein Index n_G existiert, sodass für alle $n > n_G$ gilt $x_n \in G$.

Um zu entscheiden, ob eine Folge von Elementen eines metrischen Raumes $[\Omega, d]$ konvergiert, genügt es also, alle offenen Teilmengen von Ω zu kennen. Es liegt deshalb nahe, auch Räume zu untersuchen, für die entschieden ist, welche ihrer Teilmengen offen sind, und dort entsprechend des für metrische Räume formulierten Kriteriums einen Konvergenzbegriff einzuführen. Bei der Entscheidung, welche Teilmengen offen sein sollen, ist aber natürlich die Struktur der Gesamtheit aller offenen Teilmengen eines metrischen Raumes zu beachten.

Definition 6.7 Ein **topologischer Raum** ist eine Menge Ω, für die für jede Teilmenge von Ω geklärt ist, ob sie offen ist. Die Gesamtheit $\mathcal{G}$ aller offenen Teilmengen von Ω hat die Eigenschaften

(G1) Ω und die leere Menge $\emptyset$ sind offen.
(G2)   Jede Vereinigung (auch unendlich vieler) offener Mengen ist offen.
(G3)   Der Durchschnitt endlich vieler offener Mengen ist offen.   ◆

In einem metrischen Raum garantiert die Dreiecksungleichung die Eindeutigkeit des Grenzwertes einer Folge. In einem topologischen Raum muss diese Eindeutigkeit durch eine zusätzliche Forderung an die Gesamtheit aller offenen Teilmengen erzwungen werden.

Definition 6.8 Ein topologischer Raum Ω ist ein **Hausdorff-Raum**, wenn zu zwei Elementen $x_1 \neq x_2$ aus Ω immer disjunkte offene Mengen G_1 und G_2 mit $x_1 \in G_1$ und $x_2 \in G_2$ existieren.   ◆

Definition 6.9 Die **Borel'sche** σ**-Algebra** ist die σ-Hülle $\sigma(\mathcal{G})$ der Gesamtheit $\mathcal{G}$ aller offenen Teilmengen eines Hausdorff-Raumes Ω. Die Bestandteile von $\sigma(\mathcal{G})$ heißen **Borel-Mengen**. ◆

6.3 Fortsetzungssätze

Das Anliegen in diesem Abschnitt ist die Konstruktion von Maßen, indem diese von einer relativ kleinen Gesamtheit von Teilmengen auf die σ-Hülle dieser Gesamtheit fortgesetzt werden.

Definition 6.10 Ein **Maß** ist eine Abbildung von einer σ-Algebra $\mathcal{A}$ von Teilmengen einer Grundmenge Ω nach $[0, \infty) \cup \{\infty\}$ mit den Eigenschaften $\mu(\emptyset) = 0$ und

$$\mu\left(\bigcup_{n=1}^{\infty} A_n\right) = \sum_{n=1}^{\infty} \mu(A_n)$$

für jede Folge $A_1, A_2, \ldots$ paarweise disjunkter Teilmengen A_n aus $\mathcal{A}$. Das Tripel $[\Omega, \mathcal{A}, \mu]$ heißt **Maßraum**. Ein **Borel-Maß** ist ein auf der σ-Algebra der Borel-Mengen definiertes Maß. Ein Maß μ ist σ**-endlich**, wenn eine monoton wachsende Folge von Mengen A_n aus $\mathcal{A}$ mit $\mu(A_n) < \infty$ und $\bigcup_{n=1}^{\infty} A_n = \Omega$ existiert. Ein Maß μ ist **endlich**, wenn $\mu(\Omega) < \infty$. Ein Maß μ ist ein **normiertes Maß** oder **Wahrscheinlichkeitsmaß**, wenn $\mu(\Omega) = 1$. ◆

Satz 6.2 (Existenzsatz)

> *Es sei $\mathcal{R}$ ein Ring in Ω und μ eine Abbildung von $\mathcal{R}$ nach $[0, \infty) \cup \{\infty\}$ mit den Eigenschaften $\mu(\emptyset) = 0$ und*
>
> $$\mu\left(\bigcup_{n=1}^{\infty} A_n\right) = \sum_{n=1}^{\infty} \mu(A_n)$$
>
> *für jede Folge $A_1, A_2, \ldots$ paarweise disjunkter Teilmengen A_n aus $\mathcal{R}$ mit $\bigcup_{n=1}^{\infty} A_n \in \mathcal{R}$. Dann kann μ fortgesetzt werden zu einem Maß auf $\mathcal{A} = \sigma(\mathcal{R})$.*

Beweis. Der Beweis besteht aus sechs Teilen.

1. Wir führen das sogenannte **äußere Maß** μ^* für alle Teilmengen B von Ω als

$$\mu^*(B) = \inf\left\{\sum_{n=1}^{\infty} \mu(A_n): \quad B \subseteq \bigcup_{n=1}^{\infty} A_n, \quad A_n \in \mathcal{R}\right\}$$

ein und untersuchen dessen Eigenschaften. Wenn B nicht mit einer Folge von Mengen aus $\mathcal{R}$ mit endlichen Werten von μ überdeckt werden kann, soll das $\mu^*(B) = \infty$ heißen. Trivialerweise gilt $\mu^*(\emptyset) = 0$, $\mu^*(B) \geq 0$ für alle Teilmengen B von Ω und

$$\mu^*(B_1) \leq \mu^*(B_2) \quad \text{für} \quad B_1 \subseteq B_2.$$

Einer konkreten Begründung bedarf die Ungleichung

$$\mu^*\left(\bigcup_{n=1}^\infty B_n\right) \leq \sum_{n=1}^\infty \mu^*(B_n),$$

die für jede Folge von Teilmengen von Ω gilt. Wir können uns dabei auf den Standpunkt $\mu^*(B_n) < \infty$ für alle n stellen. Sei ε eine (beliebig kleine) positive Zahl. Dann können wir jedes B_n mit einer Folge von Mengen $A_{n1}, A_{n2}, \ldots$ aus $\mathcal{R}$ überdecken, für die

$$\sum_{m=1}^\infty \mu(A_{nm}) < \mu^*(B_n) + \varepsilon/2^n$$

gilt. Da die Vereinigung der B_n von den abzählbar vielen Mengen A_{nm} überdeckt wird, gilt

$$\mu^*\left(\bigcup_{n=1}^\infty B_n\right) \leq \sum_{n,m=1}^\infty \mu(A_{nm}) = \sum_{n=1}^\infty \sum_{m=1}^\infty \mu(A_{nm})$$

$$\leq \sum_{n=1}^\infty (\mu^*(B_n) + \varepsilon/2^n) = \sum_{n=1}^\infty \mu^*(B_n) + \varepsilon,$$

also

$$\mu^*\left(\bigcup_{n=1}^\infty B_n\right) \leq \sum_{n=1}^\infty \mu^*(B_n) + \varepsilon$$

für jedes positive ε und damit die gewünschte Ungleichung.

2. Wir zeigen, dass die Gesamtheit $\mathcal{A}^*$ der Teilmengen A von Ω, für die die Ungleichung

$$\mu^*(B) \geq \mu^*(B \cap A) + \mu^*(B \cap A')$$

für alle Teilmengen B von Ω gilt, den Ring $\mathcal{R}$ umfasst. Sei also A aus $\mathcal{R}$, $B \subseteq \Omega$ und $\mu^*(B) < \infty$. Wenn eine Folge $A_1, A_2, \ldots$ aus $\mathcal{R}$ B überdeckt, überdeckt die Folge $A_1 \cap A, A_2 \cap A, \ldots$ auch die Menge $B \cap A$ und die Folge $A_1 \cap A', A_2 \cap A', \ldots$ die Menge $B \cap A'$. Daraus folgt

$$\sum_{n=1}^{\infty} \mu(A_n) = \sum_{n=1}^{\infty} (\mu(A_n \cap A) + \mu(A_n \cap A'))$$

$$= \sum_{n=1}^{\infty} \mu(A_n \cap A) + \sum_{n=1}^{\infty} \mu(A_n \cap A') \geq \mu^*(B \cap A) + \mu^*(B \cap A')$$

und somit

$$\mu^*(B) \geq \mu^*(B \cap A) + \mu^*(B \cap A').$$

Also gehört A zu $\mathcal{A}^*$.

3. Wir zeigen, dass für $A \in \mathcal{A}^*$ sogar die Gleichung

$$\mu^*(B) = \mu^*(B \cap A) + \mu^*(B \cap A')$$

für alle Teilmengen B von Ω gilt, indem wir auch die andere Ungleichung

$$\mu^*(B) \leq \mu^*(B \cap A) + \mu^*(B \cap A')$$

bestätigen. Diese ergibt sich über die Zerlegung $B = (B \cap A) \cup (B \cap A')$ aus der letzten der im ersten Teil des Beweises bestätigten Eigenschaften des äußeren Maßes.

4. Wir zeigen für alle A aus dem Ring $\mathcal{R}$ die Gleichung $\mu^*(A) = \mu(A)$. Die Ungleichung $\mu^*(A) \leq \mu(A)$ ergibt sich aus der Überdeckung $A \subseteq A \cup \emptyset \cup \emptyset \cup \cdots$. Andererseits gilt für jede Überdeckung $A \subseteq \bigcup_{n=1}^{\infty} A_n$ die Darstellung $A = \bigcup_{n=1}^{\infty}(A_n \cap A)$ und somit

$$\mu(A) = \mu\left(\bigcup_{n=1}^{\infty}(A_n \cap A)\right) \leq \sum_{n=1}^{\infty} \mu(A_n \cap A) \leq \sum_{n=1}^{\infty} \mu(A_n)$$

und folglich auch $\mu(A) \leq \mu^*(A)$.

5. Wir zeigen, dass $\mathcal{A}^*$ eine σ-Algebra ist, indem wir nachweisen, dass $\mathcal{A}^*$ ein durchschnittsstabiles Dynkin-System ist. Alles andere beruht auf der Implikation

$$A_1, A_2 \implies A_1 \cup A_2 \in \mathcal{A}^*,$$

die wir jetzt beweisen. Wegen $A_1 \in \mathcal{A}^*$ gilt für jede Teilmenge B von Ω

$$\mu^*(B) = \mu^*(B \cap A_1) + \mu^*(B \cap A_1'),$$

und wegen $A_2 \in \mathcal{A}^*$ kann jeder der beiden Summanden auf der rechten Seite weiter zerlegt werden, sodass sich

$$\mu^*(B) = \mu^*(B \cap A_1 \cap A_2) + \mu^*(B \cap A_1 \cap A_2') + \mu^*(B \cap A_1' \cap A_2) + \mu^*(B \cap A_1' \cap A_2')$$

ergibt. Eine solche Gleichung gilt dann natürlich auch für $B \cap (A_1 \cup A_2)$ statt B. Das heißt

$$\mu^*(B \cap (A_1 \cup A_2)) = \mu^*(B \cap (A_1 \cup A_2) \cap A_1 \cap A_2) + \mu^*(B \cap (A_1 \cup A_2) \cap A_1 \cap A_2')$$

$$+\mu^*(B \cap (A_1 \cup A_2) \cap A_1' \cap A_2) + \mu^*(B \cap (A_1 \cup A_2) \cap A_1' \cap A_2').$$

Diese vier Summanden lassen sich vereinfachen zu

$$\mu^*(B \cap (A_1 \cup A_2) \cap A_1 \cap A_2) = \mu^*(B \cap A_1 \cap A_2)$$

$$\mu^*(B \cap (A_1 \cup A_2) \cap A_1 \cap A_2') = \mu^*(B \cap A_1 \cap A_2')$$

$$\mu^*(B \cap (A_1 \cup A_2) \cap A_1' \cap A_2) = \mu^*(B \cap A_1' \cap A_2)$$

$$\mu^*(B \cap (A_1 \cup A_2) \cap A_1' \cap A_2') = \mu^*(B \cap (A_1 \cup A_2) \cap (A_1 \cup A_2)') = \mu^*(\emptyset) = 0,$$

sodass die Gleichung

$$\mu^*(B \cap (A_1 \cup A_2)) = \mu^*(B \cap A_1 \cap A_2) + \mu^*(B \cap A_1 \cap A_2') + \mu^*(B \cap A_1' \cap A_2)$$

entsteht. Diese drei Summanden stehen auch in der Zerlegung von $\mu^*(B)$ in vier Summanden. Also gilt

$$\mu^*(B) = \mu^*(B \cap (A_1 \cup A_2)) + \mu^*(B \cap A_1' \cap A_2')$$

$$= \mu^*(B \cap (A_1 \cup A_2)) + \mu^*(B \cap (A_1 \cup A_2)').$$

Damit hat sich tatsächlich $A_1 \cup A_2 \in \mathcal{A}^*$ ergeben. Die Implikationskette

$$A_1, A_2 \in \mathcal{A}^* \Rightarrow A_1', A_2' \in \mathcal{A}^* \Rightarrow (A_1 \cap A_2)' = A_1' \cup A_2' \in \mathcal{A}^* \Rightarrow A_1 \cap A_2 \in \mathcal{A}^*$$

liefert die Durchschnittsstabilität. Sei nun $A_1, A_2 \in \mathcal{A}^*$ und $A_2 \subseteq A_1$. Die Restmenge $A_1 \setminus A_2 = A_1 \cap A_2'$ muss wegen der Durchschnittsstabilität auch wieder zu $\mathcal{A}^*$ gehören, damit ist eine weitere Eigenschaft eines Dynkin-Systems gezeigt. Schließlich sei $A_1, A_2, \ldots$ eine paarweise disjunkte Folge von Mengen aus $\mathcal{A}^*$. Dass dann $A_1 \cup A_2$ wieder zu $\mathcal{A}^*$ gehört, wurde schon gezeigt. Durch Induktion lässt sich das auch auf $A_1 \cup \cdots \cup A_n$ übertragen. Weil A_1 und A_2 disjunkt sind, gelten die Inklusionen $A_1 \subseteq A_2'$ und $A_2 \subseteq A_1'$, und die weiter oben gewonnene Gleichung

$$\mu^*(B \cap (A_1 \cup A_2)) = \mu^*(B \cap A_1 \cap A_2) + \mu^*(B \cap A_1 \cap A_2') + \mu^*(B \cap A_1' \cap A_2)$$

bedeutet jetzt

$$\mu^*(B \cap (A_1 \cup A_2)) = \mu^*(B \cap A_1) + \mu^*(B \cap A_2),$$

was sich durch Induktion zu

$$\mu^*\left(B \cap \bigcup_{i=1}^{n} A_i\right) = \sum_{i=1}^{n} \mu^*(B \cap A_i)$$

verallgemeinern lässt. Weil die Vereinigung $A_1 \cup \cdots \cup A_n$ zu $\mathcal{A}^*$ gehört, gilt für alle $B \subseteq \Omega$

$$\mu^*(B) = \mu^*\left(B \cap \bigcup_{i=1}^{n} A_i\right) + \mu^*\left(B \cap \left(\bigcup_{i=1}^{n} A_i\right)'\right)$$

$$= \sum_{i=1}^{n} \mu^*(B \cap A_i) + \mu^*\left(B \cap \left(\bigcup_{i=1}^{n} A_i\right)'\right)$$

$$\geq \sum_{i=1}^{n} \mu^*(B \cap A_i) + \mu^*\left(B \cap \left(\bigcup_{i=1}^{\infty} A_i\right)'\right)$$

für jede natürliche Zahl n. Dann muss auch im Grenzfall $n \to \infty$

$$\mu^*(B) \geq \sum_{i=1}^{\infty} \mu^*(B \cap A_i) + \mu^*\left(B \cap \left(\bigcup_{i=1}^{\infty} A_i\right)'\right)$$

$$\geq \mu^*\left(B \cap \bigcup_{i=1}^{\infty} A_i\right) + \mu^*\left(B \cap \left(\bigcup_{i=1}^{\infty} A_i\right)'\right)$$

gelten. Dabei haben wir die im ersten Teil dieses Beweises gezeigte Eigenschaft des äußeren Maßes μ^* verwendet. Wir sind nun sicher, dass die Vereinigung $A_1 \cup A_2 \cup \cdots$ zu $\mathcal{A}^*$ gehört. Damit ist jetzt klar, dass $\mathcal{A}^*$ ein durchschnittsstabiles Dynkin-System ist, also eine σ-Algebra. Wie wir im dritten Teil gezeigt haben, folgt aus einer Ungleichung der Struktur

$$\mu^*(B) \geq \mu^*\left(B \cap \bigcup_{i=1}^{\infty} A_i\right) + \mu^*\left(B \cap \left(\bigcup_{i=1}^{\infty} A_i\right)'\right)$$

sogar die Gleichheit. In unserem Kontext heißt das dann auch

$$\mu^*(B) = \sum_{i=1}^{\infty} \mu^*(B \cap A_i) + \mu^*\left(B \cap \left(\bigcup_{i=1}^{\infty} A_i\right)'\right)$$

für jedes $B \subseteq \Omega$. Angewendet auf $B = A_1 \cup A_2 \cup \cdots$ ergibt sich daraus

$$\mu^*\left(\bigcup_{i=1}^{\infty} A_i\right) = \sum_{i=1}^{\infty} \mu^*(A_i),$$

und das äußere Maß μ^* hat sich auf der σ-Algebra $\mathcal{A}^*$ als Maß erwiesen.

6. Wir vollenden den Beweis durch die Bemerkung, dass die σ-Algebra $\mathcal{A}^*$ die σ-Hülle $\sigma(\mathcal{R})$ des Ringes $\mathcal{R}$ umfasst und die Einschränkung μ des äußeren Maßes μ^* auf $\sigma(\mathcal{R})$ das gewünschte Maß auf $\mathcal{A} = \sigma(\mathcal{R})$ ist.

Satz 6.3 (Eindeutigkeitssatz)

> *Es sei $\mathcal{M}$ ein durchschnittsstabiles System von Teilmengen von Ω und μ_1 und μ_2 seien Maße auf der σ-Algebra $\sigma(\mathcal{M})$, die auf $\mathcal{M}$ übereinstimmen. Außerdem soll es in $\mathcal{M}$ eine monoton wachsende und Ω überdeckende Folge von Teilmengen $A_1, A_2, \ldots$ mit $\mu_1(A_n) = \mu_2(A_n) < \infty$ für alle n geben. Dann stimmen die Maße μ_1 und μ_2 auch auf $\sigma(\mathcal{M})$ überein.*

Beweis. Für jede natürliche Zahl n bilden die Mengen A mit der Eigenschaft

$$\mu_1(A_n \cap A) = \mu_2(A_n \cap A)$$

ein Dynkin-System $\mathcal{D}_n$: $\Omega \in \mathcal{D}_n$ ist klar, für zwei Mengen $B \subseteq A$ aus $\mathcal{D}_n$ gilt

$$\mu_1(A_n \cap (A \setminus B)) = \mu_1((A_n \cap A) \setminus (A_n \cap B)) = \mu_1(A_n \cap A) - \mu_1(A_n \cap B)$$
$$= \mu_2(A_n \cap A) - \mu_2(A_n \cap B) = \mu_2((A_n \cap A) \setminus (A_n \cap B))$$
$$= \mu_2(A_n \cap (A \setminus B)),$$

also $A \setminus B \in \mathcal{D}_n$. Ähnlich einfach lässt sich auch für eine Folge paarweise disjunkter Mengen $B_1, B_2, \ldots$ aus $\mathcal{D}_n$ zeigen, dass dann auch deren Vereinigung zu $\mathcal{D}_n$ gehört, denn es gilt

$$\mu_1\left(A_n \cap \bigcup_{k=1}^{\infty} B_k\right) = \mu_1\left(\bigcup_{k=1}^{\infty}(A_n \cap B_k)\right) = \sum_{k=1}^{\infty} \mu_1(A_n \cap B_k)$$
$$= \sum_{k=1}^{\infty} \mu_2(A_n \cap B_k) = \mu_2\left(\bigcup_{k=1}^{\infty}(A_n \cap B_k)\right) = \mu_2\left(A_n \cap \bigcup_{k=1}^{\infty} B_k\right).$$

Das kleinste Dynkin-System $\delta(\mathcal{M})$, das $\mathcal{M}$ umfasst, ist eine σ-Algebra. Das führt zu

$$\sigma(\mathcal{M}) \subseteq \delta(\mathcal{M}) \subseteq \mathcal{D}_n \subseteq \sigma(\mathcal{M})$$

und damit $\sigma(\mathcal{M}) = \mathcal{D}_n$. Also gilt für alle B aus $\sigma(\mathcal{M})$

$$\mu_1(A_n \cap B) = \mu_2(A_n \cap B)$$

und damit schließlich

$$\mu_1(B) = \mu_1(\Omega \cap B) = \mu_1\left(\left(\bigcup_{n=1}^{\infty} A_n\right) \cap B\right) = \mu_1\left(\bigcup_{n=1}^{\infty}(A_n \cap B)\right)$$

$$= \lim_{n \to \infty} \mu_1(A_n \cap B) = \lim_{n \to \infty} \mu_2(A_n \cap B)$$

$$= \mu_2\left(\bigcup_{n=1}^{\infty}(A_n \cap B)\right) = \mu_2\left(\left(\bigcup_{n=1}^{\infty} A_n\right) \cap B\right) = \mu_2(\Omega \cap B) = \mu_2(B).$$

Die hier bewiesenen Sätze ermöglichen es, Maße auf einer gegebenen σ-Algebra durch die Vereinbarung ihrer Werte für deutlich weniger Teilmengen zu definieren. Wir demonstrieren dieses Vorgehen jetzt am Beispiel des Lebesgue-Maßes λ_n auf der σ-Algebra $\mathcal{B}^n$ der Borel-Mengen von $\mathbb{R}^n$, das den klassischen Volumenbegriff verallgemeinert.

Definition 6.11 Das **Lebesgue-Maß** λ_n auf der σ-Algebra $\mathcal{B}^n$ der Borel-Mengen von $\mathbb{R}^n$ ist schrittweise definiert durch

$$\lambda_n(Q) = \prod_{i=1}^{n}(b_i - a_i)$$

für Quader

$$Q = [a_1, b_1) \times \cdots \times [a_n, b_n) = \{(x_1, \ldots, x_n) : \quad a_i \leq x_i < b_i\},$$

$$\lambda_n(V) = \sum_{k=1}^{m} \lambda_n(Q_k)$$

für Vereinigungen $V = \bigcup_{k=1}^{m} Q_k$ paarweise disjunkter Quader Q_k und Fortsetzung vom Ring solcher Vereinigungen auf die σ-Algebra aller Borel-Mengen von $\mathbb{R}^n$.   ♦

Da sich jeder offene Quader als Vereinigung von Quadern des oben beschriebenen Typs und jede offene Menge als Vereinigung offener Quader darstellen lässt, sind alle Borel-Mengen in der σ-Hülle des in der obigen Definition genannten Ringes enthalten.

Das Lebesgue-Maß λ_n kann auch als Produktmaß im Sinne der nächsten Definition interpretiert werden.

Definition 6.12 Es seien $[\Omega_1, \mathcal{A}_1, \mu_n], \ldots, [\Omega_n, \mathcal{A}_n, \mu_n]$ σ-endliche Maßräume. Die **Produkt-σ-Algebra** $\mathcal{A}_1 \otimes \cdots \otimes \mathcal{A}_n$ zur Produktmenge $\Omega_1 \times \cdots \times \Omega_n$ ist $\sigma(\mathcal{P})$, wobei $\mathcal{P}$ aus den Produktmengen $A_1 \times \cdots \times A_n$ mit $A_k \in \mathcal{A}_k$ besteht. Das System aller endlichen Vereinigungen paarweise disjunkter Produktmengen bilden einen Ring $\mathcal{R}$. Das **Produktmaß** $\mu = \mu_1 \times \cdots \times \mu_n$ ist die eindeutig bestimmte Fortsetzung von

$$\mu(A_1 \times \cdots \times A_n) = (\mu_1 \times \cdots \times \mu_n)(A_1 \times \cdots \times A_n) = \prod_{k=1}^{n} \mu_k(A_k)$$

von $\mathcal{P}$ über $\mathcal{R}$ auf

$$\sigma(\mathcal{P}) = \mathcal{A}_1 \otimes \cdots \otimes \mathcal{A}_n = \bigotimes_{k=1}^{n} \mathcal{A}_k.$$

◆

Schon in Kap. 2 sind uns Maße im Zusammenhang mit Zufallsvariablen begegnet. Die Verteilung einer diskret verteilten Zufallsvariablen ist ein Wahrscheinlichkeitsmaß, definiert sogar auf der σ-Algebra aller Teilmengen der reellen Achse $\mathbb{R}$. Die gegebenen Atome $x_1, x_2, \ldots$ mit den Massen $m_1, m_2, \ldots$ geben Anlass zu der Abbildung, die einer Menge M die Summe der Massen derjenigen Atome, die in M liegen, zuordnet. Bei kontinuierlich verteilten Zufallsvariablen ist die Sache komplizierter. Mit der Wahrscheinlichkeitsdichte φ ordnet man dem Intervall von a bis b das Riemann-Integral $\int_a^b \varphi(x)dx$ zu. Die Gesamtheit aller Intervalle ist natürlich keine σ-Algebra, aber aufgrund der Fortsetzungssätze lässt sich diese Zuordnung eindeutig auf die σ-Hülle der Gesamtheit aller Intervalle fortsetzen, das ist die σ-Algebra $\mathcal{B}$ aller Borel-Mengen reeller Zahlen. Die Wahrscheinlichkeitsdichte φ erzeugt somit ein Wahrscheinlichkeitsmaß auf $\mathcal{B}$.

Im nächsten Kapitel werden wir den Begriff des Riemann-Integrals so verallgemeinern, dass wir diese Zuordnung auch wieder in der Form

$$B \mapsto \int_B \varphi(x)dx$$

formulieren können.

6.4 Regularität endlicher Borel-Maße

Gegenstand dieses Abschnitts ist der Nachweis der sogenannten **Regularitätseigenschaft**

$$\mu(B) = \sup\{\mu(K): \quad K \subseteq B, \quad K \quad \text{kompakt}\}$$

endlicher Maße μ auf der σ-Algebra der Borel-Mengen eines separablen metrischen Raumes, die für die Theorie der stochastischen Prozesse von fundamentaler Bedeutung ist.

Wir erinnern uns zunächst an in diesem Kontext benötigte Begriffe und Ergebnisse aus der Analysis.

Ein metrischer Raum Ω ist **separabel**, wenn darin eine dichte Folge $\omega_1, \omega_2, \ldots$ existiert, d. h. zu jedem $\omega \in \Omega$ und positiver Zahl ε existiert ein n, sodass der Abstand zwischen ω_n und ω kleiner als ε ist. Eine Teilmenge K eines metrischen Raumes Ω ist **kompakt**, wenn in jedem System von offenen Teilmengen G_i von Ω, das K überdeckt, endlich viele dieser Teilmengen $G_{i_1}, \ldots, G_{i_n}$ ausgewählt werden können, die auch schon K überdecken. Aus der Analysis ist bekannt, dass es auch noch zwei andere Charakterisierungen der Kompaktheit gibt: Eine Teilmenge K eines metrischen Raumes Ω ist genau dann kompakt, wenn in jeder Folge $\omega_1, \omega_2, \ldots$ aus K eine in K konvergierende Teilfolge existiert. Eine Teilmenge eines metrischen Raumes ist auch genau dann kompakt, wenn sie präkompakt und abgeschlossen ist. Dabei heißt **präkompakt**, dass für jedes positive ε endlich viele „Mittelpunkte" $\omega_1, \ldots, \omega_n$ existieren, sodass die „offenen Kugeln"

$$B^o_{\omega_k, \varepsilon} = \{\omega \in \Omega : \quad d(\omega, \omega_k) < \varepsilon\}$$

mit dem „Radius" ε diese Menge überdecken.

Definition 6.13 Ein System $\mathcal{A}$ von Teilmengen einer Grundmenge Ω ist **monoton abgeschlossen**, wenn die Vereinigung jeder monoton wachsenden Folge $A_1 \subseteq A_2 \subseteq \cdots$ aus $\mathcal{A}$ zu $\mathcal{A}$ gehört und auch der Durchschnitt jeder monoton fallenden Folge $A_1 \supset A_2 \supset \cdots$ zu $\mathcal{A}$ gehört. ◆

Offenbar ist jede monoton abgeschlossene Algebra eine σ-Algebra.

Satz 6.4

Ein monoton abgeschlossenes System, das eine Algebra $\mathcal{A}$ umfasst, enthält auch die σ-Algebra $\sigma(\mathcal{A})$.

Beweis. Der Durchschnitt monoton abgeschlossener Systeme ist offenbar auch wieder monoton abgeschlossen. Deshalb gibt es ein kleinstes monoton abgeschlossenes System $\mathcal{M}$, das die gegebene Algebra $\mathcal{A}$ umfasst. Es bleibt nur noch zu zeigen, dass dieses System $\mathcal{M}$ eine Algebra ist. Dazu führen wir für jedes $A \in \mathcal{M}$ das Mengensystem

$$\mathcal{B}(A) = \{B \in \mathcal{M} : \quad A \cup B \in \mathcal{M}, \quad A/B \in \mathcal{M}, \quad B/A \in \mathcal{M}\}$$

ein. Es ist abzulesen, dass jedes solche System die leere Menge $\emptyset$ und die Grundmenge Ω enthält. Aus Symmetriegründen sind die Aussagen $B \in \mathcal{B}(A)$ und $A \in \mathcal{B}(B)$ äquivalent. Aufgrund bekannter Rechenregeln sind alle diese Mengensysteme $\mathcal{B}(A)$ monoton abgeschlossen, umfassen also $\mathcal{M}$. Zusammen mit $\mathcal{B}(A) \subseteq \mathcal{M}$ heißt das also $\mathcal{B}(A) = \mathcal{M}$ für alle $A \in \mathcal{M}$. Unter Berücksichtigung der Definition von $\mathcal{B}(A)$ folgt daraus, dass $\mathcal{M}$ tatsächlich eine Algebra ist.

Satz 6.5

> *Zu einem metrischen Raum Ω ist das System aller endlichen Vereinigungen $\cup_{i=1}^{n} (G_i \cap F_i)$ mit G_i offen und F_i abgeschlossen die kleinste Algebra, die das System $\mathcal{G}$ aller offenen Teilmengen umfasst.*

Beweis. Es ist klar, dass alle diese endlichen Vereinigungen in einer $\mathcal{G}$ umfassenden Algebra enthalten sein müssen. Umgekehrt ist zu zeigen, dass das System aller Mengen der im Satz formulierten Struktur eine Algebra bilden. Dass endliche Vereinigungen solcher Mengen auch wieder diese Struktur haben, ist trivial. Dass auch die Komplementbildung nicht aus dem System hinausführt, bestätigt die Rechnung

$$\left(\bigcup_{i=1}^{n} (G_i \cap F_i) \right)' = \bigcap_{i=1}^{n} (G_i \cap F_i)' = \bigcap_{i=1}^{n} (G_i' \cup F_i')$$

$$= \bigcup_{I \cup J = \{1,\ldots,n\}, I \cap J = \emptyset} \left(\left(\bigcap_{i \in I} F_i' \right) \cap \left(\bigcap_{j \in J} G_j' \right) \right).$$

Satz 6.6

> *Für jedes endliche Borel-Maß μ auf einem separablen vollständigen metrischen Raum Ω gilt*
>
> $$\mu(B) = \sup\{\mu(K): \quad K \subseteq B, \quad K \text{ kompakt}\}$$
>
> *für jede Borel-Menge B.*

Beweis.

1. Schritt: Wir zeigen $\mu(\Omega) = \sup\{\mu(K): \quad K \text{ kompakt}\}$. Dazu starten wir mit einer in Ω dichten Folge $\omega_1, \omega_2, \ldots$ und bilden für natürliche Zahlen n die Kugeln

$$B_{1/n}(\omega_k) = \{\omega \in \Omega: \quad d(\omega, \omega_k) \leq 1/n\},$$

die für jedes n Ω überdecken. Für $F_{n,m} = \bigcup_{k=1}^{m} B_{1/n}(\omega_k)$ gilt deshalb

$$\lim_{m \to \infty} \mu(F_{n,m}) = \mu(\Omega).$$

Folglich können wir zu jeder vorgegebenen positiven Zahl ε und für jede natürliche Zahl n eine natürliche Zahl m_n mit $\mu(F_{n,m_n}) > \mu(\Omega) - \varepsilon/2^n$ wählen. Der Durchschnitt $K = \bigcap_{n=1}^{\infty} F_{n,m_n}$ der abgeschlossenen Mengen F_{n,m_n} ist abgeschlossen und natürlich auch präkompakt, insgesamt also kompakt. Für das Komplement K' von K gilt

$$\mu(K') = \mu\left(\bigcup_{n=1}^{\infty}(F_{n,m_n})'\right) \le \sum_{n=1}^{\infty}((F_{n,m_n})') < \sum_{n=1}^{\infty}\varepsilon/2^n = \varepsilon,$$

für die kompakte Menge K also $\mu(K) > \mu(\Omega) - \varepsilon$.

2. Schritt: Wir verallgemeinern das Ergebnis des ersten Schrittes zu

$$\mu(F) = \sup\{\mu(K): \quad K \subseteq F, \quad K \text{ kompakt}\}$$

für jede abgeschlossene Teilmenge F von Ω. Zu $\varepsilon > 0$ wählen wir eine kompakte Menge K^* mit $\mu(K^*) > \mu(\Omega) - \varepsilon$ und setzen $K = K^* \cap F$. Dieses K ist abgeschlossen und präkompakt, also wieder kompakt. Es gilt

$$\mu(F) = \mu((F \cap K^*) \cup (F \cap (K^*)')) = \mu(K) + \mu(F \cap (K^*)') \le \mu((K^*)')$$

$$= \mu(K) + \mu(\Omega) - \mu(K^*) < \mu(K) + \varepsilon,$$

also $\mu(K) > \mu(F) - \varepsilon$.

3. Schritt: Wir beweisen die abgeschwächte Version

$$\mu(B) = \sup\{\mu(F): \quad F \subseteq B, \quad F \text{ abgeschlossen }\}$$

für alle Borel-Mengen B. Dazu untersuchen wir das System $\mathcal{M}$ aller Borel-Mengen B mit der Eigenschaft

$$\mu(B) = \sup\{\mu(F): \quad F \subseteq B, \quad F \text{ abgeschlossen}\}.$$

Wir zeigen zunächst, dass $\mathcal{M}$ monoton abgeschlossen ist. Für die Folge von Mengen B_n aus $\mathcal{M}$ gelte $B_1 \subseteq B_2 \subseteq \cdots$. Es sei $\varepsilon > 0$. Wegen

$$\lim_{n\to\infty}\mu(B_n) = \lim_{n\to\infty}\mu\left(\bigcup_{k=1}^{n}B_k\right) = \mu\left(\bigcup_{k=1}^{\infty}B_k\right)$$

können wir ein n mit

$$\mu(B_n) > \mu\left(\bigcup_{k=1}^{\infty}B_k\right) - \varepsilon/2$$

finden. Wegen $B_n \in \mathcal{M}$ gibt es dazu eine abgeschlossene Menge $F_n \subseteq B_n$ mit

$$\mu(F_n) > \mu(B_n) - \varepsilon/2,$$

zusammen gilt also

$$\mu(F_n) > \mu\left(\bigcup_{k=1}^{\infty} B_k\right) - \varepsilon.$$

Jetzt sei $\{B_n\}$ eine monoton fallende Folge von Mengen aus $\mathcal{M}$ und wieder $\varepsilon > 0$. Zu jeder natürlichen Zahl n wählen wir eine abgeschlossene Menge $F_n \subseteq B_n$ mit

$$\mu(F_n) > \mu(B_n) - \varepsilon/2.$$

Dann gilt

$$\mu\left(B_n \setminus \bigcap_{k=1}^{n} F_k\right) = \mu\left(\bigcup_{k=1}^{n}(B_n \setminus F_k)\right) \le \sum_{k=1}^{n} \mu(B_k \setminus F_k) < \varepsilon.$$

Für die abgeschlossene Menge $F = \bigcap_{n=1}^{\infty} F_n$ und die Borel-Menge $B = \bigcap_{n=1}^{\infty} B_n$ folgt daraus wie gewünscht

$$\mu(F) = \lim_{n \to \infty} \mu\left(\bigcap_{k=1}^{n} F_k\right) \ge \lim_{n \to \infty}(\mu(B_n) - \varepsilon) = \mu(B) - \varepsilon.$$

Wir zeigen jetzt, dass jede offene Teilmenge G von Ω zu $\mathcal{M}$ gehört. Dazu berufen wir uns auf die Darstellung

$$G = \bigcup_{n=1}^{\infty} \bigcap_{\omega \in G'} (B_{1/n}^{o}(\omega))'$$

mit $B_{1/n}^{o}(\omega) = \{\omega^* \in \Omega : \quad d(\omega^*, \omega) < 1/n\}$. Für die abgeschlossenen Mengen

$$F_k = \bigcup_{n=1}^{k} \bigcap_{\omega \in G'} (B_{1/n}^{o}(\omega))'$$

gilt $\lim_{k \to \infty} \mu(F_k) = \mu(G)$. Deshalb gilt für vorgegebenes positives ε und hinreichend großes k $\mu(F_k) > \mu(G) - \varepsilon$, also gehört G zu $\mathcal{M}$. Um Satz 6.4 anwenden zu können, überzeugen wir uns davon, dass auch alle Mengen der Gestalt $M = \bigcup_{i=1}^{n}(G_i \cap F_i)$ mit offenen G_i und abgeschlossenen F_i zu $\mathcal{M}$ gehören. Zur offenen Menge $G = \bigcup_{i=1}^{n} G_i$ und $\varepsilon > 0$ gibt es wegen $G \in \mathcal{M}$ ein abgeschlossenes $F^* \subseteq G$ mit $\mu(F^*) > \mu(G) - \varepsilon$. Dann gilt für $F^{**} = F^* \cap F_1 \cap \cdots \cap F_n$ auch $\mu(F^{**}) > \mu(M) - \varepsilon$, also gehören solche Mengen auch zu $\mathcal{M}$. Das System $\mathcal{M}$ umfasst also die Algebra $\mathcal{D}$ aller Mengen der beschriebenen Struktur und nach Satz 6.4 damit auch die kleinste σ-Algebra $\sigma(\mathcal{D})$, die $\mathcal{D}$ umfasst. Insgesamt gilt $\sigma(\mathcal{G}) \subseteq \sigma(\mathcal{D}) \subseteq \mathcal{M}$, somit hat jede Borel-Menge B die Eigenschaft

$$\mu(B) = \sup\{\mu(F) : \quad F \subseteq B, \text{ F abgeschlossen}\}.$$

4. Schritt: Wir kombinieren die Ergebnisse der Schritte 2 und 3 und erhalten für die Borel-Menge B und zu $\varepsilon > 0$ eine abgeschlossene Menge $F \subseteq B$ mit $\mu(F) > \mu(B) - \varepsilon/2$ und dazu eine kompakte Menge $K \subseteq F$ mit $\mu(K) > \mu(F) - \varepsilon/2$. Dann gilt für dieses K auch $\mu(K) > \mu(B) - \varepsilon$.

Aufgaben

6.1 Nennen Sie zu den Grundmengen

a) $\Omega = \mathbb{R}$
b) $\Omega = \mathbb{R}^2$
c) Ω unendliche Menge

Ringe von Teilmengen, die keine Algebren sind.

6.2 Zeigen Sie, dass jeder metrische Raum ein Hausdorff-Raum ist.

6.3 Eine Teilmenge A eines Hausdorff-Raumes Ω ist **abgeschlossen**, wenn die Menge $A' = \Omega \setminus A$ offen ist. Zeigen Sie, dass sich die Borel'sche σ-Algebra eines Hausdorff-Raumes auch als $\sigma(\mathcal{F})$ mit dem System $\mathcal{F}$ aller abgeschlossenen Teilmengen beschreiben lässt.

6.4 Es sei $[\Omega, \mathcal{A}, \mu]$ ein Maßraum und A und B aus $\mathcal{A}$. Zeigen Sie:

a) Die Inklusion $A \subseteq B$ impliziert die Ungleichung $\mu(a) \leq \mu(B)$
b) $\mu(A \cup B) \leq \mu(A) + \mu(B)$.

6.5 Es sei $[\omega, \mathcal{A}, \mu]$ ein Maßraum und $A_1, A_2, \ldots$ eine Folge aus $\mathcal{A}$. Zeigen Sie:

a)

$$\mu\left(\bigcup_{k=1}^{\infty} A_k\right) = \lim_{n \to \infty} \mu\left(\bigcup_{k=1}^{n} A_k\right)$$

b)

$$\mu\left(\bigcup_{k=1}^{n} A_k\right) \leq \sum_{k=1}^{n} \mu(A_k)$$

c)

$$\mu\left(\bigcup_{k=1}^{\infty} A_k\right) \leq \sum_{k=1}^{\infty} \mu(A_k).$$

Integrale

7

Übersicht

7.1   Messbare Funktionen

Die Messbarkeit einer Funktion $f : \Omega \mapsto E$ bezieht sich immer auf σ-Algebren, mit denen Ω und E ausgestattet sein müssen.

Definition 7.1 Es seien $[\Omega, \mathcal{A}]$ und $[E, \mathcal{B}]$ Messräume. Eine Funktion $f : \Omega \mapsto E$ ist $\mathcal{A}$-$\mathcal{B}$-**messbar**, wenn für jedes B aus $\mathcal{B}$ die Menge $f^{-1}(B) = \{\omega \in \Omega : f(\omega) \in B\}$ zu $\mathcal{A}$ gehört.   ◆

Die Hintereinanderausführung von zwei passenden messbaren Funktionen ist auch wieder messbar. Genauer: Für drei Messräume $[\Omega, \mathcal{A}]$, $[E, \mathcal{B}]$, $[F, \mathcal{C}]$ und eine $\mathcal{A}$-$\mathcal{B}$-messbare Funktion $f : \Omega \mapsto E$ und eine $\mathcal{B}$-$\mathcal{C}$-messbare Funktion $g : E \mapsto F$ ist die Funktion $g \circ f : \Omega \mapsto F$, definiert durch $(g \circ f)(\omega) = g(f(\omega))$, $\mathcal{A}$-$\mathcal{C}$-messbar.

    Um die $\mathcal{A}$-$\mathcal{B}$-Messbarkeit einer Funktion f nachzuweisen, braucht $f^{-1}(B) \in \mathcal{A}$ nicht für alle $B \in \mathcal{B}$ nachgeprüft zu werden. Dem nächsten Satz zufolge genügt es, sich mit viel spezielleren Typen von Teilmengen B zu befassen.

© Springer-Verlag Berlin Heidelberg 2017   113
R. Oloff, *Wahrscheinlichkeitsrechnung und Maßtheorie*,
DOI 10.1007/978-3-662-53024-5_7

Satz 7.1

> *Es seien* $[\Omega, \mathcal{A}]$ *und* $[E, \mathcal{B}]$ *Messräume,* $f : \Omega \mapsto E$ *und* $\mathcal{B}_0$ *ein Teilsystem von* $\mathcal{B}$ *mit* $\sigma(\mathcal{B}_0) = \mathcal{B}$, *d. h.* $\mathcal{B}_0$ *ist ein* **Generator** *von* $\mathcal{B}$. *Dann ist* f $\mathcal{A}$-$\mathcal{B}$-*messbar, wenn* $f^{-1}(B) \in \mathcal{A}$ *für alle B aus* $\mathcal{B}_0$ *gilt.*

Beweis. Dieser beruht darauf, dass das Mengensystem $\mathcal{C}$ aller Teilmengen B aus $\mathcal{B}$ mit $f^{-1}(B) \in \mathcal{A}$ eine σ-Algebra ist. $\Omega \in \mathcal{C}$ ist unstrittig. $B \in \mathcal{C}$ bedeutet $f^{-1}(B) \in \mathcal{A}$ und impliziert $f^{-1}(B') = (f^{-1}(B))' \in \mathcal{A}$, also $B' \in \mathcal{C}$. Mit der Folge $B_1, B_2, \ldots$ von Teilmengen aus $\mathcal{C}$ gehört wegen

$$f^{-1}\left(\bigcup_{n=1}^{\infty} B_n\right) = \bigcup_{n=1}^{\infty} f^{-1}(B_n)$$

auch deren Vereinigung zu $\mathcal{C}$. Das Mengensystem $\mathcal{C}$ ist also eine σ-Algebra, die $\mathcal{B}_0$ umfasst, aber $\sigma(\mathcal{B}_0) = \mathcal{B}$ ist das kleinste derartige Mengensystem. Also ist $\mathcal{B} = \mathcal{C}$ und die $\mathcal{A}$-$\mathcal{B}$-Messbarkeit von f ist bewiesen.

Satz 7.2

> *Jede stetige* $\mathbb{R}^m$-*wertige Funktion von n reellen Variablen ist* $\mathcal{B}^n$-$\mathcal{B}^m$-*messbar.*

Beweis. Bekanntlich lässt sich die Stetigkeit von f dadurch charakterisieren, dass für jede offene Teilmenge B von $\mathbb{R}^m$ das Urbild $f^{-1}(B)$ eine offene Teilmenge von $\mathbb{R}^n$ ist. Also ist $f^{-1}(B)$ für jedes offene B eine Borel-Menge. Da die σ-Hülle des Systems aller offenen Teilmengen aus Borel-Mengen besteht, ist f also messbar.

Im folgenden Satz sind die Situationen aufgesammelt, in denen aus reellwertigen messbaren Funktionen wieder messbare Funktionen entstehen. Dass dabei die reelle Achse mit der σ-Algebra der Borel-Mengen ausgestattet ist, betonen wir in der Formulierung nicht extra.

Satz 7.3

> *Es sei* $[\Omega, \mathcal{A}]$ *ein Messraum. Wenn die reellwertigen Funktionen f und g auf* Ω $\mathcal{A}$-*messbar sind, sind auch die Funktionen* $f + g$, $f - g$, $f \cdot g$ *und* f/g ($g(\omega) \neq 0$ *für alle* ω *vorausgesetzt)* $\mathcal{A}$-*messbar. Das punktweise Supremum und Infimum und der punktweise Grenzwert einer Folge reellwertiger* $\mathcal{A}$-*messbarer Funktionen auf* Ω *ist wieder* $\mathcal{A}$-*messbar.*

Beweis. Um die Messbarkeit einer reellwertigen Funktion zu bestätigen, genügt es offenbar zu zeigen, dass jede Menge der Form $\{\omega \in \Omega : h(\omega) < c\}$ zu $\mathcal{A}$ gehört. Im Fall $h = f + g$ folgt das wegen der Abzählbarkeit der Menge Q aller rationalen Zahlen aus der Darstellung

$$\{\omega \in \Omega : f(\omega) < c - g(\omega)\} = \bigcup_{r \in Q}(\{\omega \in \Omega : f(\omega) < r\} \cap \{\omega \in \Omega : r < c - g(\omega)\}).$$

Weil $-g$ auch messbar ist, lässt sich $f - g$ durch $f - g = f + (-g)$ klären. Für das Produkt schreiben wir

$$f \cdot g = \frac{1}{4}(f + g)^2 - \frac{1}{4}(f - g)^2$$

und berufen uns auf die Stetigkeit und damit Messbarkeit des Quadrierens. Solche Argumente führen auch bei $f/g = f \cdot g^{-1}$ zum Ziel. Zum Nachweis der Messbarkeit der Funktion $f(\omega) = \sup f_n(\omega)$ ist die Darstellung

$$\{\omega \in \Omega : f(\omega) \leq c\} = \bigcap_{n=1}^{\infty}\{\omega \in \Omega : f_n(\omega) \leq c\}$$

zu interpretieren. Ganz analog lässt sich die Messbarkeit von $f(\omega) = \inf f_n(\omega)$ zeigen. Für die Grenzwerte gilt

$$f(\omega) = \lim_{n \to \infty} f_n(\omega) = \sup_m \inf_{n \geq m} f_n(\omega)$$

und aus der Messbarkeit der f_n folgt über die Messbarkeit der Funktionen

$$g_m(\omega) = \inf_{n \geq m} f_n(\omega)$$

schließlich auch die Messbarkeit von

$$f(\omega) = \sup_m g_m(\omega).$$

Angesichts dieser vielen positiven Aussagen über die Messbarkeit erscheint es hoffnungslos, eine konkrete Funktion $f : \mathbb{R} \mapsto \mathbb{R}$ zu konstruieren, die nicht messbar ist. Schließlich stellt sich die Frage, ob es überhaupt reellwertige Funktionen einer reellen Variablen gibt, die nicht messbar sind. Diese Frage lässt sich zurückführen auf die Frage nach der Existenz einer Menge reeller Zahlen, die keine Borel-Menge ist. Wenn es eine solche Menge B gäbe, wäre die Funktion

$$f(x) = \chi_B(x) = \begin{cases} 1 & \text{für} \quad x \in B \\ 0 & \text{für} \quad x \notin B \end{cases}$$

nicht messbar. Eine solche Menge gibt es tatsächlich, aber für ihre Existenz gibt es nur einen sehr abstrakten Beweis, der keinen Hinweis auf ihre konkrete Gestalt und damit auf das Aussehen des Graphen von χ_B gibt. Deshalb wollen wir diesen Problemkreis hier nicht weiter verfolgen.

7.2   Parallelen zum Riemann-Integral

Das Lebesgue-Integral, das wir in diesem Abschnitt einführen, verallgemeinert das klassische Riemann-Integral. Beim Riemann-Integral ist der Integrand zunächst eine auf einem Intervall definierte stückweise stetige reellwertige Funktion, später ist das Definitionsgebiet auch eine von stückweise glatten Hyperflächen umrandete Teilmenge von $\mathbb{R}^n$. Verwendet wird der klassische Längenbegriff bzw. das Volumen.

Beim Lebesgue-Integral ist der Integrand eine reellwertige Funktion, definiert auf einem Maßraum $[\Omega, \mathcal{A}, \mu]$ und in diesem Sinne messbar.

Der allgemein übliche Zugang zum Riemann-Integral für eine Funktion einer reellen Variablen führt über die Riemann'schen Ober- und Untersummen. Eine solche Summe ist im Grunde das Riemann-Integral über eine Treppenfunktion, die durch die Zerlegung des Definitionsintervalls in Teilintervalle entsteht. Das Riemann-Integral ist dann der Grenzwert der Riemann-Integrale von Treppenfunktionen, die durch immer feinere Zerlegungen entstehen und punktweise gegen den stetigen Integranden konvergieren.

Das Lebesgue-Integral starten wir auch mit Integranden, die nur endlich viele Werte annehmen, nennen sie aber nicht Treppenfunktionen, weil sie so nicht aussehen müssen.

Definition 7.2 Eine nichtnegative Funktion f heißt **einfach**, wenn sie nur endlich viele Werte annimmt, also die Form

$$f = \sum_{i=1}^{n} a_i \chi_{A_i}$$

hat. Eine solche Darstellung mit paarweise disjunkten Mengen A_i aus $\mathcal{A}$ heißt **Normaldarstellung**.   ◆

Natürlich lässt es sich immer so einrichten, dass die Koeffizienten a_i paarweise verschieden sind, das ist beim Begriff der Normaldarstellung aber nicht gefordert.

Definition 7.3 Das **Integral** einer einfachen Funktion f mit einer Normaldarstellung

$$f = \sum_{i=1}^{n} a_i \chi_{A_i}$$

ist die Zahl

$$\int_{\Omega} f(\omega)\mu(d\omega) = \sum_{i=1}^{n} a_i \mu(A_i).$$

◆

Das Integral der einfachen Funktion F ist unabhängig von der Auswahl der Normaldarstellung. Wenn

$$f = \sum_{i=1}^{n} a_i \chi_{A_i} = \sum_{k=1}^{m} b_k \chi_{B_k}$$

ist, muss für Indizes i, k mit $A_i \cap B_k \neq \emptyset$ $a_i = b_k$ gelten. Für die Summen folgt daraus

$$\sum_{i=1}^{n} a_i \mu(A_i) = \sum_{i=1}^{n} a_i \sum_{k=1}^{m} \mu(A_i \cap B_k) = \sum_{k=1}^{m} \sum_{i=1}^{n} a_i \mu(A_i \cap B_k)$$

$$= \sum_{k=1}^{m} \sum_{i=1}^{n} b_k \mu(B_k \cap A_i) = \sum_{k=1}^{m} b_k \mu(B_k).$$

Wenn bei einer Normaldarstellung $f = \sum_{i=1}^{n} a_i \chi_{A_i}$ einer nichtnegativen Funktion f manche A_i mit $a_i \neq 0$ ein unendliches Maß haben, entsteht bei der Summation ∞. Dann kann man formal

$$\int_{\Omega} f(\omega) \mu(d\omega) = \infty$$

schreiben, die einfache Funktion f gilt dann aber als nicht μ-integrierbar.

Definition 7.4 Das **Integral** einer nichtnegativen messbaren Funktion f auf dem Maßraum $[\Omega, \mathcal{A}, \mu]$ ist

$$\int_{\Omega} f(\omega) \mu(d\omega) = \sup_{n} \int_{\Omega} f_n(\omega) \mu(d\omega),$$

wobei (f_n) eine monoton wachsende Folge von einfachen Funktionen ist, die punktweise gegen f konvergieren. ◆

Wir müssen uns davon überzeugen, dass diese Formel für das Integral unabhängig ist von der Auswahl der Folge (f_n). Dazu sei (g_n) eine andere Folge mit den geforderten Eigenschaften. Dann muss die Funktion

$$\sup_{n} g_n(\omega) = f(\omega)$$

jede der Funktionen f_m majorisieren. Jetzt geht es darum, aus diesen Ungleichungen auch für die Integrale die Abschätzung

$$\int_{\Omega} f_m(\omega) \mu(d\omega) \leq \sup_{n} \int_{\Omega} g_n(\omega) \mu(d\omega)$$

für jedes m zu schlussfolgern.

Auf $\Omega_m = \{\omega \in \Omega : f_m(\omega) > 0\}$ nimmt f_m nur endlich viele positive Werte an. Wir wählen eine positive Zahl ε_m, die kleiner ist als diese endlich vielen positiven Funktionswerte. Dann gilt für $\omega \in \Omega_m$ $f_m(\omega) > \varepsilon_m$. Die Folge der Mengen

$$A_{mn} = \{\omega \in \Omega_m : g_n(\omega) \geq f_m(\omega) - \varepsilon_m\} \qquad (n = 1, 2, 3, \ldots)$$

ist monoton wachsend und überdeckt Ω_m. Im Fall $\mu(\Omega_m) = \infty$ folgt daraus

$$\lim_{n \to \infty} \mu(A_{mn}) = \infty$$

und aus der Abschätzung

$$\int_\Omega g_n(\omega)\mu(d\omega) \geq \int_{A_{mn}} g_n(\omega)\mu(d\omega) \geq \int_{A_{mn}} (f_m(\omega) - \varepsilon_m)\mu(d\omega)$$

$$\geq \mu(A_{mn}) \inf_{\omega \in \Omega_m} (f_m(\omega) - \varepsilon_m)$$

ergibt sich dann für $n \to \infty$

$$\sup_n \int_\Omega g_n(\omega)\mu(d\omega) = \lim_{n \to \infty} \int_\Omega g_n(\omega)\mu(d\omega) = \infty.$$

Wenn $\mu(\Omega_m)$ endlich ist, bezeichnen wir

$$c_m = \sup_{\omega \in \Omega} f_m(\omega) \qquad \text{und} \qquad B_{mn} = \Omega_m \setminus A_{mn}$$

und erhalten aus der Ungleichung

$$g_n + c_m \chi_{B_{mn}} \geq f_m - \varepsilon_m$$

die Abschätzung

$$\int_\Omega g_n(\omega)\mu(d\omega) + c_m \mu(B_{mn}) \geq \int_{\Omega_m} (f_m(\omega) - \varepsilon_m)\mu(d\omega) = \int_\Omega f_m(\omega)\mu(d\omega) - \varepsilon_m \mu(\Omega_m),$$

die für alle ε_m zwischen 0 und dem kleinsten positiven Funktionswert von f_m gilt. Das kann nur

$$\int_\Omega g_n(\omega)\mu(d\omega) + c_m \mu(B_{mn}) \geq \int_\Omega f_m(\omega)\mu(d\omega)$$

heißen. Schließlich erhalten wir durch den Grenzübergang $n \to \infty$ wegen

$$\mu(B_{mn}) = \mu(\Omega_m) - \mu(A_{mn})$$

und damit

$$\lim_{n \to \infty} \mu(B_{mn}) = \mu(\Omega_m) - \lim_{n \to \infty} \mu(A_{mn}) = 0$$

die gewünschte Abschätzung

$$\sup_n \int_\Omega g_n(\omega)\mu(d\omega) \geq \int_\Omega f_m(\omega)\mu(d\omega)$$

für alle m. Das heißt

$$\sup_n \int_\Omega g_n(\omega)\mu(d\omega) \geq \sup_m \int_\Omega f_m(\omega)\mu(d\omega).$$

Aus Symmetriegründen gilt natürlich dann auch

$$\sup_n \int_\Omega g_n(\omega)\mu(d\omega) \leq \sup_m \int_\Omega f_m(\omega)\mu(d\omega).$$

Insgesamt hat die Auswahl der approximierenden Folge einfacher Funktionen keinen Einfluss und die Definition des Integrals für eine nichtnegative messbare Funktion ist korrekt.

Schließlich überwinden wir noch die Beschränkung auf nichtnegative Integranden, indem wir den gegebenen Integranden f in $f = f^+ - f^-$ zerlegen.

Definition 7.5 Das **Integral** einer reellwertigen messbaren Funktion f auf dem Maßraum $[\Omega, \mathcal{A}, \mu]$ ist

$$\int_\Omega f(\omega)\mu(d\omega) = \int_\Omega f^+(\omega)\mu(d\omega) - \int_\Omega f^-(\omega)\mu(d\omega)$$

mit $f^+(\omega) = \max(f(\omega), 0)$ und $f^-(\omega) = \max(-f(\omega), 0)$. Die Funktion $f = f^+ - f^-$ ist integrierbar, wenn die beiden Integrale über f^+ und f^- endlich sind.   ◆

Beispiel 7.1 Für eine nichtnegative stetige Funktion f und das Lebesgue-Maß λ auf $\Omega = [0, 1]$ soll das Integral $\int_\Omega f(\omega)\lambda(d\omega)$ berechnet werden. Wir wollen uns vergewissern, dass dieses Integral dasselbe ist wie das übliche Riemann-Integral. Bekanntlich ist dieses der Grenzwert einer Folge von Riemann'schen Untersummen s_n, deren Feinheit der sie erzeugenden Zerlegungen des Intervalls [0,1] (maximaler Abstand benachbarter Gitterpunkte) gegen 0 konvergiert. Hier zerlegen wir das Intervall [0, 1] in 2^n gleich große Teilintervalle, deren Längen $1/2^n$ dann natürlich gegen 0 konvergieren, die dadurch entstehenden Untersummen s_n konvergieren deshalb gegen das Riemann-Integral.

Jede der Zerlegungen erzeugt eine Treppenfunktion f_n, auf jedem der Teilintervalle $[(k-1)/2^n, k/2^n]$ definiert durch

$$f_n(x) = \inf_{(k-1)/2^n \leq x \leq k/2^n} f(x).$$

Das hier angewendete Konstruktionsprinzip der Zerlegungen durch wiederholte Halbierung gewährleistet, dass die Folge dieser elementaren Funktionen f_n monoton wächst. Das zu berechnende Integral ist deshalb der Grenzwert der Integrale

$$\int_{[0,1]} f_n(\omega)\lambda(d\omega) = s_n,$$

also tatsächlich das Riemann-Integral $\int_0^1 f(x)dx$.

Beispiel 7.2 Das Maß μ auf der σ-Algebra aller Mengen reeller Zahlen bestehe nur aus einem Atom an der Stelle x_0 mit der Masse m_0, d. h.

$$\mu(M) = \begin{cases} m_0 & \text{für} \quad x_0 \in M \\ 0 & \text{für} \quad x_0 \notin M \end{cases}.$$

Zu berechnen sei das Integral $\int_{\mathbb{R}} f(x)\mu(dx)$ für eine beliebige Funktion f auf $\mathbb{R}$. Wenn f nicht zufällig nichtnegativ ist, muss es zunächst in $f = f^+ - f^-$ zerlegt werden. Als monoton wachsende gegen f^+ punktweise konvergierende Folge f_n bieten sich die einfachen Funktionen

$$f_n(x) = \frac{1}{2^n} \max\{k = 0, 1, 2, \ldots : k/2^n \leq f^+(x)\}$$

an. Ihre Integrale sind

$$\int_{\mathbb{R}} f_n(x)\mu(dx) = f_n(x_0)m_0$$

mit dem Grenzwert

$$\int_{\mathbb{R}} f^+(x)\mu(dx) = f^+(x_0)m_0.$$

Völlig analog ergibt sich

$$\int_{\mathbb{R}} f^-(x)\mu(dx) = f^-(x_0)m_0$$

und zusammen

$$\int_{\mathbb{R}} f(x)\mu(dx) = \int_{\mathbb{R}} f^+(x)\mu(dx) - \int_{\mathbb{R}} f^-(x)\mu(dx) = f^+(x_0)m_0 - f^-(x_0)m_0 = f(x_0)m_0.$$

Mit den folgenden Rechenregeln sind wir schon im Zusammenhang mit Riemann-Integralen vertraut.

Satz 7.4

Für integrable messbare Funktionen f und g auf dem Maßraum $[\Omega, \mathcal{A}, \mu]$ gelten die Rechenregeln

(i) $\int_{\Omega} af(\omega)\mu(d\omega) = a\int_{\Omega} f(\omega)\mu(d\omega)$ *für* $a \in \mathbb{R}$,
(ii) $\int_{\Omega}(f(\omega) + g(\omega))\mu(d\omega) = \int_{\Omega} f(\omega)\mu(d\omega) + \int_{\Omega} g(\omega)\mu(d\omega)$,
(iii) Wenn $f \leq g$, *dann* $\int_{\Omega} f(\omega)\mu(d\omega) \leq \int_{\Omega} g(\omega)\mu(d\omega)$,
(iv) $\left|\int_{\Omega} f(\omega)\mu(d\omega)\right| \leq \int_{\Omega} |f(\omega)|\mu(d\omega)$.

Beweis. Regel (i) lässt sich sehr einfach getrennt für positive und negative a bestätigen. Regel (ii) ist offensichtlich richtig für nichtnegative Funktionen f und g. Im allgemeinen Fall berufen wir uns auf die Zerlegung

$$f + g = f^+ + g^+ - (f^- + g^-).$$

Die Integrierbarkeit von $f + g$ schlussfolgern wir aus den Abschätzungen

$$(f + g)^+ \leq f^+ + g^+ \quad \text{und} \quad (f + g)^- \leq f^- + g^-$$

und (ii) folgt dann durch Integration der Gleichung

$$(f + g)^+ + f^- + g^- = f^+ + g^+ + (f + g)^-.$$

Die Implikation (iii) ist selbstverständlich für eine nichtnegative Funktion f und damit auch g. Im allgemeinen Fall impliziert $f \leq g$ die Ungleichungen $f^+ \leq g^+$ und $f^- \geq g^-$ und aus beiden zusammen folgt

$$\int_{\Omega} f(\omega)\mu(d\omega) = \int_{\Omega} f^+(\omega)\mu(d\omega) - \int_{\Omega} f^-(\omega)\mu(\omega)$$

$$\leq \int_{\Omega} g^+(\omega)\mu(d\omega) - \int_{\Omega} g^-(\omega)\mu(d\omega) = \int_{\Omega} g(\omega)\mu(d\omega).$$

Die Ungleichung (iv) beruht auf den Abschätzungen $f \leq |f|$ und $-f \leq |f|$, denn es gilt deshalb sowohl

$$\int_\Omega f(\omega)\mu(d\omega) \leq \int_\Omega |f(\omega)|\mu(d\omega)$$

als auch

$$-\int_\Omega f(\omega)\mu(d\omega) = \int_\Omega (-f(\omega))\mu(d\omega) \leq \int_\Omega |f(\omega)|\mu(d\omega).$$

In der klassischen Integralrechnung ist man häufig gezwungen, andere Koordinaten einzuführen, weil man sonst nicht in der Lage ist, ein gegebenes mehrfaches Integral zu iterieren und geeignete Stammfunktionen zu finden. Wenn von einem Riemann-Integral im karthesischen $x_1, \ldots, x_n$-Raum die Rede ist und man zum $y_1, \ldots, y_n$-Raum wechselt, muss man bekanntlich im transformierten Integral den umgerechneten Integranden mit der Jacobi-Determinante $\det(\partial x_i / \partial y_k)$ multiplizieren, genauer formuliert gilt

$$\int \cdots \int_{(x_1,\ldots,x_n \in A)} f(x_1, \ldots, x_n) dx_1 \cdots dx_n$$

$$= \int \cdots \int_{(y_1,\ldots,y_n) \in B} f(g(y_1, \ldots, y_n)) \det(\partial x_i / \partial y_k) dy_1 \cdots dy_n,$$

wobei g eine Bijektion von B nach A ist. Dadurch verändert sich das Maß, auf das sich die Integration bezieht. In der Terminologie der abstrakten Integrationstheorie, von der in diesem Kapitel die Rede ist, ist das originale Lebesgue-Maß dann das Bildmaß des neuen Maßes bezüglich der Umrechnungsfunktion g.

Definition 7.6 Es seien $[\Omega, \mathcal{A}]$ und $[E, \mathcal{B}]$ messbare Räume und g eine E-wertige Funktion auf Ω. Dann erzeugt jedes Maß μ auf $[\Omega, \mathcal{A}]$ ein Maß μ_g auf $[E, \mathcal{B}]$, definiert durch

$$\mu_g(B) = \mu(g^{-1}(B)) = \mu(\{\omega \in \Omega : g(\omega) \in B\}) \quad \text{für} \quad B \in \mathcal{B}.$$

Dieses Maß μ_g wird **Bildmaß** von μ bzgl. g genannt.   ♦

Satz 7.5 (Transformationsregel)

Es sei $[\Omega, \mathcal{A}, \mu]$ ein Maßraum und μ_g das Bildmaß von μ bzgl. einer $\mathcal{A}$-$\mathcal{B}$-messbaren E-wertigen Funktion g auf Ω. Dann ist eine $\mathcal{B}$-messbare reellwertige Funktion f auf E genau dann integrierbar bzgl. μ_g, wenn die zusammengesetzte Funktion $f \circ g$ μ-integrierbar ist, und es gilt

$$\int_E f(x)\mu_g(dx) = \int_\Omega f(g(\omega))\mu(d\omega).$$

Beweis. Im ersten Schritt bestätigen wir die zu beweisende Gleichung für eine einfache messbare Funktion

$$f = \sum_{i=1}^{m} a_i \chi_{B_i}.$$

Das Integral auf der linken Seite ist also

$$\int_E f(x)\mu_g(dx) = \sum_{i=1}^{m} a_i \mu_g(B_i) = \sum_{i=1}^{m} a_i \mu(g^{-1}(B_i)).$$

Der Integrand $f \circ g$ auf der rechten Seite ist die einfache Funktion

$$f \circ g = \sum_{i=1}^{m} a_i \chi_{g^{-1}(B_i)}$$

und das Integral auf der rechten Seite ist deshalb auch

$$\int_\Omega (f \circ g)(\omega)\mu(d\omega) = \sum_{i=1}^{m} a_i \mu(g^{-1}(B_i)).$$

Die Transformationsregel ist also richtig für alle einfachen Funktionen f.

Im zweiten Schritt setzen wir nur noch voraus, dass die messbare Funktion f nichtnegativ ist. Wir berufen uns auf die Definition des Integrals und approximieren f punktweise durch eine monoton wachsende Folge einfacher messbarer Funktionen f_n. Das Integal auf der linken Seite ist der Grenzwert

$$\int_E f(x)\mu_g(dx) = \lim_{n\to\infty} \int_E f_n(x)\mu_g(dx).$$

Weil der Integrand $f \circ g$ des Integrals auf der rechten Seite auch punktweise durch die monoton wachsende Folge der einfachen Funktionen $f_n \circ g$ approximiert wird, ist auch das rechte Integral ein Grenzwert

$$\int_\Omega (f \circ g)(\omega)\mu(d\omega) = \lim_{n\to\infty} \int_\Omega (f_n \circ g)(\omega)\mu(d\omega).$$

Da die Gleichungen

$$\int_E f_n(x)\mu_g(dx) = \int_\Omega (f_n \circ g)(\omega)\mu(d\omega)$$

bereits gesichert sind, ist die Transformationsregel jetzt auch für nichtnegative messbare Funktionen f bestätigt.

Schließlich zerlegen wir im dritten Schritt eine allgemeine messbare Funktion f in ihren positiven und negativen Anteil f^+ und f^- und erhalten

$$\int_E f(x)\mu_g(dx) = \int_E f^+(x)\mu_g(dx) - \int_E f^-(x)\mu_g(dx)$$

$$= \int_\Omega (f \circ g)^+(\omega)\mu(d\omega) - \int_\Omega (f \circ g)^-(\omega)\mu(d\omega) = \int_\Omega (f \circ g)(\omega)\mu(d\omega).$$

7.3   Grenzwertsätze

In diesem Abschnitt geht es darum, unter welchen Voraussetzungen man das Limeszeichen am Integralzeichen vorbeitauschen kann.

Satz 7.6 (Levi)

Es sei (f_n) eine monoton wachsende Folge nichtnegativer messbarer Funktionen auf $[\Omega, \mathcal{A}, \mu]$, die punktweise gegen eine Funktion f konvergiert. Dann gilt

$$\int_\Omega f(\omega)\mu(d\omega) = \lim_{n\to\infty} \int_\Omega f_n(\omega)\mu(d\omega).$$

Beweis. Zur Berechnung des Integrals von f konstruieren wir entsprechend Definition 7.4 eine monoton wachsende Folge einfacher Funktionen g_n, die punktweise gegen f konvergieren. Jede der Funktionen f_n ist approximierbar durch eine monoton wachsende Folge einfacher Funktionen $f_{n1}, f_{n2}, \ldots$. Wir setzen

$$g_n(\omega) = \max(f_{1n}(\omega), f_{2n}(\omega), \ldots, f_{nn}(\omega)).$$

Diese Folge einfacher Funktionen ist monoton wachsend, denn es gilt

$$g_n(\omega) \le \max(f_{1n+1}(\omega), f_{2n+1}(\omega), \ldots, f_{nn+1}(\omega))$$

$$\le \max(f_{1n+1}(\omega), f_{2n+1}(\omega), \ldots, f_{nn+1}(\omega), f_{n+1n+1}(\omega)) = g_{n+1}(\omega).$$

Um die Konvergenz von $g_n(\omega)$ gegen $f(\omega)$ für jedes ω zu zeigen, wählen wir zu vorgegebener positiver Zahl ε zunächst ein n mit $f_n(\omega) > f(\omega) - \varepsilon/2$ und dann ein $m \ge n$ mit $f_{nm}(\omega) > f_n(\omega) - \varepsilon/2$. Dann gilt insgesamt

$$f(\omega) \ge g_m(\omega) \ge f_{nm}(\omega) > f_n(\omega) - \varepsilon/2 > f(\omega) - \varepsilon$$

und damit

$$\lim_{n \to \infty} g_n(\omega) = f(\omega).$$

Also ist das Integral über die Funktion f

$$\int_\Omega f(\omega)\mu(d\omega) = \sup_n \int_\Omega g_n(\omega)\mu(d\omega),$$

und wegen $g_n(\omega) \leq f_n(\omega) \leq f(\omega)$ heißt das auch

$$\int_\Omega f(\omega)\mu(d\omega) = \sup_n \int_\Omega f_n(\omega)\mu(d\omega) = \lim_{n \to \infty} \int_\Omega f_n(\omega)\mu(d\omega).$$

Satz 7.7 (Lemma von Fatou)

Wenn die nichtnegativen messbaren Funktionen f_n punktweise gegen die Funktion f konvergieren, dann gilt

$$\int_\Omega f(\omega)\mu(d\omega) \leq \liminf_{n \to \infty} \int_\Omega f_n(\omega)\mu(d\omega),$$

d. h. zu jeder positiven Zahl ε gibt es ein n_ε mit der Eigenschaft

$$\int_\Omega f(\omega)\mu(d\omega) - \varepsilon < \int_\Omega f_n(\omega)\mu(d\omega)$$

für alle $n \geq n_\varepsilon$.

Beweis. Mit (f_n) konvergieren auch die Funktionen

$$g_n(\omega) = \inf_{m \geq n} f_m(\omega)$$

gegen f, diese Folge (g_n) ist aber monoton wachsend, sodass wir den Satz von Levi anwenden können. Demnach gibt es zu $\varepsilon > 0$ ein n_ε, sodass ab n_ε insbesondere

$$\int_\Omega f(\omega)\mu(d\omega) - \varepsilon < \int_\Omega g_n(\omega)\mu(d\omega) \leq \int_\Omega f_n(\omega)\mu(d\omega)$$

gilt.

Satz 7.8 (Lebesgue)

Die Folge der messbaren reellwertigen Funktionen f_n auf $[\Omega, \mathcal{A}, \mu]$ konvergiere punktweise gegen die Funktion f und es existiere eine integrierbare Funktion g, die die Funktionen f_n im Sinne von $|f_n(\omega)| \leq g(\omega)$ für alle ω majorisiert. Dann ist f integrierbar und es gilt

$$\int_\Omega f(\omega)\mu(d\omega) = \lim_{n\to\infty} \int_\Omega f_n(\omega)\mu(d\omega).$$

Beweis. Die Integrierbarkeit von f folgt aus der Abschätzung

$$f^+(\omega) + f^-(\omega) = |f(\omega)| = \lim_{n\to\infty} |f_n(\omega)| \leq g(\omega).$$

Das Lemma von Fatou, angewendet auf die punktweise konvergente Folge der Funktionen $g - f_n$, liefert

$$\int_\Omega g(\omega)\mu(d\omega) - \int_\Omega f(\omega)\mu(d\omega) = \int_\Omega (g(\omega) - f(\omega))\mu(d\omega)$$

$$\leq \liminf_{n\to\infty} \int_\Omega (g(\omega) - f_n(\omega))\mu(d\omega)$$

$$= \int_\Omega g(\omega)\mu(d\omega) - \limsup_{n\to\infty} \int_\Omega f_n(\omega)\mu(d\omega),$$

also

$$\int_\Omega f(\omega)\mu(d\omega) \geq \limsup_{n\to\infty} \int_\Omega f_n(\omega)\mu(d\omega),$$

d. h. zu $\varepsilon > 0$ gibt es ein n_1, sodass

$$\int_\Omega f(\omega)\mu(d\omega) + \varepsilon > \int_\Omega f_n(\omega)\mu(d\omega)$$

für $n \geq n_1$ gilt. Die analoge Rechnung für die Folge $(f_n - g)$ ergibt

$$\int_\Omega f(\omega)\mu(d\omega) - \int_\Omega g(\omega)\mu(d\omega) = \int_\Omega (f(\omega) - g(\omega))(d\omega)$$

$$\leq \liminf_{n\to\infty} \int_\Omega (f_n(\omega) - g(\omega))\mu(d\omega)$$

$$= \liminf_{n\to\infty} \int_\Omega f_n(\omega)\mu(d\omega) - \int_\Omega g(\omega)\mu(d\omega),$$

also

$$\int_\Omega f(\omega)\mu(d\omega) \leq \liminf_{n\to\infty} \int_\Omega f_n(\omega)\mu(d\omega)$$

bzw.

$$\int_\Omega f(\omega)\mu(d\omega) - \varepsilon < \int_\Omega f_n(\omega)\mu(d\omega)$$

für $n \geq n_2$. Insgesamt haben wir

$$\left| \int_\Omega f_n(\omega)\mu(d\omega) - \int_\Omega f(\omega)\mu(d\omega) \right| < \varepsilon$$

ab $\max(n_1, n_2)$ erhalten, also

$$\lim_{n\to\infty} \int_\Omega f_n(\omega)\mu(d\omega) = \int_\Omega f(\omega)\mu(d\omega).$$

Es gibt noch andere Zusatzforderungen als in den Sätzen von Levi und Lebesgue, mit denen man erreicht, dass die punktweise Konvergenz einer Folge von Integranden die Konvergenz der Integrale impliziert.

Definition 7.7 Eine Folge messbarer reeller Funktionen f_n auf einem Wahrscheinlichkeitsraum $[\Omega, \mathcal{A}, P]$ ist **gleichmäßig integrabel**, wenn zu jeder positiven Zahl ε eine positive Zahl c existiert, sodass für alle n die Ungleichung

$$\int_{\{|f_n| \geq c\}} |f_n(\omega)| P(d\omega) < \varepsilon$$

gilt.   ◆

Satz 7.9

> *Der punktweise Limes f einer Folge gleichmäßig integrabler Funktionen f_n ist integrabel mit*
>
> $$\int_\Omega f(\omega)P(d\omega) = \lim_{n\to\infty} \int_\Omega f_n(\omega)P(d\omega).$$

Beweis. Wir vereinbaren die folgende Manipulation an beteiligten Funktionen: Für eine nichtnegative reelle Funktion g und eine positive Zahl c sei

$$g^{(c)}(\omega) = \begin{cases} g(\omega) & \text{für } \omega \text{ mit } g(\omega) \leq c \\ 0 & \text{für } \omega \text{ mit } g(\omega) > c \end{cases}.$$

Wir erinnern an die schon in Definition 7.5 verwendete Darstellung einer reellen Funktion als Differenz zweier nichtnegativer Funktionen. Das führt hier zu den Zerlegungen $f = f^+ - f^-$ und $f_n = f_n^+ - f_n^-$ und den Funktionen $(f^+)^{(c)}$, $(f^-)^{(c)}$, $(f_n^+)^{(c)}$ und $(f_n^-)^{(c)}$. Außerdem vereinbaren wir $f^{(c)} = (f^+)^{(c)} - (f^-)^{(c)}$ und $f_n^c = (f_n^+)^{(c)} - (f_n^-)^{(c)}$. Der Nachweis von

$$\lim_{n \to \infty} \left| \int_\Omega f_n(\omega) P(d\omega) - \int_\Omega f(\omega) P(d\omega) \right| = 0$$

beruht auf der Abschätzung

$$\left| \int_\Omega f_n(\omega) P(d\omega) - \int_\Omega f(\omega) P(d\omega) \right|$$

$$\leq \left| \int_\Omega f_n(\omega) P(d\omega) - \int_\Omega f_n^{(c)}(\omega) P(d\omega) \right| + \left| \int_\Omega f_n^{(c)}(\omega) P(d\omega) - \int_\Omega f^{(c)}(\omega) P(d\omega) \right|$$

$$+ \left| \int_\Omega f^{(c)}(\omega) P(d\omega) - \int_\Omega f(\omega) P(d\omega) \right|.$$

Weil die Folge der Funktionen f_n gleichmäßig integrabel ist, kann der erste Summand für alle n dadurch unter $\varepsilon/3$ gedrückt werden, dass als c eine hinreichend große natürliche Zahl m genommen wird. Gleichzeitig kann durch die Wahl eines hinreichend großen m dafür gesorgt werden, dass der dritte Summand kleiner als $\varepsilon/3$ ist, denn die Funktionen $(f^+)^{(m)}$ und $(f^-)^{(m)}$ konvergieren punktweise und monoton wachsend gegen f^+ bzw. f^- und der Satz von Levi liefert als Grenzwert für m gegen ∞ die Zahl 0. Der zweite Summand konvergiert wegen der durch das fixierte $c = m$ majorisierten Integranden für n gegen ∞ nach dem Satz von Lebesgue gegen 0, kann also für hinreichend große n auch unter $\varepsilon/3$ gedrückt werden. Damit ist die in Satz 7.9 formulierte Grenzwertaussage bestätigt.

7.4 Integrale zu Produktmaßen

Das Anliegen in diesem Abschnitt ist es, die Berechnung eines Integrals der Form

$$\int_A f(\omega)(\mu_1 \times \mu_2)(d\omega)$$

mit $A \in \mathcal{A}_1 \otimes \mathcal{A}_2$ auf die Berechnung von Integralen für die Maßräume $[\Omega_1, \mathcal{A}_1, \mu_1]$ und $[\Omega_2, \mathcal{A}_2, \mu_2]$ zurückzuführen. Wegen

$$\int_A f(\omega)(\mu_1 \times \mu_2)(d\omega) = \int_{\Omega_1 \times \Omega_2} (f\chi_A)(\omega)(\mu_1 \times \mu_2)(d\omega)$$

genügt es, den Fall $A = \Omega_1 \times \Omega_2$ zu bearbeiten.

Definition 7.8 Gegeben sei eine Menge $A \in \mathcal{A} = \mathcal{A}_1 \otimes \mathcal{A}_2$. Dann erzeugt jedes Element $\omega_1 \in \Omega_1$ einen ω_1-**Schnitt**

$$A_{\omega_1}^2 = \{\omega_2 \in \Omega_2 : \quad (\omega_1, \omega_2) \in A\}.$$

Analog ist

$$A_{\omega_2}^1 = \{\omega_1 \in \Omega_1 : \quad (\omega_1, \omega_2) \in A\}.$$

◆

Satz 7.10

(i) *Jeder ω_1-Schnitt (ω_2-Schnitt) gehört zu $\mathcal{A}_2$ (bzw. $\mathcal{A}_1$).*
(ii) *Die Maße μ_1 und μ_2 seien σ-endlich. Dann sind die nichtnegativen Funktionen $\omega_1 \mapsto \mu_2(A_{\omega_1}^2)$ und $\omega_2 \mapsto \mu_1(A_{\omega_2}^2)$ $\mathcal{A}_1$-messbar bzw. $\mathcal{A}_2$-messbar.*

Beweis. Aus Symmetriegründen genügt es natürlich, sich nur mit den Mengen $A_{\omega_1}^2$ und der Funktion $\omega_1 \mapsto \mu_2(A_{\omega_1}^2)$ zu befassen. Der Trick zum Beweis von (i) beruht auf der Untersuchung des Mengensystems $\mathcal{B}$ aller Teilmengen B von $\Omega_1 \times \Omega_2$ mit der Eigenschaft $B_{\omega_1}^2 \in \mathcal{A}_2$. Wir zeigen, dass $\mathcal{B}$ eine σ-Algebra ist, die alle Produktmengen $A_1 \times A_2$ mit $A_1 \in \mathcal{A}_1$ und $A_2 \in \mathcal{A}_2$ enthält. Die Grundmenge $\Omega_1 \times \Omega_2$ gehört wegen

$$(\Omega_1 \times \Omega_2)_{\omega_1}^2 = \Omega_2 \in \mathcal{A}_2$$

zu $\mathcal{B}$. Mit B gehört auch das Komplement $(\Omega_1 \times \Omega_2) \backslash B$ zu $\mathcal{B}$, denn es gilt

$$((\Omega_1 \times \Omega_2) \backslash B)_{\omega_1}^2 = \{\omega_2 \in \Omega_2 : \quad (\omega_1, \omega_2) \in (\Omega_1 \times \Omega_2) \backslash B\}$$
$$= \{\omega_2 \in \Omega_2 : \quad (\omega_1, \omega_2) \notin B\} = \Omega_2 \backslash B_{\omega_1}^2 \in \mathcal{A}_2.$$

Um für eine Folge von Mengen $B_1, B_2, \ldots$ aus $\mathcal{B}$ zu begründen, dass dann auch deren Vereinigung zu $\mathcal{B}$ gehört, berufen wir uns auf die Gleichung

$$\left(\bigcup_{n=1}^{\infty} B_n\right)_{\omega_1}^2 = \bigcup_{n=1}^{\infty} (B_n)_{\omega_1}^2.$$

Die Menge auf der linken Seite besteht aus allen $\omega_2 \in \Omega_2$, zu denen es ein n mit $(\omega_1, \omega_2) \in B_n$ gibt. Die rechte Seite besteht aus allen $\omega_2 \in \Omega_2$, zu denen es ein n mit $\omega_2 \in (B_n)^2_{\omega_1}$ gibt, also wieder $(\omega_1, \omega_2) \in B_n$. Die Gleichung ist also tatsächlich richtig. Die Menge auf der rechten Seite ist als Vereinigung abzählbar vieler Mengen aus $\mathcal{A}_2$ auch wieder in $\mathcal{A}_2$, folglich auch die Menge auf der linken Seite. Die Vereinigung der B_n ist also wieder in $\mathcal{B}$. Damit ist gezeigt, dass $\mathcal{B}$ eine σ-Algebra von Teilmengen von $\Omega_1 \times \Omega_2$ ist. Sie enthält alle Produktmengen $A_1 \times A_2$ mit $A_1 \in \mathcal{A}_1$ und $A_2 \in \mathcal{A}_2$, denn es gilt

$$(A_1 \times A_2)^2_{\omega_1} = \begin{cases} A_2 & \text{für} \quad \omega_1 \in A_1 \\ \emptyset & \text{für} \quad \omega_1 \notin A_1 \end{cases},$$

in jedem Fall also $(A_1 \times A_2)^2_{\omega_1} \in \mathcal{A}_2$. $\mathcal{A} = \mathcal{A}_1 \otimes \mathcal{A}_2$ ist die kleinste σ-Algebra von Teilmengen von $\Omega_1 \times \Omega_2$, die die Produktmengen $A_1 \times A_2$ mit $A_1 \in \mathcal{A}_1$ und $A_2 \in \mathcal{A}_2$ enthält. Also gilt $\mathcal{A} \subseteq \mathcal{B}$. Demnach hat jede Teilmenge A aus $\mathcal{A}$ die $\mathcal{B}$ charakterisierende Eigenschaft. Damit ist (i) bewiesen.

Die Aussage (ii) beweisen wir zunächst für ein endliches Maß μ_2. Jede Menge $A \in \mathcal{A}_1 \otimes \mathcal{A}_2$ erzeugt eine Funktion $f_A(\omega) = \mu_2(A^2_\omega)$ auf Ω_1, deren Messbarkeit gezeigt werden soll. Der Trick besteht darin, dass wir nachweisen, dass das System $\mathcal{D}$ aller Mengen $A \in \mathcal{A}_1 \otimes \mathcal{A}_2$, für die f_A $\mathcal{A}_1$-messbar ist, ein Dynkin-System ist. Die Gesamtmenge $\Omega_1 \times \Omega_2$ gehört zu $\mathcal{D}$, denn es gilt $(\Omega_1 \times \Omega_2)^2_\omega = \Omega_2$ und damit $f_{\Omega_1 \times \Omega_2}(\omega) = \mu_2(\Omega_2)$. Diese konstante Funktion ist selbstverständlich $\mathcal{A}_1$-messbar. Für Mengen A und B aus $\mathcal{A}_1 \otimes \mathcal{A}_2$ mit $A \subseteq B$ gilt die Rechenregel

$$(A \backslash B)^2_\omega = \{\omega_2 \in \Omega_2 : \quad (\omega, \omega_2) \in A \backslash B\}$$
$$= \{\omega_2 \in \Omega_2 : \quad (\omega, \omega_2) \in A\} \backslash \{\omega_2 \in \Omega_2 : \quad (\omega, \omega_2) \in B\} = A^2_\omega \backslash B^2_\omega$$

und damit

$$\mu_2((A \backslash B)^2_\omega) = \mu_2(A^2_\omega) - \mu_2(B^2_\omega).$$

Wenn A und B aus $\mathcal{D}$ sind, ist die Funktion $f_{A \backslash B}$ als Differenz von zwei $\mathcal{A}_1$-messbaren Funktionen auch $\mathcal{A}_1$-messbar, $A \backslash B$ gehört also auch zu $\mathcal{D}$. Für eine paarweise disjunkte Folge $A_1, A_2, \ldots$ aus $\mathcal{A}_1 \otimes \mathcal{A}_2$ ergibt sich mit einer bereits im Beweis der Aussage (i) verwendeten Rechenregel

$$\mu_2\left(\left(\bigcup_{n=1}^\infty A_n\right)^2_\omega\right) = \mu_2\left(\bigcup_{n=1}^\infty (A_n)^2_\omega\right) = \sum_{n=1}^\infty \mu_2((A_n)^2_\omega),$$

denn die Folge $(A_1)^2_\omega, (A_2)^2_\omega, \ldots$ ist offenbar auch wieder paarweise disjunkt. Wenn die Mengen A_n zu $\mathcal{D}$ gehören, sind die Funktionen f_{A_n} $\mathcal{A}_1$-messbar, dann ist auch die zur

Vereinigung gehörende Funktion als punktweiser Limes messbarer Funktionen messbar, sodass die Vereinigung der A_n auch wieder zu $\mathcal{D}$ gehört. Damit ist gesichert, dass $\mathcal{D}$ ein Dynkin-System ist. $\mathcal{D}$ enthält auch alle Produktmengen $A_1 \times A_2$ mit $A_1 \in \mathcal{A}_1$ und $A_2 \in \mathcal{A}_2$, denn $(A_1 \times A_2)^2_\omega = A_2$ und die konstante Funktion $f_{A_1 \times A_2}(\omega) = \mu_2(A_2)$ ist natürlich messbar. Das System $\mathcal{P}$ solcher Produktmengen ist durchschnittsstabil, denn

$$(A_1 \times A_2) \cap (B_1 \times B_2) = (A_1 \cap B_1) \times (A_2 \cap B_2)$$

ist wieder eine solche Produktmenge. Nach Satz 6.1 muss das kleinste Dynkin-System $\delta(\mathcal{P})$, das $\mathcal{P}$ enthält, eine σ-Algebra sein. Zwischen den drei in Rede stehenden Mengensystemen gelten die Beziehungen

$$\mathcal{A}_1 \otimes \mathcal{A}_2 \subseteq \delta(\mathcal{P}) \subseteq \mathcal{D} \subseteq \mathcal{A}_1 \otimes \mathcal{A}_2,$$

sie müssen also gleich sein, insbesondere gilt $\mathcal{A}_1 \otimes \mathcal{A}_2 = \mathcal{D}$, somit haben alle Mengen aus $\mathcal{A}_1 \otimes \mathcal{A}_2$ die $\mathcal{D}$ charakterisierende Eigenschaft. Damit ist die Aussage (ii) für endliche Maße μ_2 bewiesen.

Um sie auch für σ-endliche Maße μ_2 zu beweisen, wählen wir eine monoton wachsende Ω_2 überdeckende Folge von Mengen $A_2^{(n)} \in \mathcal{A}_2$ mit $\mu_2(A_2^{(n)}) < \infty$. Wenn wir die Aussage (ii) auf den Produktraum $\Omega_1 \times A_2^{(n)}$ statt auf $\Omega_1 \times \Omega_2$ anwenden, erhalten wir die $\mathcal{A}_1$-Messbarkeit der Funktion

$$\omega_1 \mapsto \mu_2((A \cap (\Omega_1 \times A_2^{(n)}))^2_{\omega_1}) = \mu_2(A^2_{\omega_1} \cap A_2^{(n)})$$

für jede natürliche Zahl n. Dann ist auch die Funktion

$$\omega_1 \mapsto \mu_2(A^2_{\omega_1}) = \sup_n \mu_2(A^2_{\omega_1} \cap A_2^{(n)})$$

$\mathcal{A}_1$-messbar.

Wir kommen jetzt auf das zu Beginn dieses Abschnitts formulierte Anliegen zurück.

Satz 7.11 (Fubini)

Es seien $[\Omega_1, \mathcal{A}_1, \mu_1]$ und $[\Omega_2, \mathcal{A}_2, \mu_2]$ σ-endliche Maßräume und f eine nichtnegative $(\mathcal{A}_1 \otimes \mathcal{A}_2)$-messbare Funktion auf $\Omega_1 \times \Omega_2$. Dann gilt

$$\int_{\Omega_1 \times \Omega_2} f(\omega)(\mu_1 \times \mu_2)(d\omega) = \int_{\Omega_1} \left(\int_{\Omega_2} f(\omega_1, \omega_2) \mu_2(d\omega_2) \right) \mu_1(d\omega_1)$$

$$= \int_{\Omega_2} \left(\int_{\Omega_1} f(\omega_1, \omega_2) \mu_1(d\omega_1) \right) \mu_2(d\omega_2).$$

Beweis. Auch hier genügt es aus Symmetriegründen, nur eine der beiden Formulierungen zu zeigen. Im Spezialfall $f = \chi_A$ mit $A \in \mathcal{A}_1 \otimes \mathcal{A}_2$ ist

$$(\mu_1 \times \mu_2)(A) = \int_{\Omega_1} \mu_2(A_{\omega_1}^2)\mu_1(d\omega_1)$$

zu bestätigen. Jede der beiden Seiten dieser Gleichung beschreibt ein Maß auf dem Messraum $[\Omega_1 \times \Omega_2, \mathcal{A}_1 \otimes \mathcal{A}_2]$. Diese beiden Maße stimmen überein auf dem durchschnittsstabilen System der Produktmengen $A = A_1 \times A_2$. Nach dem Eindeutigkeitssatz 6.3 sind sie dann auch auf der gesamten σ-Algebra $\mathcal{A}_1 \otimes \mathcal{A}_2$ gleich. Im allgemeineren Fall einer einfachen Funktion

$$f = \sum_{i=1}^{n} a_i \chi_{A^{(i)}}$$

berufen wir uns auf die Rechnung

$$\int_{\Omega_1 \times \Omega_2} f(\omega)(\mu_1 \times \mu_2)(d\omega) = \sum_{i=1}^{n} a_i(\mu_1 \times \mu_2)(A^{(i)})$$

$$= \sum_{i=1}^{n} a_i \int_{\Omega_1} \mu_2((A^{(i)})_{\omega_1}^2)\mu_1(d\omega_1)$$

$$= \sum_{i=1}^{n} a_i \int_{\Omega_1} \left(\int_{\Omega_2} \chi_{A^{(i)}}(\omega_1, \omega_2)\mu_2(d\omega_2) \right) \mu_1(d\omega_1)$$

$$= \int_{\Omega_1} \left(\int_{\Omega_2} f(\omega_1, \omega_2)\mu_2(d\omega_2) \right) \mu_1(d\omega_1).$$

Im allgemeinsten Fall einer nichtnegativen messbaren Funktion approximieren wir diese punktweise durch eine monoton wachsende Folge einfacher Funktionen f_n. Levis Satz 7.6 ermöglicht die Rechnung

$$\int_{\Omega_1 \times \Omega_2} f(\omega)(\mu_1 \times \mu_2)(d\omega) = \lim_{n \to \infty} \int_{\Omega_1 \times \Omega_2} f_n(\omega)(\mu_1 \times \mu_2)(d\omega)$$

$$= \lim_{n \to \infty} \int_{\Omega_1} \left(\int_{\Omega_2} f_n(\omega_1, \omega_2)\mu_2(d\omega_2) \right) \mu_1(d\omega_1)$$

$$= \int_{\Omega_1} \left(\int_{\Omega_2} f(\omega_1, \omega_2)\mu_2(d\omega_2) \right) \mu_1(d\omega_1).$$

7.5   Der Hilbert-Raum $L_2[\Omega, \mathcal{A}, \mu]$

Weil man von zwei reellwertigen Funktionen mit dem gleichen Definitionsbereich immer auch jede Linearkombination bilden kann, liegt es nahe, lineare Räume zu betrachten, deren Elemente Funktionen sind. Das bekannteste Beispiel ist wohl der Raum $C[a, b]$ aller stetigen Funktionen auf dem Intervall $[a, b]$, ausgestattet mit der Norm

$$\|f\| = \sup_{a \leq x \leq b} |f(x)|.$$

Der dadurch erzeugte Konvergenzbegriff ist die **gleichmäßige Konvergenz** einer Folge von Funktionen. In diesem Sinne ist $C[a, b]$ ein **Banach-Raum**, also **vollständig**, d. h. jede Cauchy-Folge konvergiert.

Ein ganz anderer Konvergenzbegriff für Folgen von Funktionen ist die sogenannte **Konvergenz im quadratischen Mittel**, erzeugt durch den Ausdruck

$$\|f\|_2 = \sqrt{\int_a^b (f(x))^2 dx}.$$

Durch die Schreibweise wird bereits suggeriert, dass die Zuordnung $f \mapsto \|f\|_2$ die Eigenschaften einer Norm hat, also insbesondere die Dreiecksungleichung gilt. Das liegt daran, dass diese „Norm" durch ein **Skalarprodukt**

$$f \cdot g = \int_a^b f(x)g(x)dx$$

erzeugt wird. Diese Abbildung von $C[a, b] \times C[a, b]$ nach $\mathbb{R}$ ist tatsächlich ein Skalarprodukt: Sie ist symmetrisch, bilinear, und $f \cdot f$ ist immer nichtnegativ und ergibt genau dann die Zahl 0, wenn f das Nullelement des Funktionenraumes ist. Dieses Skalarprodukt liefert den Ausdruck

$$\|f\|_2 = \sqrt{f \cdot f}.$$

Für Funktionen f und g und jede reelle Zahl λ gilt

$$0 \leq (f + \lambda g) \cdot (f + \lambda g) = (\|f\|_2)^2 + 2\lambda(f \cdot g) + \lambda^2 (\|g\|_2)^2.$$

Speziell für $\lambda = -(f \cdot g)\backslash(\|g\|_2)^2$ heißt das

$$0 \leq (\|f\|_2)^2 - \frac{2(f \cdot g)^2}{(\|g\|_2)^2} + \frac{f \cdot g)^2}{(\|g\|_2)^2} = (\|f\|_2)^2 - \frac{(f \cdot g)^2}{(\|g\|_2)^2}.$$

Das ist die **Cauchy-Schwarz-Ungleichung**

$$|f \cdot g| \leq \|f\|_2 \|g\|_2,$$

aus der durch die Abschätzung

$$(f + g) \cdot (f + g) = (\|f\|_2)^2 + 2(f \cdot g) + (\|g\|_2)^2 \leq$$
$$\leq (\|f\|_2)^2 + 2\|f\|_2\|g\|_2 + (\|g\|_2)^2 = (\|f\|_2 + \|g\|_2)^2$$

schließlich die **Dreiecksungleichung**

$$\|f + g\|_2 \leq \|f\|_2 + \|g\|_2$$

folgt.

Der Raum $C[a, b]$, ausgestattet mit der Abbildung $f \mapsto \|f\|_2$, ist also auch wieder ein normierter Raum. Die dadurch vereinbarte Konvergenz im quadratischen Mittel hat aber für stetige Funktionen einen gravierenden Mangel: Nicht jede Cauchy-Folge konvergiert, der Raum ist also nicht vollständig, ist kein Banach-Raum. Beispielsweise die Funktionen

$$f_n(x) = \begin{cases} -1 & \text{für} & -1 \leq x \leq -1/n \\ nx & \text{für} & -1/n \leq x \leq 1/n \\ 1 & \text{für} & 1/n \leq x \leq 1 \end{cases}$$

bilden eine Cauchy-Folge. Diese hat aber keinen Grenzwert, denn für eine Grenzfunktion f müsste gelten

$$f(x) = \begin{cases} 1 & \text{für} & x > 0 \\ -1 & \text{für} & x < 0 \end{cases},$$

eine solche stetige Funktion gibt es aber nicht. Offenbar ist der Funktionenraum zu klein und der Riemann'sche Integralbegriff hier ungeeignet.

Es liegt nun nahe, alle messbaren reellen Funktionen f zuzulassen, für die das Lebesgue-Integral über f^2 eine (endliche) reelle Zahl ist. Dann wird man aber mit einer anderen Schwierigkeit konfrontiert: Nicht nur für die Funktion $f(x) = 0$ für alle x gilt $\|f\|_2 = 0$, denn eine Veränderung eines Integranden an endlich vielen Stellen hat keinen Einfluss auf das Lebesgue-Integral. Aus $\int_\Omega f^2(x)\lambda(dx) = 0$ folgt nur $\lambda(\{x : f(x) \neq 0\}) = 0$. Für eine solche Situation hat sich die Formulierung $f(x) = 0$ λ-fast-überall (abgekürzt λ-f.ü.) eingebürgert.

Diese angesprochene Schwierigkeit lässt sich dadurch überwinden, dass man für Funktionen eine Äquivalenzrelation einführt: Zwei Funktionen sind **äquivalent**, wenn sie λ-f.ü. übereinstimmen. Die Menge dieser Äquivalenzklassen ist wieder ein linearer

Raum. Ein „Vielfaches" einer Äquivalenzklasse ist die Äquivalenzklasse, in der das Vielfache eines beliebig ausgewählten Vertreters aus der gegebenen Äquivalenzklasse liegt. Analog wird die Addition vereinbart. Die Summe von zwei Äquivalenzklassen ist die Äquivalenzklasse, in der die Summe von zwei Vertretern der beiden gegebenen Äquivalenzklassen liegt. Diese Erklärungen sind offenbar unabhängig von der Auswahl der Vertreter, sind also korrekt.

Alle diese Überlegungen gelten natürlich nicht nur für den Spezialfall $\Omega = [a, b]$ und das Lebesgue-Maß λ.

Definition 7.9 Zu einem Maßraum $[\Omega, \mathcal{A}, \mu]$ bezeichnet $L_2[\Omega, \mathcal{A}, \mu]$ den linearen Raum aller $\mathcal{A}$-messbaren reellwertigen Funktionen f auf Ω mit

$$\int_\Omega (f(\omega))^2 \mu(d\omega) < \infty,$$

wobei Funktionen, die μ-f.ü. übereinstimmen, als das gleiche Element aufgefasst werden. ◆

Auch auf $L_2[\Omega, \mathcal{A}, \mu]$ wird das Skalarprodukt

$$f \cdot g = \int_\Omega f(\omega) g(\omega) \mu(d\omega)$$

eingeführt. Dass das punktweise Produkt fg μ-integrierbar ist, liegt an der Ungleichung

$$2f(\omega) g(\omega) \leq (f(\omega))^2 + (g(\omega))^2,$$

die auf der zweiten binomischen Formel

$$0 \leq (f(\omega) - g(\omega))^2 = (f(\omega))^2 + (g(\omega))^2 - 2f(\omega) g(\omega)$$

beruht.

Ein (reeller) linearer Raum mit Skalarprodukt, der bzgl. der damit erzeugten Norm vollständig ist, ist ein (reeller) **Hilbert-Raum**. Deshalb wollen wir zeigen, dass $L_2[\Omega, \mathcal{A}, \mu]$ bzgl. der Norm $\|f\|_2 = \sqrt{f \cdot f}$ vollständig ist. Dazu benutzen wir eine modifizierte Formulierung der Vollständigkeit.

Satz 7.12

> *Ein normierter linearer Raum ist genau dann vollständig, wenn jede absolut konvergente Reihe $\sum f_k$ (d. h. $\sum \|f_k\| < \infty$) konvergiert.*

Beweis. Wenn der Raum vollständig ist, konvergiert jede absolut konvergente Reihe, denn wegen der Dreiecksungleichung

$$\| \sum_{k=1}^{m} f_k - \sum_{k=1}^{n} \| = \| f_{n+1} + f_{n+2} + \cdots + f_m \| \leq \| f_{n+1} \| + \| f_{n+2} \| + \cdots + \| f_m \|$$

sind die Partialsummen eine Cauchy-Folge. Umgekehrt sei (f_n) eine Cauchy-Folge. Dann können wir eine monoton wachsende Folge natürlicher Zahlen $n_1 < n_2 < \cdots$ wählen mit der Eigenschaft

$$\| f_n - f_m \| < 1/2^k \quad \text{für} \quad n, m \geq n_k.$$

Insbesondere gilt dann $\| f_{n_k} - f_{n_{k+1}} \| < 1/2^k$. Wir setzen $g_k = f_{n_k} - f_{n_{k+1}}$ und erhalten eine absolut konvergente Reihe $\sum g_k$, die gegen irgendein g konvergieren muss. Wegen

$$g_1 + g_2 + \cdots + g_m = f_{n_1} - f_{n_{m+1}}$$

und damit

$$f_{n_{m+1}} = f_{n_1} - (g_1 + g_2 + \cdots + g_m)$$

konvergiert die Folge $f_{n_1}, f_{n_2}, \cdots$ gegen $f_{n_1} - g$. Deshalb gibt es zu $\varepsilon > 0$ ein K mit

$$\| f_{n_k} - f_{n_1} + g \| < \varepsilon/2 \quad \text{für} \quad k > K.$$

Außerdem gibt es ein N mit

$$\| f_n - f_{n_k} \| < \varepsilon/2 \quad \text{für} \quad n, n_k > N.$$

Insgesamt ergibt sich für $n > N$ daraus

$$\| f_n - (f_{n_1} - g) \| = \| (f_n - f_{n_k}) + (f_{n_k} - f_{n_1} + g) \| \leq \| f_n - f_{n_k} \| + \| f_{n_k} - f_{n_1} + g \| < \varepsilon.$$

Satz 7.13

Der lineare Raum $L_2[\Omega, \mathcal{A}, \mu]$, ausgestattet mit dem Skalarprodukt

$$f \cdot g = \int_\Omega f(\omega) g(\omega) \mu(d\omega)$$

und der Norm $\| f \|_2 = \sqrt{f \cdot f}$, ist vollständig.

Beweis. Wir starten mit einer absolut konvergenten Reihe $\sum f_n$. Dass diese f_n eigentlich Äquivalenzklassen von Funktionen sind, hält uns nicht davon ab, sie Funktionen zu nennen. Wir stellen uns dabei immer einen Repräsentanten der Äquivalenzklasse vor. Für die Funktionen

$$g_n(\omega) = \sum_{k=1}^{n} |f_k(\omega)|$$

gilt nach der Dreiecksungleichung

$$\|g_n\| \leq \sum_{k=1}^{n} \|f_k\| \leq \sum_{k=1}^{\infty} \|f_k\| = c,$$

also

$$\int_{\Omega} (g_n(\omega))^2 \mu(d\omega) \leq c^2.$$

Diese Funktionen g_n konvergieren punktweise monoton wachsend gegen

$$g(\omega) = \sum_{k=1}^{\infty} |f_k(\omega)|,$$

wobei für manche ω auch $g(\omega) = \infty$ als Limes auftreten kann. Genauso konvergieren die Quadrate $g_n{}^2$ punktweise gegen g^2. Levis Satz, angewendet auf die Folge $(g_n{}^2)$, liefert

$$\int_{\Omega} (g(\omega))^2 \mu(d\omega) = \lim_{n \to \infty} \int_{\Omega} (g_n(\omega))^2 \mu(d\omega) = \lim_{n \to \infty} \|g_n\|^2 \leq c^2.$$

Also ist für „fast alle ω" die Funktion g^2 und damit auch g endlich, und die Partialsummen $\sum_{k=1}^{\infty} |f(\omega)|$ sind absolut konvergent und damit auch konvergent (denn $\mathbb{R}$ ist vollständig). Es gibt also für fast alle ω einen Grenzwert

$$f(\omega) = \sum_{k=1}^{\infty} f_n(\omega).$$

Aus der Abschätzung

$$\left| f(\omega) - \sum_{k=1}^{n} f_k(\omega) \right|^2 = \left| \sum_{k=n+1}^{\infty} f_k(\omega) \right|^2 \leq \left(\sum_{k=1}^{\infty} |f_k(\omega)| \right)^2 = g^2(\omega)$$

lassen sich zwei Schlussfolgerungen ziehen. Erstens gehört

$$f = \left(f - \sum_{k=1}^{n} f_k \right) + \left(\sum_{k=1}^{n} f_k \right)$$

zu $L_2[\Omega, \mathcal{A}, \mu]$ und zweitens liefert Lebesgues Satz, angewendet auf die Funktionen

$$h_n(\omega) = \left| f(\omega) - \sum_{k=1}^{n} f_k(\omega) \right|^2,$$

die Beziehung

$$\lim_{n \to \infty} \int_{\Omega} \left| f(\omega) - \sum f_k(\omega) \right|^2 \mu(d\omega) = 0,$$

also die gewünschte Konvergenz

$$\lim_{n \to \infty} \left\| f - \sum_{k=1}^{n} f_k \right\| = 0,$$

7.6   Maße mit Dichten

Definition 7.10 Es seien μ und ν Maße auf einem Messraum $[\Omega, \mathcal{A}]$. Das Maß ν heißt **absolut stetig bzgl.** μ, wenn für jede Menge $A \in \mathcal{A}$ aus $\mu(A) = 0$ auch $\nu(A) = 0$ folgt. ◆

Beispiel Wenn die Maße μ und ν über eine auf Ω definierte nichtnegative $\mathcal{A}$-messbare Funktion in der Form

$$\nu(A) = \int_{\Omega} \chi_A(\omega)\varphi(\omega)\mu(d\omega) = \int_A \varphi(\omega)(d\omega)$$

für alle $A \in \mathcal{A}$ (φ heißt dann **Dichte** von ν bzgl. μ) gekoppelt sind, ist ν absolut stetig bzgl. μ.

Das Anliegen in diesem Abschnitt ist der Nachweis der Umkehrung: Wenn ν absolut stetig bzgl. μ ist, dann hat ν eine Dichte bzgl. μ.

Der Beweis beruht wesentlich auf Hilbert-Raum-Eigenschaften von $L_2[\Omega, \mathcal{A}, \mu + \nu]$. Deshalb befassen wir uns zunächst noch mit Eigenschaften eines reellen Hilbert-Raumes.

Typisch für die Norm eines Hilbert-Raumes ist die sogenannte **Parallelogrammglei- chung**

$$\|f + g\|^2 + \|f - g\|^2 = 2(\|f\|^2 + \|g\|^2),$$

deren Richtigkeit von ihrer Formulierung mit dem Skalarprodukt

$$(f + g) \cdot (f + g) + (f - g) \cdot (f - g) = 2(f \cdot f + g \cdot g)$$

unmittelbar abzulesen ist. Genauso einfach ist im Fall $f \cdot g = 0$ (Redeweise: f, g **orthogonal**) die **Pythagoras-Gleichung**

$$\|f + g\|^2 = \|f\|^2 + \|g\|^2$$

abzulesen.

Der folgende Satz besagt, dass ein im abgeschlossenen Unterraum M liegendes Element f_0 genau dann die **beste Approximation in M** eines außerhalb M liegenden Elements f ist, wenn die Differenz $f - f_0$ orthogonal zu allen Elementen aus M ist.

Satz 7.14

> *Es sei M ein abgeschlossener Unterraum des Hilbert-Raumes H und $f \in H \setminus M$. Dann sind für $f_0 \in M$ die Aussagen*
>
> *(i) $(f - f_0) \cdot g = 0$ für alle $g \in M$, d. h. $f - f_0 \in M^{\perp}$*
> *(ii) $\|f - f_0\| \leq \|f - g\|$ für alle $g \in M$*
>
> *äquivalent.*

Beweis. (i)$\Rightarrow$(ii): Die Pythagoras-Gleichung liefert die Abschätzung

$$\|f - g\|^2 = \|(f - f_0) + (f_0 - g)\|^2 = \|f - f_0\|^2 + \|f_0 - g\|^2 \geq \|f - f_0\|^2.$$

(ii)$\Rightarrow$(i): Wenn (i) nicht gelten würde, gäbe es ein $g_1 \in M$ mit $(f - f_0) \cdot g_1 \neq 0$. Dann gäbe es auch eine bessere Approximation

$$f_0 + \frac{(f - f_0) \cdot g_1}{\|g_1\|^2} g_1$$

von f als f_0, wie die Rechnung

$$\left\| f - f_0 - \frac{(f - f_0) \cdot g_1}{\|g_1\|^2} g_1 \right\|^2$$

$$= (f - f_0) \cdot (f - f_0) - \frac{2}{\|g_1\|^2} ((f - f_0) \cdot g_1)^2 + \frac{((f - f_0) \cdot g_1)^2}{\|g_1\|^2}$$

$$= \|f - f_0\|^2 - \frac{1}{\|g_1\|^2} ((f - f_0) \cdot g_1)^2 < \|f - f_0\|^2$$

zeigt.

Satz 7.15

> *Es sei M ein abgeschlossener Unterraum des Hilbert-Raumes H. Dann gibt es zu jedem*
> $f \in H \setminus M$ *genau eine beste Approximation f_0 in M.*

Beweis. Für zwei beste Approximationen f_0 und f_1 müsste nach Satz 7.14 und der Pythagoras-Gleichung

$$\|f - f_1\|^2 = \|(f - f_0) + (f_0 - f_1)\|^2 = \|f - f_0\|^2 + \|f_0 - f_1\|^2$$

gelten, also $\|f_0 - f_1\| = 0$ und damit $f_0 = f_1$. Es gibt also höchstens eine beste Approximation von f. Um eine solche zu konstruieren, wählen wir eine Folge von Elementen g_n mit

$$\lim_{n \to \infty} \|f - g_n\| = \inf_{g \in M} \|f - g\| = a.$$

Die Parallelogrammgleichung, angewendet auf $f - g_n$ und $f - g_m$, liefert

$$\|2f - g_n - g_m\|^2 + \|g_m - g_n\|^2 = 2\|f - g_n\|^2 + 2\|f - g_m\|^2,$$

also

$$\|g_m - g_n\|^2 = 2\|f - g_n\|^2 + 2\|f - g_m\|^2 - 4\|f - \frac{g_n + g_m}{2}\|^2 \le 2\|f - g_n\|^2 + 2\|f - g_m\|^2 - 4a^2.$$

Daraus ist abzulesen, dass $\|g_m - g_n\|^2$ durch eine Forderung der Art $n, m > N$ unter jede positive Zahl ε^2 gedrückt werden kann. Also ist (g_n) eine Cauchy-Folge, die wegen der Vollständigkeit von H gegen irgendein f_0 konvergieren muss, für das dann

$$\|f - f_0\| = \lim_{n \to \infty} \|f - g_n\| = a$$

gilt, das also die beste Approximation von f in M ist.

Es ist eine zentrale Problemstellung in der Funktionalanalysis, zu einem gegebenen Banach-Raum B eine Übersicht über alle stetigen linearen Funktionale (reellwertig für reelle Banach-Räume und komplexwertig für komplexe Banach-Räume) zu bekommen. Diese bilden dann den sogenannten zu B **dualen Raum** B'. Der folgende Satz besagt, dass der zu einem Hilbert-Raum H duale Raum H' wieder der gleiche Raum H ist.

Satz 7.16 (Riesz-Fischer)

> *Jedes stetige lineare Funktional a auf einem Hilbert-Raum H wird durch ein Element*
> $g \in H$ *in der Form $a(f) = f \cdot g$ erzeugt.*

Beweis. Im Trivialfall $a(f) = 0$ für alle $f \in H$ lässt sich dieses a in der Form $a(f) = f \cdot 0$ mit dem Nullelement 0 von H darstellen. Im Normalfall $a \ne 0$ bilden wir den Unterraum

$M = \{f \in H : \quad a(f) = 0\}$, der wegen der Stetigkeit von a abgeschlossen ist. Wir wählen ein vom Nullelement verschiedenes Element $g_0 \in M^\perp$, beispielsweise die Differenz $h - h_0$ eines $h \in H \setminus M$ mit seiner besten Approximation h_0 in M. Dann hat das Element $g = (a(g_0)/\|g_0\|^2)g_0 \in M^\perp$ die gewünschte Eigenschaft. Um das zu zeigen, zerlegen wir f in eine Summe

$$f = \frac{a(f)}{a(g_0)}g_0 + \left(f - \frac{a(f)}{a(g_0)}g_0\right).$$

Für den zweiten Summanden gilt

$$a\left(f - \frac{a(f)}{a(g_0)}g_0\right) = a(f) - \frac{a(f)}{a(g_0)}a(g_0) = 0,$$

also

$$f - \frac{a(f)}{a(g_0)}g_0 \in M.$$

Damit reduziert sich $f \cdot g$ auf

$$f \cdot g = \frac{a(f)}{a(g_0)}g_0 \cdot g = \left(\frac{a(f)}{a(g_0)}g_0\right) \cdot \left(\frac{a(g_0)}{\|g_0\|^2}g_0\right) = \frac{a(f)}{\|g_0\|^2}g_0 \cdot g_0 = a(f).$$

Wir kommen jetzt auf das am Anfang dieses Abschnittes angekündigte Anliegen zurück.

Satz 7.17 (Radon-Nikodym)

> *Es seien μ und ν endliche Maße auf dem Messraum $[\Omega, \mathcal{A}]$ und ν sei absolut stetig bzgl. μ. Dann hat ν eine Dichte bzgl. μ.*

Beweis. Das lineare Funktional

$$f \mapsto \int_\Omega f(\omega)\nu(d\omega)$$

auf dem Hilbert-Raum $L_2[\Omega, \mathcal{A}, \mu + \nu]$ ist der Abschätzung

$$\left|\int_\Omega f(\omega)\nu(d\omega)\right| \leq \sqrt{\int_\Omega |f(\omega)|^2\nu(d\omega)}\sqrt{\int_\Omega 1^2\nu(d\omega)}$$

$$\leq \sqrt{\int_\Omega |f(\omega)|^2(\mu + \nu)(d\omega)}\sqrt{\nu(\Omega)} = \|f\|\sqrt{\nu(\Omega)}$$

zufolge stetig. Deshalb lässt es sich mit einem Element $g \in L_2[\Omega, \mathcal{A}, \mu + \nu]$ in der Form

$$\int_\Omega f(\omega)\nu(d\omega) = \int_\Omega f(\omega)g(\omega)(\mu + \nu)(d\omega)$$

darstellen. Mit $A \in \mathcal{A}$ gilt diese Darstellung insbesondere für

$$f(\omega) = \chi_A(\omega) = \begin{cases} 1 & \text{für} \quad \omega \in A \\ 0 & \text{für} \quad \omega \notin A \end{cases},$$

also

$$\int_A g(\omega)(\mu + \nu)(d\omega) = \int_A \nu(d\omega) = \nu(A) \le (\mu + \nu)(A).$$

Weil das für alle $A \in \mathcal{A}$ gilt, folgt daraus $0 \le g(\omega) \le 1$ $(\mu + \nu)$-fast-überall. Für andere Folgerungen aus der Darstellung des Funktionals ist die Formulierung

$$\int_\Omega f(\omega)(1 - g(\omega))\nu(d\omega) = \int_\Omega f(\omega)g(\omega)\mu(d\omega)$$

handlicher. Angewendet auf

$$f(\omega) = \chi_{g^{-1}\{1\}} = \begin{cases} 1 & \text{für} \quad g(\omega) = 1 \\ 0 & \text{für} \quad g(\omega) \ne 1 \end{cases}$$

erhalten wir

$$0 = \mu(g^{-1}\{1\}).$$

Weil ν absolut stetig bzgl. μ ist, heißt das auch

$$\nu(g^{-1}\{1\}) = 0.$$

Das bedeutet $g(\omega) \ne 1$ ν-fast-überall. Damit ist ν-fast-überall die Funktion $1/(1 - g)$ definiert. Jetzt können wir die modifizierte Darstellungsgleichung auf die Funktion $f = \chi_A/(1 - g)$ anwenden und erhalten

$$\nu(A) = \int_A \frac{g(\omega)}{1 - g(\omega)}\mu(d\omega).$$

Aufgaben

7.1 Für $x \geq 0$ sei

$$f(x) = \begin{cases} \frac{1}{x} \sin x & \text{für} \quad x > 0 \\ 1 & \text{für} \quad x = 0 \end{cases}.$$

a) Existiert das uneigentliche Riemann-Integral $\int_0^\infty f(x)\,dx$?
b) Existiert das Lebesgue-Integral $\int_0^\infty f(x)\lambda(dx)$?

7.2 Das Maß μ auf der σ-Algebra aller Mengen reeller Zahlen bestehe aus den Atomen $x_1, \ldots, x_k$ mit den Massen $m_1, \ldots, m_k$, d. h. $\mu(M)$ ist die Summe der m_i mit $x_i \in M$. Bestätigen Sie

$$\int_{\mathbb{R}} f(x)\mu(dx) = \sum_{i=1}^{k} f(x_i)m_i$$

für alle reellwertigen Funktionen f auf $\mathbb{R}$.

7.3 Die Funktion $g(\omega) = e^\omega$ bildet das Intervall $[0, 1]$ auf das Intervall $[1, e]$ ab.

a) Bestimmen Sie die Dichte des Bildmaßes λ_g des Lebesgue-Maßes λ bzgl. λ.
b) Bestätigen Sie die Transformationsregel Satz 7.5 für die Funktion $f(x) = x^2$, indem Sie die beiden Integrale $\int_1^e f(x)\lambda_g(dx)$ und $\int_0^1 f(g(\omega))\lambda(d\omega)$ berechnen.

Boole'sche Algebren

8

Übersicht

8.1 Verknüpfung von Ereignissen

In der mathematischen Logik sind die Zeichen „$\wedge$" und „$\vee$" für „und" und „oder" gebräuchlich. Zu zwei Ereignissen A und B bezeichnet $A \wedge B$ das Ereignis, das darin besteht, dass sowohl A als auch B eintritt. $A \vee B$ bezeichnet das Ereignis, dass mindestens eines der beiden Ereignisse A und B eintritt. Außerdem ist es üblich, das Gegenteil von A mit $\neg A$ zu bezeichnen. Die beiden Zeichen $\wedge$ und $\vee$ stehen also für Operationen in der Menge aller möglichen Ereignisse und das Zeichen $\neg$ für eine Abbildung in dieser Menge. Aus formalen Gründen sind auch das **sichere Ereignis** I, das immer eintritt, und das **unmögliche Ereignis** O, das nie eintritt, in Betracht zu ziehen.

Für die Operationen $\wedge$ und $\vee$ und die Abbildung $\neg$ gilt eine Reihe von Rechenregeln, die mehr oder weniger selbstverständlich sind. Eine Menge mit zwei Operationen und einer Abbildung, für die diese Rechenregeln gelten, nennt man eine **Boole'sche Algebra**. In der folgenden Definition müssen aber nicht alle diese Rechenregeln gefordert werden, manche lassen sich aus den anderen schlussfolgern, obwohl sie im Kontext der mathematischen Logik genauso selbstverständlich sind.

© Springer-Verlag Berlin Heidelberg 2017
R. Oloff, *Wahrscheinlichkeitsrechnung und Maßtheorie*,
DOI 10.1007/978-3-662-53024-5_8

8.2   Axiome und Rechenregeln

Definition 8.1 Eine **Boole'sche Algebra** $[\mathcal{B}, \wedge, \vee, \neg]$ ist eine Menge $\mathcal{B}$ von Elementen $O, I, A, B, C, \ldots$ mit den Eigenschaften

(B 1) $\neg O = I$ und $\neg I = O$,

(B 2) $A \wedge O = O, A \vee O = A, A \wedge I = A, A \vee I = I$,

(B 3) $A \wedge \neg A = O, A \vee \neg A = I$,

(B 4) $\neg(\neg A) = A$,

(B 5) $A \wedge A = A, A \vee A = A$,

(B 6) $\neg(A \wedge B) = \neg A \vee \neg B, \neg(A \vee B) = \neg A \wedge \neg B$,

(B 7) $A \wedge B = B \wedge A, A \vee B = B \vee A$,

(B 8) $A \wedge (B \wedge C) = (A \wedge B) \wedge C, A \vee (B \vee C) = (A \vee B) \vee C$,

(B 9) $A \wedge (B \vee C) = (A \wedge B) \vee (A \wedge C), A \vee (B \wedge C) = (A \vee B) \wedge (A \vee C)$.

$\blacklozenge$

Satz 8.1

> *In einer Boole'schen Algebra gelten die Rechenregeln*
>
> *(B 10)* $A \vee (A \wedge B) = A$,
>
> *(B 11)* $A \wedge (A \vee B) = A$,
>
> *(B 12)* $A \wedge B = A \iff A \vee B = B$.

Beweis. Nach (B 2) und (B 9) gilt

$$A \vee (A \wedge B) = (A \wedge I) \vee (A \wedge B) = A \wedge (I \vee B) = A \wedge I = A$$

und

$$A \wedge (A \vee B) = (A \vee O) \wedge (A \vee B) = A \vee (O \wedge B) = A \vee O = A.$$

Aus $A \wedge B = A$ folgt nach (B 7), (B 9), (B 5) und (B 10)

$$A \vee B = (A \wedge B) \vee B = (A \vee B) \wedge (B \vee B) = (A \wedge B) \vee B = B.$$

Umgekehrt folgt aus $A \vee B = B$ analog

$$A \wedge B = A \wedge (A \vee B) = (A \wedge A) \vee (A \wedge B) = A \vee (A \wedge B) = A.$$

Beispiel Jede Algebra von Teilmengen einer Grundmenge Ω, ausgestattet mit den Operationen $\cap$ und $\cup$ und der Funktion $\prime$, die der Teilmenge A ihr Komplement $A\prime = \Omega \setminus A$ zuordnet, ist eine Boole'sche Algebra.

Es wird sich zeigen, dass dieses Beispiel im Wesentlichen alle Boole'schen Algebren repräsentiert, d. h. es gibt keine wesentlich anderen Boole'schen Algebren, oder positiv ausgedrückt, zu jeder Boole'schen Algebra $[\mathcal{B}, \wedge, \vee, \neg]$ gibt es eine Grundmenge Ω und dazu eine Algebra $\mathcal{A}$ von Teilmengen von Ω, sodass $[\mathcal{B}, \wedge, \vee, \neg]$ isomorph ist zur Mengenalgebra $[\mathcal{A}, \cup, \cap, \prime]$. Der nächste Abschnitt ist dem Beweis dieses zentralen Ergebnisses dieses Kapitels untergeordnet.

8.3 Ideale

Definition 8.2 Eine nichtleere Teilmenge ω einer Boole'schen Algebra $\mathcal{B}$ ist ein **Ideal**, wenn

(I 1) $A \in \omega$ und $B \in \omega$ impliziert $A \vee B \in \omega$,

(I 2) $A \in \omega$ und $B \in \mathcal{B}$ impliziert $A \wedge B \in \omega$.

Ideale ω von $\mathcal{B}$ mit $\omega \neq \mathcal{B}$ heißen **eigentliche Ideale**. Ein eigentliches Ideal ω von $\mathcal{B}$ ist **maximal**, wenn es zwischen ω und $\mathcal{B}$ kein weiteres Ideal ω^* gibt. ◆

Satz 8.2

> *Jedes Ideal von $\mathcal{B}$ enthält das Element O aus $\mathcal{B}$ und ist genau dann ein eigentliches Ideal, wenn es das Element I aus $\mathcal{B}$ nicht enthält.*

Beweis. Das Ideal muss mindestens ein A aus $\mathcal{B}$ enthalten. Nach (B 3) gilt $O = A \wedge \neg A$ und damit nach (I 2) $O \in \omega$. Wenn das Element I von $\mathcal{B}$ zum Ideal ω gehört, umfasst ω auch alle anderen Elemente von $\mathcal{B}$, denn nach (B 2) gilt $A = I \wedge A$, was nach (I 2) $A \in \omega$ nach sich zieht.

Wir wollen den Begriff des Ideals und seine Eigenschaften jetzt am Beispiel der Mengenalgebren illustrieren. Wie bereits betont, ist jede Mengenalgebra eine Boole'sche Algebra. Eine gewisse Schwierigkeit für das Verständnis besteht darin, dass ein Element der entsprechenden Boole'schen Algebra bereits eine Menge aus der Mengenalgebra ist. Im Kontext der Ideale geht es dann aber wiederum um Mengen, also Mengen von Mengen. Eine solche Wortkombination sollte man in der Mathematik vermeiden, weil sie zu paradoxen Begriffsbildungen verleitet. Deshalb sollten wir in solcher Situation besser von Systemen oder Gesamtheiten von Mengen sprechen.

Eine Grundmenge Ω gibt Anlass zur Gesamtheit $\mathcal{P}(\Omega)$ aller Teilmengen von Ω, genannt **Potenzmenge** von Ω. Dieses $\mathcal{P}(\Omega)$ ist offenbar eine Boole'sche Algebra mit den Operationen $\cap$ und $\cup$ als $\wedge$ und $\vee$. Die leere Menge $\emptyset$ und die Gesamtmenge Ω spielen dabei die Rolle von O und I. Jede Teilmenge C von Ω erzeugt ein System von Teilmengen A, die zu C disjunkt sind (d. h. $A \cap C = \emptyset$ bzw. $A \wedge C = O$). Jedes dieser Systeme ist offenbar ein Ideal in der der Mengenalgebra $\mathcal{P}(\Omega)$ entsprechenden Boole'schen Algebra. Dabei ist ein solches Ideal genau dann maximal, wenn die erzeugende Menge C nur aus einem Element besteht.

Satz 8.3

Jedes Element $A \neq I$ einer Boole'schen Algebra $\mathcal{B}$ ist in einem maximalen Ideal enthalten.

Beweis. Die das Element A enthaltende Menge $\omega_A = \{B \in \mathcal{B} : A \wedge B = B\}$ erweist sich als Ideal: Für $B, C \in \omega_A$ gilt wegen

$$A \wedge (B \vee C) = (A \wedge B) \vee (A \wedge C) = B \vee C$$

auch $B \vee C \in \omega_A$, und $B \in \omega_A$ impliziert für jedes $C \in \mathcal{B}$ wegen

$$A \wedge (B \wedge C) = (A \wedge B) \wedge C = B \wedge C$$

$B \wedge C \in \omega_A$. Dieses Ideal ist ein eigentliches Ideal, denn es enthält wegen

$$A \wedge I = A \neq I$$

das Element I nicht. Es ist plausibel, dass es so lange vergrößert werden kann, bis es auch maximal ist. Ein rigoroser Beweis dessen erfordert in dieser Situation die Anwendung des sogenannten Zorn'schen Lemmas, diesen begrifflichen Aufwand wollen wir uns hier aber ersparen.

Satz 8.4

Es sei ω ein maximales Ideal der Boole'schen Algebra $\mathcal{B}$. Dann gilt für jedes Element A von $\mathcal{B}$ genau eine der beiden Aussagen $A \in \omega$ und $\neg A \in \omega$.

Beweis. Dass nicht beide Aussagen gelten können, liegt an $A \vee \neg A = I$, denn das würde $I \in \omega$ implizieren, was nach Satz 8.2 für ein eigentliches Ideal nicht möglich ist. Es bleibt zu zeigen, dass für ein Element A, das nicht in ω liegt, $\neg A \in \omega$ gelten muss. Wir beweisen das in fünf Schritten. Im ersten Schritt zeigen wir, dass die Menge

$$\omega_A^* = \{B \vee C : B \in \mathcal{B}, \ A \wedge B = B, \ C \in \omega\}$$

das Ideal ω umfasst, im zweiten Schritt, dass ω_A^* selbst wieder ein Ideal ist. In den beiden nächsten Schritten zeigen wir $A \in \omega_A^*$ und $I \in \omega_A^*$, und im letzten Schritt wird sich schließlich $\neg A \in \omega$ ergeben.

1. Schritt: Jedes $D \in \omega$ lässt sich nach der Rechenregel (B 10) in der Form $D = (A \wedge D) \vee D$ darstellen. Da nach (B 8) und (B 5) auch

$$A \wedge (A \wedge D) = (A \wedge A) \wedge D = A \wedge D$$

gilt, ergibt sich daraus $D \in \omega_A^*$.

2. Schritt: Mit $D_1 = B_1 \vee C_1$ und $D_2 = B_2 \vee C_2$ gehört auch

$$D_1 \vee D_2 = (B_1 \vee C_1) \vee (B_2 \vee C_2) = (B_1 \vee B_2) \vee (C_1 \vee C_2)$$

zu ω_A^*, denn es gilt mit $C_1 \in \omega$ und $C_2 \in \omega$ auch $C_1 \vee C_2 \in \omega$, und nach (B 9) folgt aus $A \wedge B_1 = B_1$ und $A \wedge B_2 = B_2$

$$A \wedge (B_1 \vee B_2) = (A \wedge B_1) \vee (A \wedge B_2) = B_1 \vee B_2.$$

Außerdem impliziert $D \in \omega_A^*$ auch $D \wedge E \in \omega_A^*$, denn nach (B 8) ist

$$D \wedge E = (B \wedge C) \wedge E = B \wedge (C \wedge E)$$

und mit C gehört auch $C \wedge E$ zu ω, weil ω ein Ideal ist.

3. Schritt: Das Element A lässt sich nach (B 2) als $A = A \vee O$ schreiben und O gehört nach Satz 8.2 zu ω, also gehört A zu ω_A^*.

4. Schritt: Weil A nicht zu ω, aber zu dem ω umfassenden Ideal ω_A^* gehört, ist ω_A^* größer als das als maximal vorausgesetzte Ideal ω, also ist ω_A^* die gesamte Boole'sche Algebra $\mathcal{B}$, insbesondere ist I in ω_A^* enthalten.

5. Schritt: Für I gilt $I = B \vee C$ mit $C \in \omega$ und $A \wedge B = A$, das heißt nach (B 12) auch $A \vee B = A$. Daraus folgt nach (B 6), (B 2), (B 9), (B 8), (B 3) und wieder (B 2)

$$\neg A = \neg A \wedge \neg B = (\neg A \wedge \neg B) \wedge I = (\neg A \wedge \neg B) \wedge (B \vee C)$$

$$= ((\neg A \wedge \neg B) \wedge B) \vee ((\neg A \wedge \neg B) \wedge C) = (\neg A \wedge (\neg B \wedge B)) \vee ((\neg A \wedge \neg B) \wedge C)$$

$$= (\neg A \wedge O) \vee ((\neg A \wedge \neg B) \wedge C) = O \vee ((\neg A \wedge \neg B) \wedge C) = (\neg A \wedge \neg B) \wedge C.$$

Weil $C \in \omega$ und ω ein Ideal ist, impliziert das schließlich $\neg A \in \omega$.

8.4 Der Darstellungssatz von Stone

Satz 8.5 (Stone)

Jede Boole'sche Algebra ist isomorph zu einer Mengenalgebra.

Beweis. Gegeben ist die Boole'sche Algebra $[\mathcal{B}, \wedge, \vee, \neg]$. Gesucht ist eine Grundmenge Ω mit einer Algebra $\mathcal{A}$ von Teilmengen von Ω und eine Bijektion $\mathcal{J}$ von $\mathcal{B}$ nach $\mathcal{A}$ derart, dass die Operationen $\wedge$ und $\vee$ den mengentheoretischen Operationen $\cap$ und $\cup$ entsprechen und auch die Negation $\neg$ dem Übergang von einer Menge zu ihrem Komplement entspricht. Die Illustration des Begriffs des Ideals im Fall einer Mengenalgebra, ausgeführt im Anschluss an Satz 8.2, legt es nahe, als Grundmenge Ω die Gesamtheit aller maximalen

Ideale von $\mathcal{B}$ zu verwenden. Die Abbildung $\mathcal{J}$ soll dann dem Element A aus $\mathcal{B}$ die Menge derjenigen maximalen Ideale $\omega \in \Omega$ zuordnen, die A nicht enthalten, aber $\neg A$ enthalten. Es soll also

$$\mathcal{J}(A) = \{\omega \in \Omega : A \notin \omega\} = \{\omega \in \Omega : \neg A \in \omega\}$$

gelten. Daraus ergibt sich sofort

$$\mathcal{J}(O) = \{\omega \in \Omega : O \notin \omega\} = \{\omega \in \Omega : I \in \omega\} = \emptyset,$$

$$\mathcal{J}(I) = \{\omega \in \Omega : I \notin \omega\} = \Omega$$

und

$$\mathcal{J}(\neg A) = \{\omega \in \Omega : \neg A \notin \omega\} = \{\omega \in \Omega : \neg A \in \omega\}' = \{\omega \in \Omega : A \notin \omega\}' = \{\mathcal{J}(A)\}'.$$

Die nächsten Überlegungen beruhen auf der Rechenregel (B 11) aus Satz 8.1 in der Form $\neg A = \neg A \wedge (\neg A \vee \neg B)$ und $\neg B = \neg B \wedge (\neg A \vee \neg B)$. Für ein Ideal ω folgt aus $\neg A \vee \neg B \in \omega$ demnach $\neg A \in \omega$ und $\neg B \in \omega$. Für die Abbildung $\mathcal{J}$ liefert das die Rechenregel

$$\mathcal{J}(A \wedge B) = \{\omega \in \Omega : \neg(A \wedge B) \in \omega\} = \{\omega \in \Omega : \neg A \vee \neg B \in \omega\}$$

$$= \{\omega \in \Omega : \neg A \in \omega\} \cap \{\omega \in \Omega : \neg B \in \omega\} = \mathcal{J}(A) \cap \mathcal{J}(B).$$

Durch Kombination bisheriger Ergebnisse ergibt sich die andere Rechenregel

$$\mathcal{J}(A \vee B) = \mathcal{J}(\neg\neg(A \vee B)) = \mathcal{J}(\neg(\neg A \wedge \neg B)) = (\mathcal{J}(\neg A \wedge \neg B))'$$

$$= (\mathcal{J}(\neg A) \cap \mathcal{J}(\neg B))' = (\mathcal{J}(\neg A))' \cup (\mathcal{J}(\neg B))' = \mathcal{J}(A) \cup \mathcal{J}(B).$$

Nachdem sich die gewünschten Rechenregeln für die Abbildung $\mathcal{J}$ bestätigt haben, ist klar, dass die Gesamtheit der Bilder $\mathcal{J}(A)$ mit $A \in \mathcal{B}$ die Struktur einer Mengenalgebra hat. Das ist die gesuchte Algebra $\mathcal{A}$ von Teilmengen von Ω. Somit ist $\mathcal{J}$ eine Surjektion von $\mathcal{B}$ nach $\mathcal{A}$. Zu zeigen ist noch die Injektivität. Sei $A \neq B$. Dann muss mindestens eine der beiden Ungleichungen $A \neq A \wedge B$ und $B \neq A \wedge B$ gelten. Ohne Beschränkung der Allgemeinheit stellen wir uns auf den Standpunkt, dass $A \neq A \wedge B$ gilt. Dieser zieht $\neg A \vee B \neq I$ nach sich, denn das Gegenteil würde

$$A = A \wedge I = A \wedge (\neg A \vee B) = (A \wedge \neg A) \vee (A \wedge B) = O \vee (A \wedge B) = A \wedge B$$

implizieren. Weil $\neg A \vee B$ nicht das Element I ist, gehört es nach Satz 8.3 zu einem maximalen Ideal, die Menge

$$\{\omega \in \Omega : \neg A \vee B \in \omega\} = \mathcal{J}(A \wedge \neg B)$$

ist also nicht leer. Nach den bereits gesicherten Rechenregeln gilt

$$\mathcal{J}(A \wedge \neg B) = \mathcal{J}(A) \cap \mathcal{J}(\neg B) = \mathcal{J}(A) \cap (\mathcal{J}(B))',$$

es gibt in $\mathcal{J}(A)$ also ω, die nicht zu $\mathcal{J}(B)$ gehören, also gilt $\mathcal{J}(A) \neq \mathcal{J}(B)$ und damit ist $\mathcal{J}$ injektiv. Insgesamt hat sich $\mathcal{J}$ als ein Isomorphismus zwischen der Boole'schen Algebra $\mathcal{B}$ und der Mengenalgebra $\mathcal{A}$ erwiesen.

8.5   Boole'sche σ-Algebren

In einer Boole'schen Algebra $\mathcal{B}$ sind $\wedge$ und $\vee$ zunächst binäre Operationen, aber natürlich sind für Elemente $A_1, \ldots, A_n$ aus $\mathcal{B}$ auch $A_1 \wedge \ldots \wedge A_n$ und $A_1 \vee \ldots \vee A_n$ schrittweise wohldefiniert, wobei es nach den Axiomen (B 8) nicht nötig ist, irgendwelche Klammern zu setzen. Uns interessiert jetzt, ob und wie sich für eine Folge von Elementen $A_i \in \mathcal{B}$ $\wedge_{i=1}^{\infty} A_i$ und $\vee_{i=1}^{\infty} A_i$ definieren lässt.

Eine Mengenalgebra ist in natürlicher Weise halbgeordnet: Die Relation $\subseteq$ ist reflexiv ($A \subseteq A$), transitiv (wenn $A \subseteq B$ und $B \subseteq C$, dann $A \subseteq C$) und antisymmetrisch (wenn $A \subseteq B$ und $B \subseteq A$, dann $A = B$). Übersetzt in den Kontext der Boole'schen Algebra heißt das: $A \leq B$ bedeutet $A = A \wedge B$. Diese Relation $\leq$ ist auch wieder reflexiv (weil $A = A \wedge A$), transitiv, weil $A = A \wedge B$ und $B = B \wedge C$ impliziert

$$A = A \wedge B = A \wedge (B \wedge C) = (A \wedge B) \wedge C = A \wedge C,$$

und antisymmetrisch (weil $A \wedge B$ und $B \wedge A$ impliziert $A = A \wedge B = B$), ist also eine Halbordnung. Es liegt nun nahe, unter $\wedge_{i=1}^{\infty} A_i$ das Infimum A dieser Folge der Elemente A_i im Sinne dieser Halbordnung zu verstehen, d. h. $A \leq A_i$ (also $A = A \wedge A_i$ für alle i) und $B \leq A$ für alle (anderen) B mit $B \leq A_i$. Eine Folge von Elementen A_i könnte niemals mehrere verschiedene Infima haben, denn für ein anderes Infimum A^* müsste dann ja auch $A^* \leq A_i$ für alle i gelten, woraus $A^* \leq A$ folgen würde, weil A ein Infimum ist. Nach der gleichen Logik müsste auch $A \leq A^*$ gelten, insgesamt also $A^* = A$.

Im Gegensatz zur Eindeutigkeit ist die Existenz eines Infimums zu gegebener Folge $A_1, A_2, \ldots$ keineswegs sicher.

Definition 8.3 Eine Boole'sche Algebra $\mathcal{B}$ ist eine **Boole'sche σ-Algebra**, wenn zu jeder Folge von Elementen A_i aus $\mathcal{B}$ ein Element $A \in \mathcal{B}$ mit den folgenden Eigenschaften existiert:

(S 1) $A = A \wedge A_i$ für $i = 1, 2 \ldots$

(S 2)   Für jedes $B \in \mathcal{B}$ mit $B = B \wedge A_i$ für $i = 1, 2, \ldots$ gilt $B = B \wedge A$.

Dieses eindeutig bestimmte Element A wird mit $\wedge_{i=1}^{\infty} A_i$ bezeichnet.   ◆

Analog lässt sich in einer Boole'schen σ-Algebra zu einer Folge $A_1, A_2, \ldots$ das Element $\vee_{i=1}^{\infty} A_i$ als Supremum konstruieren.

Satz 8.6

> *In einer Boole'schen σ-Algebra $\mathcal{B}$ existiert zu jeder Folge von Elementen A_i aus $\mathcal{B}$ ein Element $A \in \mathcal{B}$ mit den folgenden Eigenschaften:*
>
> *(S 1)* $A = A \vee A_i$ *für $i = 1, 2, \ldots$*
> *(S 2)*   *Für jedes $B \in \mathcal{B}$ mit $B = B \vee A_i$ für $i = 1, 2, \ldots$ gilt $B = B \vee A$.*
>
> *Dieses eindeutig bestimmte Element A wird mit $\vee_{i=1}^{\infty} A_i$ bezeichnet.*

Beweis. Entsprechend Definition 8.3 können wir uns auf das Element $A^* = \wedge_{i=1}^{\infty}(\neg A_i)$ mit der Eigenschaft $A^* = A^* \wedge (\neg A_i)$ und damit auch $\neg A^* = \neg A^* \vee A_i$ für $i = 1, 2, \ldots$ berufen. Also hat $\neg A^*$ die Eigenschaft (S 1). Aus $B = B \vee A_i$ folgt $\neg B = \neg B \wedge \neg A_i$ und damit entsprechend der in Definition 8.3 formulierten Eigenschaft (S 2) $\neg B = \neg B \wedge A^*$, also $B = B \vee \neg A^*$. Folglich hat $\neg A^*$ auch die Eigenschaft (S 2). Also ist $\neg(\wedge_{i=1}^{\infty}(\neg A_i))$ das gesuchte Element $\vee_{i=1}^{\infty} A_i$.

Eine Boole'sche σ-Algebra ist insbesondere eine Boole'sche Algebra und damit isomorph zu einer Mengenalgebra. Wegen dieser Isomorphie ist diese auch eine σ-Algebra von Mengen. Daraus ergibt sich eine Version des Stone'schen Darstellungssatzes, die für die Begründung des maßtheoretischen Modells der Wahrscheinlichkeitstheorie von fundamentaler Bedeutung ist.

Satz 8.7 (Stone)

> *Jede Boole'sche σ-Algebra $\mathcal{B}$ ist isomorph zu einer σ-Algebra $\mathcal{A}$ von Teilmengen einer Gesamtmenge Ω.*

Der Begriff des Maßes überträgt sich ohne Schwierigkeiten von σ-Algebren von Teilmengen auf Boole'sche σ-Algebren. Wir konzentrieren uns hier auf die für die Wahrscheinlichkeitstheorie relevanten normierten Maße.

Definition 8.4 Ein **normiertes Maß** μ auf einer Boole'schen σ-Algebra $\mathcal{B}$ ist eine Abbildung $\mu : \mathcal{B} \mapsto [0, 1]$ mit den Eigenschaften $\mu(O) = 0$, $\mu(I) = 1$ und

$$\mu\left(\bigvee_{i=1}^{\infty} A_i\right) = \sum_{i=1}^{\infty}(A_i)$$

für jede Folge $A_1, A_2, \ldots$ mit $A_i \wedge A_k = 0$ für $i \neq k$.   ◆

Aufgaben

8.1 Wie lässt sich für zwei Ereignisse A und B einer Boole'schen Algebra mit den Zeichen $\wedge$, $\vee$ und $\neg$ das Ereignis ausdrücken, das man umgangssprachlich „entweder A oder B" nennt?

8.2 Es sei $\mathcal{B}$ die Boole'sche Algebra aller Mengen reeller Zahlen. Entscheiden Sie, ob die Systeme

a) aller beschränkten Mengen
b) aller endlichen Mengen
c) aller abgeschlossenen IntervalleIdeale sind.

Teil III

Axiomatische Wahrscheinlichkeitstheorie

Das maßtheoretische Modell

9

Übersicht

9.1   Wahrscheinlichkeitsräume

Wie schon in den Abschn. 1.2 und 8.1 erwähnt, sind die Ereignisse, die im Rahmen eines Experiments eintreten können, in natürlicher Weise durch zwei Operationen miteinander verknüpft. Es bezeichnet $A \wedge B$ das Ereignis, dass sowohl A als auch B eingetreten sind. Da sich zwei Ereignisse auch gegenseitig ausschließen können, muss auch das sogenannte **unmögliche Ereignis** O zur Kenntnis genommen werden, sonst wäre $\wedge$ keine Operation. Diese Operation $\wedge$ ist symmetrisch und assoziativ, denn es gilt offenbar

$$A \wedge B = B \wedge A$$

und

$$(A \wedge B) \wedge C = A \wedge (B \wedge C),$$

die Klammern sind demnach hier überflüssig. Außerdem gilt auch $A \wedge A = A$. Die andere Operation ist $\vee$. Zu zwei Ereignissen A und B bezeichnet $A \vee B$ das Ereignis, dass mindestens eines dieser beiden Ereignisse eingetreten ist. Da zwei Ereignisse so beschaffen sein können, dass mindestens eines der beiden eintreten muss, müssen wir

© Springer-Verlag Berlin Heidelberg 2017
R. Oloff, *Wahrscheinlichkeitsrechnung und Maßtheorie*,
DOI 10.1007/978-3-662-53024-5_9

auch das sogenannte **sichere Ereignis** I, das immer eintritt, zur Kenntnis nehmen. Auch die Operation $\vee$ ist symmetrisch und assoziativ. Außerdem gilt auch wieder $A \vee A = A$.

Zu jedem Ereignis A gibt es das **gegenteilige Ereignis** $\neg A$, charakterisiert durch $A \wedge (\neg A) = O$ und $A \vee (\neg A) = I$. Insbesondere gilt $\neg O = I$ und $\neg I = O$. Für jedes Ereignis A gilt selbstverständlich $\neg(\neg A) = A$.

Die Regeln unseres logischen Denkens erzeugen die weiteren Rechenregeln $A \wedge O = O$, $A \vee O = A$, $A \wedge I = A$, $A \vee I = I$, die Regeln von de Morgan

$$\neg(A \wedge B) = (\neg A) \vee (\neg B)$$

und

$$\neg(A \vee B) = (\neg A) \wedge (\neg B)$$

und die Distributivgesetze

$$A \wedge (B \vee C) = (A \wedge B) \vee (A \wedge C)$$

und

$$A \vee (B \wedge C) = (A \vee B) \wedge (A \vee C).$$

Die bisherigen Überlegungen lassen sich folgendermaßen zusammenfassen: Die Menge der Ereignisse im Rahmen eines Experiments bilden eine Boole'sche Algebra mit den Operationen $\wedge$ und $\vee$ und der Abbildung $\neg$. Dass diese Boole'sche Algebra sogar eine Boole'sche σ-Algebra ist, liegt daran, dass sich für eine Folge von Ereignissen $A_1, A_2, \ldots$ auch $\wedge_{i=1}^{\infty} A_i$ mühelos als Ereignis auffassen lässt: Es ist $\wedge_{i=1}^{\infty} A_i$ das Ereignis, das darin besteht, dass jedes der Ereignisse A_i eintritt.

Angesichts des Darstellungssatzes von Stone (Satz 8.5) bietet sich eine weitere Umformulierung an: Die Gesamtheit der Ereignisse im Rahmen eines Experiments ist eine σ-Algebra von Teilmengen einer Grundmenge Ω. Den Operationen $\wedge$ und $\vee$ entsprechen die Mengenoperationen $\cap$ und $\cup$ und der Abbildung $\neg$ entspricht der Übergang zum mengentheoretischen Komplement. Das unmögliche Ereignis O ist die leere Menge $\emptyset$ und das sichere Ereignis I ist die Gesamtmenge Ω.

Zu jedem Ereignis A gehört eine Wahrscheinlichkeit $P(A)$ mit $0 \leq P(A) \leq 1$. Natürlich hat das unmögliche Ereignis $\emptyset$ die Wahrscheinlichkeit $P(\emptyset) = 0$ und das sichere Ereignis Ω die Wahrscheinlichkeit $P(\Omega) = 1$. Für eine Folge $A_1, A_2, \ldots$ von paarweise disjunkten, sich also ausschließenden Ereignissen, gilt offenbar

$$P\left(\bigcup_{k=1}^{\infty} A_k\right) = \sum_{k=1}^{\infty} P(A_k).$$

Also ist die Wahrscheinlichkeit P ein normiertes Maß auf der σ-Algebra. Damit ist der folgende Standpunkt motiviert.

Definition 9.1 Ein Wahrscheinlichkeitsraum ist ein Tripel $[\Omega, \mathcal{A}, P]$, bestehend aus einer Grundmenge Ω, einer σ-Algebra $\mathcal{A}$ von Teilmengen von Ω und einem normierten Maß P auf $\mathcal{A}$. ♦

Aus Gründen der besseren Übersichtlichkeit stellen wir noch einmal die entscheidenden wahrscheinlichkeitstheoretischen Interpretationen zusammen. Die σ-Algebra $\mathcal{A}$ repräsentiert ein Experiment, ihre Bestandteile $A, B, \ldots$ sind mögliche Ereignisse, $P(A)$ ist die Wahrscheinlichkeit, mit der das Ereignis A eintritt. Die Mengenoperationen $\cap$ und $\cup$ entsprechen den Logikoperationen $\wedge$ und $\vee$, die Komplementbildung A' steht für den Übergang zum logischen Gegenteil von A, die leere Menge $\emptyset$ ist das unmögliche Ereignis und Ω ist das **sichere Ereignis**. Die Elemente ω von Ω heißen **Elementarereignisse**, obwohl eine einelementige Menge $\{\omega\}$ nicht unbedingt zu $\mathcal{A}$ gehören muss, also möglicherweise gar kein Ereignis ist.

9.2 Zufallsvariable

Im zweiten Kapitel sind uns bereits zwei spezielle Typen von Zufallsvariablen begegnet. Wenn wir die Gemeinsamkeiten der durch Atome und durch eine Wahrscheinlichkeitsdichte erzeugten Verteilungen in der Terminologie der Maßtheorie verallgemeinern, kommen wir zu dem Standpunkt, dass eine Zufallsvariable X ein spezielles Experiment mit dem Wahrscheinlichkeitsraum $[\Omega, \mathcal{A}, P]$ ist, wobei Ω die reelle Achse $\mathbb{R}$, $\mathcal{A}$ die σ-Algebra der Borel-Mengen reeller Zahlen und P die Verteilung dieser Zufallsvariablen X ist. Für eine Borel-Menge B ist dann $P(B)$ die Wahrscheinlichkeit des Ereignisses $X \in B$.

Wir hatten aber auch schon damals betont, dass es nicht möglich ist, zwei Zufallsvariable X und Y miteinander zu verrechnen, ohne weitere Informationen zu haben. Mindestens müsste die Verteilung der vektoriellen Zufallsvariablen (X, Y) bekannt sein. Dann würde das Experiment im Wahrscheinlichkeitsraum $[\Omega, \mathcal{A}, P]$ mit $\Omega = \mathbb{R} \times \mathbb{R}$, $\mathcal{A}$ die σ-Algebra der Borel-Mengen von $\mathbb{R} \times \mathbb{R}$ und P die gemeinsame Verteilung der vektoriellen Zufallsvariablen (X, Y) stattfinden.

Um eine Zufallsvariable leichter in noch allgemeinere Experimente einbinden zu können, ist der folgende Standpunkt handlicher und hat sich durchgesetzt.

Definition 9.2 Eine **reellwertige Zufallsvariable** ist eine auf dem Wahrscheinlichkeitsraum $[\Omega, \mathcal{A}, P]$ definierte $\mathcal{A}$-$\mathcal{B}$-messbare Abbildung $X : \Omega \mapsto \mathbb{R}$. Die **Verteilung** von X ist das Bildmaß P_X von P auf der σ-Algebra $\mathcal{B}$ der Borel-Mengen von $\mathbb{R}$. ♦

Für eine Borel-Menge B reeller Zahlen ist die Zahl

$$P_X(B) = P(X^{-1}(B)) = P(\{\omega \in \Omega : X(\omega) \in B\})$$

als Wahrscheinlichkeit des Ereignisses $X \in B$ zu interpretieren. Das Bildmaß P_X könnte dann durch Atome oder auch durch eine Wahrscheinlichkeitsdichte geprägt sein. Der Begriff der Zufallsvariablen im Sinne dieser Definition 9.2 umfasst die bereits im zweiten Kapitel beschriebenen diskreten und kontinuierlich verteilten Zufallsvariablen als Beispiele, denn zu gegebener Verteilung μ auf der reellen Achse könnte man $\mathbb{R}$ auch als Grundmenge Ω verwenden, ausgestattet mit der σ-Algebra $\mathcal{B}$ der Borel-Mengen, darauf das Maß $P = \mu$ vereinbaren und X als die identische Abbildung in $\mathbb{R}$ auffassen.

Abschließend sei noch erwähnt, dass eine $\mathbb{R}^n$-wertige Zufallsvariable eine $\mathcal{A}$-$\mathcal{B}$-messbare Abbildung $X : \Omega \mapsto \mathbb{R}^n$ ist, wobei $\mathcal{B}$ die σ-Algebra der Borel-Mengen von $\mathbb{R}^n$ ist.

9.3   Unabhängigkeit

Im dritten Kapitel des ersten Teils hatten wir betont, dass man zwei Zufallsvariable nur dann miteinander verrechnen oder über ihre Unabhängigkeit entscheiden kann, wenn diese Zufallsvariablen die Komponenten einer vektoriellen Zufallsvariablen sind, man also die gemeinsame Verteilung auf $\mathbb{R}^2$ kennt. In der Terminologie von Zufallsvariablen als messbare Funktionen wird das dadurch gewährleistet, dass die betreffenden Zufallsvariablen X und Y auf dem gleichen Wahrscheinlichkeitsraum definiert sein müssen. Dann kann jeder Borel-Menge B von $\mathbb{R}^2$ ihr Maß

$$P\{\omega \in \Omega : (X(\omega), Y(\omega)) \in B\}$$

zugeordnet werden. Umgekehrt lassen sich aus der Verteilung einer vektoriellen Zufalls-variablen zwei messbare Funktionen X und Y auf einem gemeinsamen Wahrscheinlich-keitsraum konstruieren, sodass X, Y und (X, Y) die gegebenen Verteilungen haben. Dazu verwenden wir als Wahrscheinlichkeitsraum $\mathbb{R}^2$ mit der σ-Algebra der Borel-Mengen dieser Ebene und die Verteilung $P_{(X,Y)}$ der gegebenen vektoriellen Zufallsvariablen als normiertes Maß. X und Y sind dann die Projektionen auf die Koordinatenachsen, also $X(x, y) = x$ und $Y(x, y) = y$.

Den Begriff der Unabhängigkeit von Komponenten einer vektoriellen Zufallsvariablen hatten wir schon im ersten Teil im Abschn. 3.3 angesprochen. Die Unabhängigkeit der Komponenten $X_1, \ldots X_n$ hatten wir durch die Gleichung

$$P_{(X_1, \ldots, X_n)}(B_1 \times \cdots \times B_n) = P_{X_1}(B_1) \cdots P_{X_n}(B_n)$$

für Intervalle $B_1, \ldots, B_n$ charakterisiert. In der Sprache der Maßtheorie lässt sich das jetzt eleganter ausdrücken. Zunächst ist festzustellen, dass diese Gleichung dann automatisch auch für alle Borel-Mengen B_i gilt. Das bedeutet, dass die Verteilung der vektoriellen Zufallsvariablen ein Produktmaß ist.

Definition 9.3 Die Komponenten einer vektoriellen Zufallsvariablen $(X_1, \ldots, X_n)$ sind **unabhängig**, wenn die Verteilung $P_{(X_1, \ldots, X_n)}$ das Produktmaß der Randverteilungen $P_{X_1}, \ldots, P_{X_n}$ ist. ◆

9.4 Erwartungswert, Varianz, Kovarianz

Diese Begriffe wurden bereits im ersten Teil in den Abschn. 2.3, 3.1 und 3.3 für spezielle Situationen angesprochen. Jetzt liefern wir maßtheoretisch formulierte allgemeine Definitionen in jeweils zwei Versionen, wobei die Gleichheit auf der entsprechenden Rechenregel für das Integral beruht.

Definition 9.4 Der **Erwartungswert** einer auf dem Wahrscheinlichkeitsraum $[\Omega, \mathcal{A}, P]$ gegebenen Zufallsvariablen X ist

$$\mathrm{E}(X) = \int_\Omega X(\omega) P(d\omega) = \int_{-\infty}^{+\infty} x P_X(dx).$$

◆

Gefordert ist hier die Existenz der Integrale über den positiven und über den negativen Anteil des Integranden. Hier läuft das hinaus auf die Bedingung

$$\int_{-\infty}^{\infty} |x| P_X(dx) < \infty.$$

Eine Cauchy-verteilte Zufallsvariable (Definition 2.5) hat also keinen Erwartungswert. Darauf hatten wir auch schon im Abschn. 2.3 hingewiesen.

Für Beispiele verweisen wir hier auch auf den Abschn. 2.3. Dort hatten wir auch schon die Rechenregeln

$$\mathrm{E}(X + Y) = \mathrm{E}(X) + \mathrm{E}(Y)$$

und

$$\mathrm{E}(aX + b) = a\mathrm{E}(X) + b$$

für reellwertige Zufallsvariable X und Y und Zahlen a und b erwähnt, die offenbar auch in diesem allgemeineren Kontext gelten.

Die nächste Rechenregel, die für wichtige Spezialfälle auch schon im Abschn. 3.3 erklärt wurde, wollen wir hier im allgemeinen Fall durch einen Satz würdigen.

Satz 9.1

> *Für unabhängige Zufallsvariable X und Y gilt $E(XY) = E(X)E(Y)$.*

Beweis. Weil die Verteilung der vektoriellen Zufallsvariablen (X, Y) das Produktmaß der Randverteilungen P_X und P_Y ist, gilt

$$E(XY) = \int_{-\infty}^{+\infty} \int_{-\infty}^{+\infty} xy P_{(X,Y)}(dxdy) = \int_{-\infty}^{+\infty} \int_{-\infty}^{+\infty} xy P_X(dx) P_Y(dy)$$

$$= \int_{-\infty}^{+\infty} x P_X(dx) \int_{-\infty}^{+\infty} y P_Y(dy) = E(X)E(Y).$$

Die Varianz wurde im Abschn. 2.3 für diskret und kontinuierlich verteilte Zufallsvariable auf den Erwartungswert zurückgeführt. Das kann nun auch im allgemeinen Fall einer auf einem Wahrscheinlichkeitsraum gegebenen Zufallsvariablen als Erklärung dienen.

Definition 9.5 Die **Varianz** einer auf einem Wahrscheinlichkeitsraum $[\Omega, \mathcal{A}, P]$ gegebenen Zufallsvariablen X ist die Zahl $\text{Var}(X) = E((X - E(X))^2)$.   ♦

Das läuft auf die Integrale

$$\text{Var}(X) = \int_{\Omega} (X(\omega) - E(X))^2 P(d\omega) = \int_{-\infty}^{+\infty} (x - E(X))^2 P_X(dx)$$

hinaus, wobei man sich aber auch hier wieder nicht darauf verlassen kann, dass diese Integrale und damit die Varianz von X existieren.

Die Begründung der Formeln

$$\text{Var}(X) = E(X^2) - (E(X))^2, \qquad \text{Var}(aX + b) = a^2 \text{Var}(X)$$

und

$$\text{Var}(X + Y) = \text{Var}(X) + \text{Var}(Y)$$

für unabhängige X, Y sei dem Leser überlassen.

Wir erinnern an die schon im Abschn. 3.6 besprochene **Tschebyschew-Ungleichung**, die wir jetzt mit dem Bildmaß P_X in der Form

$$P_X((-\infty, E(X) - c) \cup (E(X) + c, +\infty)) \leq \frac{\text{Var}(X)}{c^2}$$

schreiben können. Sie lässt sich jetzt im allgemeinen Fall einer Zufallsvariablen X durch die Ungleichungskette

$$\text{Var}(X) \geq \int_{-\infty}^{\text{E}(X)-c} (x - \text{E}(X))^2 P_X(dx) + \int_{\text{E}(X)+c}^{+\infty} (x - \text{E}(X))^2 P_X(dx)$$

$$\geq \int_{-\infty}^{\text{E}(X)-c} c^2 P_X(dx) + \int_{\text{E}(X)+c}^{+\infty} c^2 P_X(dx)$$

bestätigen. Damit ist jetzt auch das **schwache Gesetz der großen Zahlen von Chintschin** im allgemeinen Fall gesichert. Das schwache Gesetz der großen Zahlen von Bernoulli war schon auf dem Kenntnisstand von Abschn. 3.6 unstrittig, denn die Binomialverteilung ist diskret.

Über die Kovarianz hatten wir schon in den Abschn. 3.1 und 3.3 einiges zusammengetragen, aber das bezog sich auch wieder nur auf spezielle Typen von Zufallsvariablen. Jetzt wollen wir das in der abstrakten maßtheoretischen Terminologie formulieren, auch wenn sich dabei Wiederholungen und Überschneidungen ergeben. Dass die damaligen Erklärungen zu der jetzt allgemeineren Definition passen, beruht durchweg auf der Transformationsformel für Integrale.

Definition 9.6 Die **Kovarianz** von zwei auf dem gleichen Wahrscheinlichkeitsraum $[\Omega, \mathcal{A}, P]$ definierten reellwertigen Zufallsvariablen X und Y ist

$$\text{Cov}(X, Y) = \int_{\Omega} (X(\omega) - \text{E}(X))(Y(\omega) - \text{E}(Y))P(d\omega).$$

◆

Für die Kovarianz gelten auch im allgemeinen Fall die gleichen Rechenregeln, wie sie auch schon im Abschn. 3.3 formuliert wurden.

Satz 9.2

Für auf dem gleichen Wahrscheinlichkeitsraum definierte Zufallsvariable X, Y, Z und Zahlen a und b gelten die Rechenregeln

(i) $Cov(X, Y) = Cov(Y, X)$
(ii) $Cov(X, X) = Var(X)$
(iii) $Cov(aX + bY, Z) = aCov(X, Z) + bCov(Y, Z)$
(iv) $Cov(X, Y) = E(XY) - E(X)E(Y)$
(v) $Var(X + Y) = Var(X) + Var(Y) + 2Cov(X, Y)$.

Beweis. Die Regeln (i) und (ii) sind direkt von der Definition der Kovarianz abzulesen. Regel (iii) bedeutet ausführlich geschrieben

$$\int_\Omega (aX(\omega) + bY(\omega) - E(aX + bY))(Z(\omega) - E(Z))P(d\omega)$$

$$= a \int_\Omega (X(\omega) - E(X))(Z(\omega) - E(Z))P(d\omega)$$

$$+ b \int_\Omega (Y(\omega) - E(Y)) - (Z(\omega) - (E(Z))P(d\omega),$$

und diese Gleichung ist richtig wegen der linearen Abhängigkeit des Integrals vom Integranden. Die Regeln (iv) und (v) ergeben sich aus den Gleichungsketten

$$\int_\Omega (X(\omega) - E(X))(Y(\omega) - E(Y))P(d\omega)$$

$$= \int_\Omega X(\omega)Y(\omega)P(d\omega) - \int_\Omega X(\omega)P(d\omega)E(Y) - E(X)\int_\Omega Y(\omega)P(d\omega) + E(X)E(Y)$$

und

$$\int_\Omega (X(\omega) + Y(\omega) - E(X) - E(Y))^2 P(d\omega) = 2\int_\Omega (X(\omega) - E(X))(Y(\omega) - E(Y))P(d\omega)$$

$$+ \int_\Omega (X(\omega) - E(X))^2 P(d\omega) + \int_\Omega (Y(\omega) - E(Y))^2 P(d\omega).$$

Aufgaben

9.1 Jedes normierte Maß auf dem mit der σ-Algebra $\mathcal{A}$ der Borel-Mengen ausgestatteten Raum $\mathbb{R}^n$ lässt sich als eine $\mathbb{R}^n$-wertige Zufallsvariable X auf dem Wahrscheinlichkeitsraum $[\mathbb{R}^n, \mathcal{A}, P]$ auffassen. Wie sind die reellwertigen Komponenten $X_1, \ldots, X_n$ zu wählen, sodass P das vorgegebene Maß ist?

9.2 Bestätigen Sie für die mit dem Parameter p geometrisch verteilte Zufallsvariable

a) den Erwartungswert $E(X) = \frac{p}{1-p}$
b) die Varianz $\text{Var}(X) = \frac{p}{(1-p)^2}$.

9.3 Die mit den Parametern K, N und n hypergeometrisch verteilte Zufallsvariable X hat den Erwartungswert $E(X) = Kn/N$ und die Varianz

$$\text{Var}(X) = \frac{Kn(N-K)(N-n)}{N^2(N-1)}.$$

Bestätigen Sie diese Aussagen für den Spezialfall $K = 2$, $N = 5$ und $n = 4$.

9.4 Bestätigen Sie den Erwartungswert $E(X) = 0$ und die Varianz $\text{Var}(X) = n/(n-2)$ einer mit $n \geq 3$ Freiheitsgraden t-verteilten Zufallsvariablen X für $n = 3$.

Hinweis: Bestätigen und verwenden Sie die Beziehung

$$\int \frac{dy}{(1+y^2)^2} = \frac{1}{2}\left(\frac{y}{1+y^2} + \int \frac{dy}{1+y^2}\right).$$

Charakteristische Funktionen

10

Übersicht

10.1 Fourier-Transformation

Die Definition eines Maßes auf $\mathbb{R}^n$, sofern es nicht durch Atome oder durch eine Dichte bzgl. des Lebesgue-Maßes erzeugt wird, kann sehr mühsam sein, denn man kann ja nicht für jede Borel-Menge explizit den Zahlenwert des Maßes vorschreiben. Analoges gilt für die Identifizierung eines Maßes, das durch irgendeine Manipulation entstanden ist. Deshalb ist der folgende Begriff zur Charakterisierung eines Maßes von besonderer Bedeutung.

Definition 10.1 Für ein normiertes Maß μ auf der σ-Algebra der Borel-Mengen von $\mathbb{R}^n$ heißt die komplexwertige Funktion

$$\hat{\mu}(y_1, \ldots, y_n) = \int_{-\infty}^{+\infty} \cdots \int_{-\infty}^{+\infty} \exp\left(i \sum_{k=1}^{n} x_k y_k\right) \mu(dx_1 \cdots dx_n)$$

die **charakteristische Funktion** von μ. Die Abbildung, die dem Maß μ seine charakteristische Funktion $\hat{\mu}$ zuordnet, wird **Fourier-Transformation** genannt. ♦

© Springer-Verlag Berlin Heidelberg 2017
R. Oloff, *Wahrscheinlichkeitsrechnung und Maßtheorie*,
DOI 10.1007/978-3-662-53024-5_10

Wir werden auch die kürzere Schreibweise

$$\hat{\mu}(y) = \int_{\mathbb{R}^n} e^{ixy} \mu(dx)$$

verwenden. Die beiden folgenden Spezialfälle motivieren den Namen der Abbildung $\mu \mapsto \hat{\mu}$.

Fall 1:

Wenn das Maß μ auf der reellen Achse $\mathbb{R}$ aus Atomen in den ganzzahligen Positionen $l = 0, \pm 1, \pm 2, \ldots$ mit den Massen m_l besteht, ist

$$\hat{\mu}(y) = \sum_{l=-\infty}^{+\infty} m_l e^{ily}$$

die charakteristische Funktion dieses Maßes μ. Das ist die komplexe Version einer Fourier-Reihe: Den Fourier-Koeffizienten m_l wird die periodische Funktion zugeordnet, die diese Fourier-Koeffizienten hat.

Fall 2:

Wenn das Maß μ auf $\mathbb{R}^n$ durch eine Dichte φ aus dem Lebesgue-Maß erzeugt ist, gilt

$$\hat{\mu}(y) = \int_{\mathbb{R}^n} e^{ixy} \varphi(x) dx.$$

Dieses Integral erinnert an die in der Funktionalanalysis übliche Fourier-Transformation $\mathcal{F}$, definiert durch

$$(\mathcal{F}\varphi)(y) = \frac{1}{\sqrt{2\pi}^n} \int_{\mathbb{R}^n} e^{-ixy} \varphi(x) dx.$$

Wir sammeln jetzt Eigenschaften von charakteristischen Funktionen, um die Bildmenge der Fourier-Transformation von normierten Maßen auf $\mathbb{R}^n$ zu beschreiben.

Satz 10.1

Die charakteristische Funktion $\hat{\mu}$ eines normierten Maßes auf $\mathbb{R}^n$ hat die Eigenschaften

(C1) $\hat{\mu}(0) = 1$

(C2) $|\hat{\mu}(y)| \leq 1$ *für alle y*

(C3) $\hat{\mu}(-y) = \overline{\hat{\mu}(y)}$ *für alle y*

(C4) $\hat{\mu}$ *ist gleichmäßig stetig*

(C5) $\sum_{j,k=1}^{m} \hat{\mu}(y^{(j)} - y^{(k)}) z_j \overline{z_k} \geq 0$ *für $y^{(1)}, \ldots, y^{(m)} \in \mathbb{R}^n$ und komplexe Zahlen*
       $z_1, \ldots, z_m$.

Beweis. Die Eigenschaften (C1), (C2) und (C3) sind unmittelbar aus der Definition der charakteristischen Funktion abzulesen. Zum Nachweis von (C4) formulieren wir den Abstand der Funktionswerte für Punkte, die sich um ein n-Tupel $h = (h_1, \ldots, h_n)$ unterscheiden. Es gilt

$$|\hat{\mu}(y+h) - \hat{\mu}(y)| = \left| \int_{\mathbb{R}^n} \left(e^{i(y+h)x} - e^{iyx} \right) \mu(dx) \right|$$

$$\leq \int_{\mathbb{R}^n} |e^{iyx}(e^{ihx} - 1)| \mu(dx) = \int_{\mathbb{R}^n} |e^{ihx} - 1| \mu(dx).$$

Für $h \to 0$ konvergiert der letzte Integrand punktweise gegen 0. Weil die Funktion konstant 2 diesen Integranden majorisiert, ist der Satz 7.8 von Lebesgue anwendbar und liefert die Konvergenz des die Abstände von $\hat{\mu}(y+h)$ und $\hat{\mu}(y)$ beschreibenden Integrals gegen 0. Da die Position y gar nicht mehr involviert ist, konvergieren diese Abstände im Sinne von y gleichmäßig gegen 0, die charakteristische Funktion $\hat{\mu}$ ist also gleichmäßig stetig. Die Ungleichung (C5) ergibt sich aus der Darstellung

$$\sum_{j,k=1}^{m} \hat{\mu}(y^{(j)} - y^{(k)}) z_j \overline{z_k} = \int_{\mathbb{R}^n} \sum_{j,k=1}^{m} (z_j e^{iy^{(j)}x})(\overline{z_k} e^{-iy^{(k)}x}) \mu(dx)$$

$$= \int_{\mathbb{R}^n} \left| \sum_{j=1}^{m} z_j e^{iy^{(j)}x} \right|^2 \mu(dx) \geq 0.$$

Damit ist Satz 10.1 vollständig bewiesen.

Wir wollen nicht verschweigen, dass umgekehrt ein Satz von Bochner besagt, dass jede komplexwertige Funktion auf $\mathbb{R}^n$ mit den Eigenschaften (C1) bis (C5) die charakteristische Funktion eines normierten Maßes auf $\mathbb{R}^n$ ist. Auf den Beweis wollen wir hier verzichten, dieser Satz von Bochner wird in unserem Kontext auch weiter keine Rolle spielen. Immerhin besagt er aber, dass die Fourier-Transformation als Abbildung von der Menge der normierten Maße auf $\mathbb{R}^n$ zur Menge der komplexwertigen Funktionen auf $\mathbb{R}^n$ mit den Eigenschaften (C1) bis (C5) surjektiv ist. Es wird sich noch ergeben, dass sie auch injektiv, insgesamt also invertierbar ist. Bevor wir das zeigen können, müssen wir aber noch aus beweistechnischen Gründen Beispiele bearbeiten.

10.2 Beispiele

Die Binomialverteilung $\beta_{n,p}$ (Definition 2.1) ist ein normiertes Maß auf $\mathbb{R}$ mit den Atomen $l = 0, 1, 2, \ldots, n$ mit den Massen $m_l = \binom{n}{l} p^l (1-p)^{n-l}$. Entsprechend den Überlegungen im vorigen Abschnitt im Rahmen von Fall 1 hat $\beta_{n,p}$ die charakteristische Funktion

$$\hat{\beta}_{n,p}(y) = \sum_{l=0}^{n} m_l e^{ily} = \sum_{l=0}^{n} \binom{n}{l} p^l (1-p)^{n-l} e^{ily} = \sum_{l=0}^{n} \binom{n}{l} (pe^{iy})^l (1-p)^{n-l}$$
$$= (pe^{iy} + 1 - p)^n.$$

Wir registrieren das Ergebnis als

Satz 10.2

Die Binomialverteilung $\beta_{n,p}$ auf $\mathbb{R}$ hat die charakteristische Funktion

$$\hat{\beta}_{n,p}(y) = (1 + p(e^{iy} - 1))^n.$$

Für die Bearbeitung der beiden nächsten Beispiele benötigen wir Hilfsmittel aus der Theorie der komplexwertigen Funktionen einer komplexen Variablen, deren Kenntnis wir hier voraussetzen.

Satz 10.3

Die Cauchy-Verteilung $\gamma_{m,d}$ auf $\mathbb{R}$ hat die charakteristische Funktion

$$\hat{\gamma}_{m,d}(y) = e^{imy - d|y|}.$$

Beweis. Für $y = 1$ gilt

$$\hat{\gamma}_{m,d}(1) = \int_{-\infty}^{+\infty} e^{ix} \frac{d}{\pi(d^2 + (x-m)^2)} dx = \frac{d}{\pi} \int_{-\infty}^{+\infty} \frac{e^{ix}}{d^2 + (x-m)^2} dx.$$

Dieses Integral lässt sich mit dem Residuenkalkül der Funktionentheorie berechnen. Das Polynom im Nenner hat in der oberen Halbebene die Nullstelle $x_0 = m + di$ mit dem Residuum

$$\left. \frac{e^{ix}}{x - m + di} \right|_{x=m+di} = \frac{e^{-d+im}}{2di}.$$

Damit ergibt sich

$$\hat{\gamma}_{m,d}(1) = \frac{d}{\pi}(2\pi i) \frac{e^{-d+im}}{2di} = e^{im-d}.$$

Für positives y erhalten wir durch Variablensubstitution im Integral

$$\hat{\gamma}_{m,d}(y) = \int_{-\infty}^{+\infty} e^{ixy} \frac{yd}{\pi((yd)^2 + (xy - my)^2)} y dx = \hat{\gamma}_{my,yd}(1) = e^{imy - yd}.$$

Für negative y heißt das

$$\hat{\gamma}_{m,d}(y) = -\int_{-\infty}^{+\infty} e^{i(-x)(-y)} \frac{(-y)d}{\pi((-yd)^2 + ((-x)(-y) - (-m)(-y))^2)} (-y)d(-x)$$

$$= \hat{\gamma}_{-m,d}(-y) = e^{i(-m)(-y) - d(-y)} = e^{imy - d|y|}.$$

Satz 10.4

> *Die Normalverteilung ν_{m,d^2} mit Erwartungswert m und Varianz d^2 hat die charakteristische Funktion*
>
> $$\hat{\nu}_{m,d^2}(y) = e^{imy - d^2 y^2/2}.$$

Beweis. Wenn man die holomorphe Funktion $f(z) = e^{-z^2/2}$ in der komplexen Ebene entlang den Kanten des Rechtecks mit den Eckpunkten $\pm R$ ($R > 0$) und $\pm R - yi$ ($y > 0$) integriert, liefert der Integralsatz von Cauchy für das Kurvenintegral die Zahl 0. Es gilt also

$$0 = -\int_{-R}^{R} e^{-t^2/2} dt - i \int_{-y}^{0} e^{-(-R+ti)^2/2} dt + \int_{-R}^{R} e^{-(t-yi)^2/2} dt + i \int_{-y}^{0} e^{-(R+ti)^2/2} dt$$

für alle positiven Zahlen R. Wir bilden den Grenzwert für $R \to \infty$. Das erste Integral konvergiert gegen $\sqrt{2\pi}$. Die Integranden des zweiten und des vierten Integrals konvergieren gleichmäßig gegen 0, deshalb konvergieren diese Integrale gegen 0. Es ergibt sich also

$$\sqrt{2\pi} = \int_{-\infty}^{+\infty} e^{-t^2/2 + tyi} dt \cdot e^{y^2/2},$$

oder anders angeordnet

$$\int_{-\infty}^{+\infty} e^{tyi} \cdot \frac{1}{\sqrt{2\pi}} e^{-t^2/2} dt = e^{-y^2/2}.$$

Das heißt

$$\hat{\nu}_{0,1}(y) = e^{-y^2/2}$$

wie angekündigt. Das verallgemeinern wir jetzt durch Variablentransformation zu

$$\hat{v}_{m,d^2}(y) = \int_{-\infty}^{+\infty} e^{ixy} \cdot \frac{1}{\sqrt{2\pi d^2}} e^{-(x-m)^2/(2d^2)} dx = \int_{-\infty}^{+\infty} e^{i(td+m)y} \cdot \frac{1}{\sqrt{2\pi}} e^{-t^2/2} dt$$

$$= e^{imy} \int_{-\infty}^{+\infty} e^{it(yd)} \frac{1}{\sqrt{2\pi}} e^{-t^2/2} dt = e^{imy} \hat{v}_{0,1}(yd) = e^{imy - d^2 y^2/2}.$$

Jetzt geht es darum, dieses letzte Ergebnis auf den mehrdimensionalen Fall zu verallgemeinern. Zu bestimmen ist die charakteristische Funktion $\hat{v}_{a,C}$ einer Normalverteilung $v_{a,C}$ auf $\mathbb{R}^n$, erzeugt durch die Dichte

$$\varphi(x) = \frac{\sqrt{\det B}}{\sqrt{2\pi}^n} e^{-\frac{1}{2}(x-a)\cdot B(x-a)}$$

mit der positiv definiten symmetrischen Matrix $B = C^{-1}$. Im Abschn. 3.2 hatten wir geklärt, dass das n-Tupel $a = (a_1, \ldots, a_n)$ aus den Erwartungswerten der Komponenten der $v_{a,C}$-verteilten Zufallsvariablen besteht und dass die Elemente von $C = B^{-1}$ die Kovarianzen dieser Komponenten sind.

Satz 10.5

Die Normalverteilung $v_{a,C}$ auf $\mathbb{R}^n$ mit der Dichte

$$\varphi(x) = \frac{\sqrt{\det C^{-1}}}{\sqrt{2\pi}^n} e^{-\frac{1}{2}(x-a)\cdot C^{-1}(x-a)}$$

hat die charakteristische Funktion

$$\hat{v}_{a,C}(y) = e^{ia\cdot y - \frac{1}{2} y\cdot Cy}.$$

Beweis. Die charakteristische Funktion $\hat{v}_{a,C}$ ist definiert als

$$\hat{v}_{a,C}(y) = \int_{\mathbb{R}^n} e^{ix\cdot y} \frac{\sqrt{\det B}}{\sqrt{2\pi}^n} e^{-\frac{1}{2}(x-a)\cdot B(x-a)} dx.$$

Die positiv definite Matrix B lässt sich mit einer geeigneten Drehmatrix U darstellen als Produkt $B = U^T D U$ mit einer Diagonalmatrix D mit positiven Diagonalelementen, die wir mit $1/(d_1)^2, \ldots, 1/(d_n)^2$ bezeichnen. Durch die Substitution $z = U(x - a)$ ändert sich die Formel für $\hat{v}_{a,C}$ zu

$$\hat{v}_{a,C}(y) = \frac{\sqrt{\det B}}{\sqrt{2\pi}^n} \int_{\mathbb{R}^n} e^{ix \cdot y} e^{-\frac{1}{2} U(x-a) \cdot DU(x-a)} dx$$

$$= \frac{\sqrt{\det D}}{\sqrt{2\pi}^n} e^{ia \cdot y} \int_{\mathbb{R}^n} e^{iz \cdot Uy} e^{-\frac{1}{2} z \cdot Dz} dz$$

$$= e^{ia \cdot y} \prod_{k=1}^{n} \frac{1}{\sqrt{2\pi (d_k)^2}} \int_{-\infty}^{+\infty} \exp\left[-\frac{(z_k)^2}{2(d_k)^2} + iz_k \sum_{j=1}^{n} u_{kj} y_j \right] dz_k$$

$$= e^{ia \cdot y} \prod_{k=1}^{n} \hat{v}_{0,(d_k)^2} \left(\sum_{j=1}^{n} u_{kj} y_j \right)$$

$$= e^{ia \cdot y} \prod_{k=1}^{n} \exp\left[-\frac{1}{2} (d_k)^2 \left(\sum_{j=1}^{n} u_{kj} y_j \right)^2 \right]$$

$$= e^{ia \cdot y} \exp\left[-\frac{1}{2} \sum_{k=1}^{n} (d_k)^2 \left(\sum_{j=1}^{n} u_{kj} y_j \right)^2 \right].$$

Die Doppelsumme lässt sich wie gewünscht als $y \cdot Cy$ deuten, denn es gilt tatsächlich

$$y \cdot Cy = y \cdot B^{-1} y = y \cdot U^T D^{-1} Uy = Uy \cdot D^{-1} Uy = \sum_{k=1}^{n} (d_k)^2 \left(\sum_{j=1}^{n} u_{kj} y_j \right)^2.$$

Die folgende Operation mit Maßen ist uns schon im Abschn. 3.5 im Zusammenhang mit der Addition unabhängiger Zufallsvariabler begegnet. Ihre allgemeingültige Definition war in dieser Situation aber noch nicht möglich, weil der Begriff des Maßes noch nicht zur Verfügung stand.

Definition 10.2 Die **Faltung** von zwei normierten Maßen μ_1 und μ_2 auf $\mathbb{R}$ ist das normierte Maß $\mu_1 * \mu_2$, definiert durch

$$(\mu_1 * \mu_2)(B) = (\mu_1 \times \mu_2)(\{(x, y) \in \mathbb{R}^2 : \quad x + y \in B\})$$

für Borel-Mengen B von $\mathbb{R}$. ◆

Die im Abschn. 3.5 gewonnenen Erkenntnisse liefern die Beispiele

$$v_{a,c^2} * v_{b,d^2} = v_{a+b,c^2+d^2}$$

$$\chi_n^2 * \chi_m^2 = \chi_{n+m}^2$$

$$\beta_{n,p} * \beta_{m,p} = \beta_{n+m,p}.$$

Aus der Definition der Faltung ist abzulesen, dass $\mu_1 * \mu_2$ das Bildmaß des Produktmaßes $\mu_1 \times \mu_2$ bzgl. der Abbildung $(x, y) \mapsto (x + y)$ ist. Auf dieser Interpretation der Faltung beruht der folgende Satz.

Satz 10.6

Die charakteristische Funktion der Faltung $\mu_1 * \mu_2$ ist das punktweise Produkt der beiden charakteristischen Funktionen $\hat{\mu}_1$ und $\hat{\mu}_2$.

Beweis. Nach der Transformationsregel Satz 7.5 gilt

$$\widehat{\mu_1 * \mu_2}(t) = \int_{-\infty}^{+\infty} e^{itz}(\mu_1 * \mu_2)(dz) = \int_{-\infty}^{+\infty} \int_{-\infty}^{+\infty} e^{it(x+y)}\mu_1(dx)\mu_2(dy)$$

$$= \int_{-\infty}^{+\infty} e^{itx}\mu_1(dx) \int_{-\infty}^{+\infty} e^{ity}\mu_2(dy) = \hat{\mu}_1(t)\hat{\mu}_2(t).$$

10.3 Eindeutigkeitssatz

Wir wollen jetzt zeigen, dass die Fourier-Transformation, die jedem normierten Maß auf $\mathbb{R}^n$ seine charakteristische Funktion zuordnet, injektiv ist, dass also verschiedene Maße auch verschiedene charakteristische Funktionen haben, was ja durch die Bezeichnung „charakteristische Funktion" auch suggeriert wird. In dem Fall, dass das Maß auf $\mathbb{R}$ eine stetige Dichte hat, lässt sich diese Dichte sogar mit einer expliziten Formel aus der charakteristischen Funktion dieses Maßes rekonstruieren. Um das zu zeigen, ist die folgende Eigenschaft charakteristischer Funktionen von normierten Maßen auf $\mathbb{R}$ nützlich.

Satz 10.7

Die charakteristische Funktion $\hat{\mu}$ eines normierten Maßes μ auf $\mathbb{R}$ erfüllt die Gleichung

$$\frac{1}{2\pi} \int_{-\infty}^{+\infty} e^{-isx}\hat{\mu}(s)e^{-c^2s^2/2}ds = \int_{-\infty}^{+\infty} \frac{1}{\sqrt{2\pi c^2}}e^{-(x-y)^2/(2c^2)}\mu(dy)$$

für alle reellen Zahlen c und x.

Beweis. Aus

$$\frac{1}{\sqrt{2\pi/c^2}} \int_{-\infty}^{+\infty} e^{-c^2s^2/2}e^{is(y-x)}ds = \hat{v}_{0,1/c^2}(y-x) = e^{-(y-x)^2/(2c^2)}$$

folgt

$$\frac{1}{2\pi} \int_{-\infty}^{+\infty} e^{-isx} \left(\int_{-\infty}^{+\infty} e^{isy} \mu(dy) \right) e^{-c^2 s^2/2} ds$$

$$= \int_{-\infty}^{+\infty} \frac{1}{\sqrt{2\pi c^2}} \cdot \frac{1}{\sqrt{2\pi/c^2}} \left(\int_{-\infty}^{+\infty} e^{-c^2 s^2/2} e^{is(y-x)} ds \right) \mu(dy)$$

$$= \int_{-\infty}^{+\infty} \frac{1}{\sqrt{2\pi c^2}} e^{-(y-x)^2/(2c^2)} \mu(dy).$$

Satz 10.8

Das normierte Maß μ sei durch eine stetige Dichte φ erzeugt. Dann lässt sich diese Dichte aus der charakteristischen Funktion

$$\hat{\mu}(s) = \int_{-\infty}^{+\infty} e^{isx} \varphi(x) dx$$

durch die Formel

$$\varphi(x) = \frac{1}{2\pi} \int_{-\infty}^{+\infty} \hat{\mu}(s) e^{-isx} ds$$

zurückgewinnen.

Beweis. Das von c und x abhängige Integral

$$I(c,x) = \frac{1}{2\pi} \int_{-\infty}^{+\infty} \hat{\mu}(s) e^{-isx} e^{-c^2 s^2/2} ds$$

konvergiert für $c \to 0$ nach Satz 7.8 gegen

$$\lim_{c \to 0} I(c,x) = \frac{1}{2\pi} \int_{-\infty}^{+\infty} \hat{\mu}(s) e^{-isx} \lim_{c \to 0} e^{c^2 s^2/2} ds = \frac{1}{2\pi} \int_{-\infty}^{+\infty} \hat{\mu}(s) e^{-isx} ds.$$

Andererseits lässt sich $I(c,x)$ nach Satz 10.7 darstellen als

$$I(c,x) = \int_{-\infty}^{+\infty} \frac{1}{\sqrt{2\pi c^2}} e^{-(x-y)^2/(2c^2)} \mu(dy)$$

$$= \frac{1}{\sqrt{2\pi c^2}} \int_{-\infty}^{+\infty} e^{-(x-y)^2/(2c^2)} \varphi(y) dy - \frac{1}{\sqrt{2\pi c^2}} \int_{-\infty}^{+\infty} e^{-(x-y)^2/(2c^2)} dy \varphi(x) + \varphi(x)$$

$$= \int_{-\infty}^{+\infty} \frac{\varphi(y) - \varphi(x)}{\sqrt{2\pi c^2}} e^{-(x-y)^2/(2c^2)} dy + \varphi(x).$$

Es bleibt jetzt also nur noch zu zeigen, dass das letzte Integral für $c \to 0$ gegen 0 konvergiert. Zu $\varepsilon > 0$ können wir wegen der Stetigkeit von φ ein $\delta > 0$ finden, sodass $|x - y| < \delta$ die Abschätzung $|\varphi(x) - \varphi(y)| < \varepsilon/2$ und damit

$$\left| \int_{|x-y|<\delta} \frac{\varphi(y) - \varphi(x)}{\sqrt{2\pi c^2}} e^{-(x-y)^2/(2c^2)} dy \right| < \frac{\varepsilon}{2} \frac{1}{\sqrt{2\pi c^2}} \int_{-\infty}^{+\infty} e^{-(x-y)^2/(2c^2)} dy = \frac{\varepsilon}{2}$$

erzwingt. Außerhalb des Intervalls $(x - \delta, x + \delta)$ gilt

$$\left| \int_{|x-y|\geq\delta} \frac{\varphi(x)}{\sqrt{2\pi c^2}} e^{-(x-y)^2/(2c^2)} dy \right| = \varphi(x) \int_{|s|>c\delta} e^{-s^2/2} ds < \frac{\varepsilon}{4}$$

für $c > c_1$. Zur Begründung von

$$\left| \int_{|x-y|\geq\delta} \frac{\varphi(y)}{\sqrt{2\pi c^2}} e^{-(x-y)^2/(2c^2)} dy \right| < \frac{\varepsilon}{4}$$

für $c > c_2$ berufen wir uns auf

$$\int_{-\infty}^{+\infty} \varphi(x) dx = 1 \qquad \text{und} \qquad \lim_{c\to 0} \frac{1}{\sqrt{2\pi c^2}} e^{-(x-y)^2/(2c^2)} = 0$$

für $|x - y| \geq \delta$. Insgesamt haben wir

$$\left| \int_{-\infty}^{+\infty} \frac{\varphi(y) - \varphi(x)}{\sqrt{2\pi c^2}} e^{-(x-y)^2/(2c^2)} dy \right| < \varepsilon$$

und damit die gewünschte Konvergenz gezeigt.

Jetzt lassen wir die Einschränkung, dass das normierte Maß μ durch eine stetige Dichte erzeugt ist, fallen. Um zu zeigen, dass auch dann noch verschiedene Maße auch verschiedene charakteristische Funktionen haben, benötigen wir den folgenden

Satz 10.9

Es sei $a < b$, ε positiv und das Maß γ_ε auf $\mathbb{R}$ sei erzeugt durch die Dichte

$$g_\varepsilon(x) = \begin{cases} 0 & \text{für} \quad x \leq a - \varepsilon \\ \frac{x-a}{\varepsilon} + 1 & \text{für} \quad a - \varepsilon \leq x \leq a \\ 1 & \text{für} \quad a \leq x \leq b \\ \frac{x-b}{-\varepsilon} + 1 & \text{für} \quad b \leq x \leq b + \varepsilon \\ 0 & \text{für} \quad b + \varepsilon \leq x. \end{cases}$$

> *Dann ist die charakteristische Funktion*
>
> $$\hat{\gamma}_\varepsilon(t) = \int_{-\infty}^{+\infty} e^{itx}\gamma_\varepsilon(dx)$$
>
> *auf* $\mathbb{R}$ *Lebesgue-integrierbar.*

Beweis. Die Funktion $\hat{\gamma}_\varepsilon$ auf $\mathbb{R}$ ist die Summe

$$\hat{\gamma}_\varepsilon(t) = \int_a^b e^{itx}dx + \frac{1}{\varepsilon}\int_{a-\varepsilon}^a (x-a+\varepsilon)e^{itx}dx + \frac{1}{\varepsilon}\int_b^{b+\varepsilon}(b-x+\varepsilon)e^{itx}dx.$$

Der zweite Summand wird durch die Substitution $x-a+\varepsilon = y$ und anschließende partielle Integration zu

$$\frac{1}{\varepsilon}\int_{a-\varepsilon}^a (x-a+\varepsilon)e^{itx}dx = \frac{1}{\varepsilon}\int_0^\varepsilon ye^{it(y+a-\varepsilon)}dy = \frac{1}{\varepsilon}\int_0^\varepsilon ye^{ity}dy \cdot \frac{e^{ita}}{e^{it\varepsilon}}$$

$$= \frac{1}{\varepsilon}\left(\frac{y}{it}e^{ity}\Big|_0^\varepsilon - \int_0^\varepsilon \frac{1}{it}e^{ity}dy\right)\frac{e^{ita}}{e^{it\varepsilon}} = \frac{1}{\varepsilon}\left(\frac{\varepsilon}{it}e^{it\varepsilon} - \frac{1}{-t^2}e^{ity}\Big|_0^\varepsilon\right)\frac{e^{ita}}{e^{it\varepsilon}}$$

$$= \frac{e^{ita}}{it} + \frac{e^{ita}}{\varepsilon t^2} - \frac{e^{ita}}{\varepsilon t^2 e^{it\varepsilon}} = \frac{e^{ita}}{it} + \frac{e^{ita} - e^{it(a-\varepsilon)}}{\varepsilon t^2}.$$

Analog wird aus dem dritten Summanden

$$\frac{1}{\varepsilon}\int_b^{b+\varepsilon}(b-x+\varepsilon)e^{itx}ds = \frac{1}{\varepsilon}\int_{-\varepsilon}^0 (-z)e^{it(b+\varepsilon+z)}dz = \frac{1}{\varepsilon}\int_{-\varepsilon}^0(-z)e^{itz}dz \cdot e^{itb}e^{it\varepsilon}$$

$$= \frac{1}{\varepsilon}\left(\frac{-z}{it}e^{itz}\Big|_{-\varepsilon}^0 - \int_{-\varepsilon}^0 \frac{-e^{itz}}{it}dz\right)e^{itb}e^{it\varepsilon}$$

$$= \frac{1}{\varepsilon}\left(-\frac{\varepsilon}{it}e^{it(-\varepsilon)} - \frac{-e^{itz}}{-t^2}\Big|_{-\varepsilon}^0\right)e^{itb}e^{it\varepsilon}$$

$$= -\frac{e^{itb}}{it} - \frac{e^{itb}e^{it\varepsilon}}{\varepsilon t^2} + \frac{e^{itb}}{\varepsilon t^2} = -\frac{e^{itb}}{it} + \frac{e^{itb} - e^{it(b+\varepsilon)}}{\varepsilon t^2}.$$

Da der erste Summand

$$\int_a^b e^{itx}dx = \frac{e^{itx}}{it}\Big|_a^b = \frac{e^{itb}}{it} - \frac{e^{ita}}{it}$$

ist, haben wir als Summe

$$\hat{\gamma}_\varepsilon(t) = \frac{e^{ita} - e^{it(a-\varepsilon)} + e^{itb} - e^{it(b+\varepsilon)}}{\varepsilon t^2}$$

erhalten. Folglich gilt für alle t die Abschätzung $|\hat{\gamma}_\varepsilon(t)| \le 4/(\varepsilon t^2)$. Außerdem gilt auch für alle t

$$|\hat{\gamma}_\varepsilon(t)| = \left| \int_{-\infty}^{+\infty} e^{itx} g_\varepsilon(x) dx \right| \le \int_{a-\varepsilon}^{b+\varepsilon} g_\varepsilon(x) dx = b - a + \varepsilon.$$

Die Kombination dieser beiden Abschätzungen liefert die integrierbare Funktion $t \mapsto \min\{b - a + \varepsilon, 4/(\varepsilon t^2)\}$ als Majorante der Funktion $t \mapsto |\hat{\gamma}_\varepsilon(t)|$. Damit ist auch $|\hat{\gamma}_\varepsilon|$ und somit auch $\hat{\gamma}_\varepsilon$ auf $\mathbb{R}$ integrierbar.

Satz 10.10

Wenn zwei normierte Maße μ_1 und μ_2 auf $\mathbb{R}$ die gleiche charakteristische Funktion haben, müssen sie gleich sein.

Beweis. Wir bearbeiten zunächst den besonders wichtigen Spezialfall $n = 1$. Da die abgeschlossenen Intervalle $[a, b]$ die σ-Algebra der Borel-Mengen erzeugen, genügt es, die Gleichung

$$\mu_1([a, b]) = \mu_2([a, b])$$

zu zeigen. Für die beiden Integrale zu der in der Formulierung von Satz 10.9 eingeführten Funktion g_ε gilt wegen der Lebesgue-Integrierbarkeit nach Satz 10.8 die Darstellung

$$\int_{-\infty}^{+\infty} g_\varepsilon(x) \mu_1(dx) = \int_{-\infty}^{+\infty} \frac{1}{2\pi} \int_{-\infty}^{+\infty} \hat{\gamma}_\varepsilon(s) e^{-isx} ds \mu_1(dx)$$

$$= \frac{-1}{2\pi} \int_{-\infty}^{+\infty} \hat{\gamma}_\varepsilon(-t) \int_{-\infty}^{+\infty} e^{itx} \mu_1(dx) dt = \frac{-1}{2\pi} \int_{-\infty}^{+\infty} \hat{\gamma}_\varepsilon(-t) \hat{\mu}_1(t) dt$$

und genauso

$$\int_{-\infty}^{+\infty} g_\varepsilon(x) \mu_2(dx) = \frac{-1}{2\pi} \int_{-\infty}^{+\infty} \hat{\gamma}_\varepsilon(-t) \hat{\mu}_2(t) dt.$$

Die Gleichheit der beiden charakteristischen Funktionen $\hat{\mu}_1$ und $\hat{\mu}_2$ impliziert also die Gleichung

$$\int_{-\infty}^{+\infty} g_\varepsilon(x) \mu_1(dx) = \int_{-\infty}^{+\infty} g_\epsilon(x) \mu_2(dx)$$

für alle positiven ε und damit durch Grenzübergang für $\epsilon \to 0$ nach Satz 7.8 schließlich

$$\mu_1([a,b]) = \mu_2([a,b]).$$

Im allgemeinen Fall einer natürlichen Zahl n müssen wir die Gleichheit der Maße μ_1 und μ_2 von Quadern

$$Q = [a_1, b_1] \times \cdots \times [a_n, b_n]$$

nachweisen. Wir benutzen hier jetzt die Vektorschreibweisen $x = (x_1, \ldots, x_n)$, $s = (s_1, \ldots, s_n)$ und $t = (t_1, \ldots, t_n)$. Es seien $\mu_{k,1}$ und $\mu_{k,2}$ die Bildmaße von μ_1 bzw. μ_2 bezüglich der Projektion $(x_1, \ldots, x_n) \mapsto x_k$. Genauso wie wir im Spezialfall $n = 1$ mit a, b und ε die Funktion g_ε definiert haben, konstruieren wir jetzt aus a_k, b_k und ε Funktionen $g_{1,\varepsilon}, \ldots, g_{n,\varepsilon}$. Jede dieser Funktionen erzeugt als Dichte ein Maß $\gamma_{k,\varepsilon}$ auf $\mathbb{R}$ und dazu eine Funktion

$$\hat{\gamma}_{k,\varepsilon}(t_k) = \int_{-\infty}^{+\infty} e^{it_k x_k} \gamma_{k,\varepsilon}(dx_k).$$

Das von der Produktfunktion

$$g_\varepsilon(x) = g_{1,\varepsilon}(x_1) \cdot \cdots \cdot g_{n,\varepsilon}(x_n)$$

als Dichte erzeugte Maß γ_ε ist das Produktmaß von $\gamma_{1,\varepsilon}, \ldots, \gamma_{n,\varepsilon}$ und liefert auf $\mathbb{R}^n$ eine Funktion

$$\hat{\gamma}_\varepsilon(t) = \int_{\mathbb{R}^n} e^{itx} \gamma_\varepsilon(dx) = \prod_{k=1}^{n} \int_{-\infty}^{+\infty} e^{it_k x_k} \gamma_{k,\varepsilon}(dx_k) = \prod_{k=1}^{n} \hat{\gamma}_{k,\varepsilon}(t_k).$$

Nach der schon im Spezialfall $n = 1$ demonstrierten Logik ergibt sich

$$\int_{\mathbb{R}^n} g_\varepsilon(x) \mu_1(dx)7 = \prod_{k=1}^{n} \int_{-\infty}^{+\infty} g_{k,\varepsilon}(x_k) \mu_{k,1}(dx_k)$$

$$= \prod_{k=1}^{n} \int_{-\infty}^{+\infty} \frac{1}{2\pi} \int_{-\infty}^{+\infty} \hat{\gamma}_{k,\varepsilon}(s_k) e^{-is_k x_k} ds_k \mu_{k,1}(dx_k)$$

$$= \left(\frac{-1}{2\pi}\right)^n \prod_{k=1}^{n} \int_{-\infty}^{+\infty} \hat{\gamma}_{k,\varepsilon}(-t_k) \int_{-\infty}^{+\infty} e^{it_k x_k} \mu_{k,1}(dx_k) dt_k$$

$$= \left(\frac{-1}{2\pi}\right)^n \prod_{k=1}^{n} \int_{-\infty}^{+\infty} \hat{\gamma}_{k,\varepsilon}(-t_k) \hat{\mu}_{k,1}(t_k) dt_k = \left(\frac{-1}{2\pi}\right)^n \int_{\mathbb{R}^n} \hat{\gamma}_\varepsilon(-t) \hat{\mu}_1(t) dt$$

und genauso

$$\int_{\mathbb{R}^n} g_\varepsilon(x)\mu_2(dx) = \left(\frac{-1}{2\pi}\right)^n \int_{\mathbb{R}^n} \hat{\gamma}_\varepsilon(-t)\hat{\mu}_2(t)dt,$$

zusammen also

$$\int_{\mathbb{R}^n} g_\varepsilon(x)\mu_1(dx) = \int_{\mathbb{R}^n} g_\varepsilon(x)\mu_2(dx)$$

und durch Grenzübergang $\varepsilon \to 0$ schließlich $\mu_1(Q) = \mu_2(Q)$.

10.4   Schwache Konvergenz

Definition 10.3 Eine Folge von normierten Borel-Maßen μ_n auf $\mathbb{R}$ **konvergiert schwach** gegen ein Maß μ, wenn für jedes Paar reeller Zahlen $a < b$ mit $\mu(\{a\}) = \mu(\{b\}) = 0$

$$\lim_{n\to\infty} \mu_n([a,b)) = \mu([a,b))$$

gilt.   ♦

Eine Folge normierter Maße auf $\mathbb{R}$ kann nicht gegen verschiedene Maße schwach konvergieren, denn die Werte eines solchen schwachen Limes sind durch die in der Definition formulierte Grenzwertbildung für alle endlichen Vereinigungen solcher Intervalle festgelegt, und das Mengensystem solcher Vereinigungen ist offenbar ein Ring. Nach Satz 6.3 müssen dann diese Maße auch für alle Borel-Mengen übereinstimmen. Offenbar gilt für den schwachen Limes $\mu(\mathbb{R}) \leq 1$. Das folgende Beispiel zeigt, dass tatsächlich auch $\mu(\mathbb{R}) < 1$ sein kann.

Beispiel Für eine Folge reeller Zahlen x_n mit $\lim_{n\to\infty} x_n = \infty$ konvergiert die Folge der Maße

$$\delta_{x_n}(B) = \begin{cases} 1 & \text{für} \quad x_n \in B \\ 0 & \text{für} \quad x_n \notin B \end{cases}$$

schwach gegen das Maß $\mu = 0$, denn für jedes Intervall $[a,b)$ gilt

$$\lim_{n\to\infty} \delta_{x_n}([a,b)) = 0.$$

Definition 10.4 Die schwache Konvergenz der Folge normierter Maße μ_n gegen das Maß μ ist **eigentlich**, wenn μ wieder ein normiertes Maß ist.   ♦

Wenn die schwache Konvergenz der Maße μ_n gegen μ eigentlich ist, gilt auch

$$\lim_{n \to \infty} \mu_n([a, \infty)) = \mu([a, \infty))$$

und

$$\lim_{n \to \infty} \mu_n((-\infty, b)) = \mu((-\infty, b)).$$

Das lässt sich folgendermaßen begründen:

Aus

$$\mu_n([a, \infty)) \geq \mu_n([a, m)) \qquad \text{für} \qquad m, n \in \mathbb{N}$$

folgt wegen der schwachen Konvergenz

$$\liminf_{n \to \infty} \mu_n([a, \infty)) \geq \liminf_{n \to \infty} \mu_n([a, m)) = \mu([a, m))$$

für alle $m \in \mathbb{N}$ und damit

$$\liminf_{n \to \infty} \mu_n([a, \infty)) \geq \mu([a, \infty)).$$

Analog lässt sich auch

$$\liminf_{n \to \infty} \mu_n((-\infty, a)) \geq \mu((-\infty, a))$$

zeigen. Andererseits gelten wegen $\mu(\mathbb{R}) = 1$ auch die Abschätzungen

$$\limsup_{n \to \infty} \mu_n([a, \infty)) = \limsup_{n \to \infty} (1 - \mu_n((-\infty, a))) = 1 - \liminf_{n \to \infty} \mu_n((-\infty, a))$$

$$\leq 1 - \mu((-\infty, a)) = \mu([a, \infty))$$

und analog

$$\limsup_{n \to \infty} \mu_n((-\infty, a)) \leq \mu((-\infty, a)),$$

insgesamt also

$$\lim_{n \to \infty} \mu_n([a, \infty)) = \mu([a, \infty)) \quad \text{und} \quad \lim_{n \to \infty} \mu_n((-\infty, a)) = \mu((-\infty, a)).$$

Wir bestätigen jetzt, dass der hier eingeführte Begriff der schwachen Konvergenz von Maßen dem in der Funktionalanalysis üblichen Begriff der schwachen Konvergenz von stetigen Linearformen entspricht. Hier bezeichne $\mathbb{C}_b(\mathbb{R})$ den $\mathbb{C}_0(\mathbb{R})$ umfassenden Raum der auf $\mathbb{R}$ beschränkten stetigen Funktionen.

Satz 10.11

> *Wenn die Folge der normierten Maße μ_n auf $\mathbb{R}$ schwach gegen das Maß μ konvergiert, dann gilt für jede Funktion $f \in \mathbb{C}_0(\mathbb{R})$ die Konvergenz*
>
> $$(K) \qquad \lim_{n \to \infty} \int_{-\infty}^{+\infty} f(x)\mu_n(dx) = \int_{-\infty}^{+\infty} f(x)\mu(dx).$$
>
> *Wenn μ auch normiert ist, gilt (K) sogar für alle Funktionen $f \in \mathbb{C}_b(\mathbb{R})$. Wenn umgekehrt (K) für alle $f \in \mathbb{C}_0(\mathbb{R})$ gilt, dann konvergieren die Maße μ_n schwach gegen μ. Wenn (K) sogar für alle $\mathbb{C}_b(\mathbb{R})$ gilt, dann ist μ ein normiertes Maß.*

Beweis. Die Folge der Maße μ_n konvergiere schwach gegen das normierte Maß μ und die stetige Funktion f sei beschränkt mit $|f(x)| < M$. Zur positiven Zahl ε wählen wir ein Intervall $I = [a, b]$ mit $\mu(\{a\}) = \mu(\{b\}) = 0$ und $\mu(I) > 1 - \varepsilon$. Weil f auf I gleichmäßig stetig ist, können wir I in Intervalle $I_k = [a_{k-1}, a_k)$ mit

$$a = a_0 < a_1 < \cdots < a_m = b$$

und $\mu(\{a_k\}) = 0$ zerlegen, sodass sich die Funktionswerte von f auf jedem dieser Intervalle I_k um weniger als ε unterscheiden. Wir wählen Zahlen x_k mit $a_{k-1} < x_k < a_k$ und definieren damit die Treppenfunktion

$$g(x) = \begin{cases} f(x_k) & \text{für} \quad x \in I_k \\ 0 & \text{für} \quad x \notin I. \end{cases}$$

Damit haben wir die Abschätzung

$$\left| \int_{-\infty}^{+\infty} f(x)\mu(dx) - \int_{-\infty}^{+\infty} g(x)\mu(dx) \right| < \varepsilon + M\varepsilon$$

erzwungen. Wegen der schwachen Konvergenz muss für große n

$$\mu_n(I) > \mu(I) - \varepsilon > 1 - 2\varepsilon$$

gelten. Daraus folgt für solche n analog

$$\left| \int_{-\infty}^{+\infty} f(x)\mu_n(dx) - \int_{-\infty}^{+\infty} g(x)\mu_n(dx) \right| < \varepsilon + 2M\varepsilon.$$

Die Integrale über die Treppenfunktion g lassen sich leicht berechnen zu

$$\int_{-\infty}^{+\infty} g(x)\mu(dx) = \sum_{k=1}^{m} f(x_k)\mu(I_k)$$

und

$$\int_{-\infty}^{+\infty} g(x)\mu_n(dx) = \sum_{k=1}^{m} f(x_n)\mu_n(I_k)$$

und ihr Abstand lässt sich wegen der schwachen Konvergenz durch eine Forderung an die Größe von n unter ε drücken. Zusammenfassend ergibt sich für hinreichend große n die Abschätzung

$$\left| \int_{-\infty}^{+\infty} f(x)\mu_n(dx) - \int_{-\infty}^{+\infty} f(x)\mu(dx) \right| \leq \left| \int_{-\infty}^{+\infty} f(x)\mu_n(dx) - \int_{-\infty}^{+\infty} g(x)\mu_n(dx) \right|$$

$$+ \left| \sum_{k=1}^{n} f(x_k)\mu_n(I_k) - \sum_{k=1}^{n} f(x_k)\mu(I_k) \right| + \left| \int_{-\infty}^{+\infty} g(x)\mu(dx) - \int_{-\infty}^{+\infty} f(x)\mu(dx) \right|$$

$$< (\varepsilon + M\varepsilon) + \varepsilon + (\varepsilon + 2M\varepsilon) = 3\varepsilon(M+1),$$

aus der die Konvergenzaussage (K) abzulesen ist.

Jetzt lassen wir die Voraussetzung $\mu(\mathbb{R}) = 1$ fallen und ziehen uns stattdessen zurück auf Funktionen $f \in \mathbb{C}_0(\mathbb{R})$. Das Intervall I wählen wir jetzt unter dem Gesichtspunkt $|f(x)| < \varepsilon$ für $x \notin I$. Die analoge Argumentation liefert jetzt

$$\left| \int_{-\infty}^{+\infty} f(x)\mu_n(dx) - \int_{-\infty}^{+\infty} f(x)\mu(dx) \right| \leq \varepsilon\mu(\mathbb{R}) + \varepsilon + \varepsilon\mu(\mathbb{R}) \leq 3\varepsilon$$

und damit auch wieder die Konvergenz (K).

Umgekehrt erfülle die Folge der normierten Maße μ_n und das Maß μ für jede Funktion $f \in \mathbb{C}_0(\mathbb{R})$ die Konvergenzbedingung (K). Für das Intervall $[a, b)$ gelte $\mu(\{a\}) = 0$ und $\mu(\{b\}) = 0$. Zu positiver Zahl ε wählen wir Zahlen a^*, a^{**}, b^*, b^{**} mit

$$a^* < a < a^{**} < b^{**} < b < b^*$$

und

$$\mu([a, b)) - \varepsilon < \mu([a^{**}, b^{**})) \leq \mu([a, b)) \leq \mu([a^*, b^*)) < \mu([a, b)) + \varepsilon$$

und dazu stetige Funktionen f^* und f^{**} mit den Eigenschaften

$$f^*(x) = 1 \qquad\qquad \text{für} \qquad a \leq x < b,$$
$$f^*(x) = 0 \qquad\qquad \text{für} \qquad x < a^* \quad \vee \quad b^* \leq x,$$
$$0 \leq f^*(x) \leq 1 \quad \text{sonst}$$

und

$$f^{**}(x) = 1 \qquad\qquad \text{für} \qquad a^{**} \leq x < b^{**},$$
$$f^{**}(x) = 0 \qquad\qquad \text{für} \qquad x < a \quad \vee \quad b \leq x,$$
$$0 \leq f^{**}(x) \leq 1 \quad \text{sonst.}$$

Wegen (K) erfüllen diese Funktionen für hinreichend große n die Abschätzungen

$$\mu_n([a,b)) \leq \int_{-\infty}^{+\infty} f^*(x)\mu_n(dx) < \int_{-\infty}^{+\infty} f^*(x)\mu(dx) + \varepsilon$$
$$\leq \mu([a^*,b^*)) + \varepsilon < \mu([a,b)) + 2\varepsilon$$

und

$$\mu_n([a,b)) \geq \int_{-\infty}^{+\infty} f^{**}(x)\mu_n(dx) > \int_{-\infty}^{+\infty} f^{**}(x)\mu(dx) - \varepsilon$$
$$\geq \mu([a^{**},b^{**})) - \varepsilon > \mu([a,b)) - 2\varepsilon.$$

Zusammen heißt das

$$|\mu_n([a,b)) - \mu([a,b))| < 2\varepsilon$$

für große n, also die schwache Konvergenz der Folge der Maße μ_n gegen μ. Wenn (K) sogar für alle stetigen Funktionen $f \in \mathbb{C}_b(\mathbb{R})$ gilt, liefert der Spezialfall $f(x) = 1$ für alle x die Konvergenz

$$\mu(\mathbb{R}) = \int_{-\infty}^{\infty} f(x)\mu(dx) = \lim_{n\to\infty} \int_{-\infty}^{+\infty} f(x)\mu_n(dx) = \lim_{n\to\infty} \mu_n(\mathbb{R}) = 1,$$

also ist μ ein normiertes Maß.

Satz 10.12

> *Wenn die Folge der normierten Maße μ_n auf $\mathbb{R}$ schwach gegen das Maß μ konvergiert,*
> *konvergieren auch die Faltungen $\mu_n * \nu$ mit einem normierten Maß ν schwach gegen die*
> *Faltung $\mu * \nu$.*

Beweis. Weil die Faltungen $\mu_n * \nu$, wie schon im Anschluss an Definition 10.2 erwähnt,
die Bildmaße der Produktmaße $\mu_n \times \nu$ bezüglich der Abbildung $(x, y) \mapsto (x + y)$ sind, gilt
für alle Funktionen $f \in C_0(\mathbb{R})$

$$\int_{-\infty}^{+\infty} f(z)(\mu_n * \nu)(dz) = \int_{-\infty}^{+\infty} \int_{-\infty}^{+\infty} f(x + y)\mu_n(dx)\nu(dy).$$

Der Integrand des äußeren Integrals konvergiert nach Satz 10.11 punktweise gegen das
Integral $\int_{-\infty}^{+\infty} f(x + y)\mu(dx)$ und der Grenzwertsatz von Lebesgue liefert somit die
Konvergenz des Doppelintegrals gegen das Doppelintegral mit dem Produktmaß $\mu \times \nu$.
Also gilt

$$\lim_{n \to \infty} \int_{-\infty}^{+\infty} f(z)(\mu_n \times \nu)(dz) = \int_{-\infty}^{+\infty} f(z)(\mu \times \nu)(dz)$$

und die Faltungen $\mu_n * \nu$ konvergieren nach Satz 10.11 schwach gegen $\mu * \nu$.

Satz 10.13 (Auswahlsatz von Helly).

> *Jede Folge (μ_n) normierter Maße auf $\mathbb{R}$ enthält eine schwach konvergente Teilfolge.*

Beweis. Zu jedem dieser Maße μ_n gehört eine monoton wachsende sogenannte **Verteilungsfunktion**

$$F_n(x) = \mu_n((-\infty, x)).$$

Aus

$$\bigcup_{m=1}^{\infty} (-\infty, x_m) = (-\infty, x) \quad \text{für} \quad x_m \nearrow x$$

folgt

$$\lim_{x \nearrow x_0} F_n(x) = F(x_0),$$

also die linksseitige Stetigkeit von F_n. Natürlich gilt außerdem

$$\lim_{x \to -\infty} F_n(x) = 0 \quad \text{und} \quad \lim_{x \to +\infty} F_n(x) = 1.$$

Es sei $D = \{y_1, y_2, y_3, \ldots\}$ eine in $\mathbb{R}$ dichte (abzählbare) Teilmenge reeller Zahlen. Mit dem folgenden Diagonalverfahren konstruieren wir eine streng monoton wachsende Folge natürlicher Zahlen $n_1, n_2, n_3, \ldots$, sodass die Folge der Einschränkungen der Verteilungsfunktionen $F_{n_1}, F_{n_2}, F_{n_3}, \ldots$ auf D punktweise konvergieren. Die Folge $F_1(y_1), F_2(y_1), F_3(y_1), \ldots$ ist beschränkt und enthält deshalb eine konvergente Teilfolge $F_{n_1^1}(y_1), F_{n_2^1}(y_1), F_{n_3^1}(y_1), \ldots$. Die Folge $F_{n_1^1}(y_2), F_{n_2^1}(y_2), F_{n_3^1}(y_2), \ldots$ ist beschränkt und enthält deshalb eine konvergente Teilfolge $F_{n_1^2}(y_2), F_{n_2^2}(y_2), F_{n_3^2}(y_2), \ldots$. Analog enthält die beschränkte Folge $F_{n_1^2}(y_3), F_{n_2^2}(y_3), F_{n_3^2}(y_3), \ldots$ eine konvergente Teilfolge $F_{n_1^3}(y_3), F_{n_2^3}(y_3), F_{n_3^3}(y_3), \ldots$, usw. Wir setzen $n_k := n_k^k$ und stellen fest, dass alle Zahlenfolgen $F_{n_1}(y_m), F_{n_2}(y_m), F_{n_3}(y_m), \ldots$ konvergieren. Die dadurch auf D definierte Grenzfunktion setzen wir linksseitig stetig auf $\mathbb{R}$ zu einer Funktion F fort, die die Eigenschaften einer Verteilungsfunktion hat. Durch

$$\mu((-\infty, x)) = F(x)$$

und anschließende Fortsetzung auf die σ-Algebra der Borel-Mengen ist ein normiertes Maß μ definiert, gegen das die Teilfolge $(\mu_{n_1}, \mu_{n_2}, \mu_{n_3}, \ldots)$ schwach konvergiert.

Satz 10.14

> *Eine Folge normierter Maße μ_n auf $\mathbb{R}$ konvergiert genau dann schwach gegen das normierte Maß μ, wenn die Folge ihrer charakteristischen Funktionen $\hat{\mu}_n$ punktweise gegen $\hat{\mu}$ konvergiert.*

Beweis. Wenn die Maße μ_n schwach gegen μ konvergieren, dann gilt nach Satz 10.11 für alle y

$$\lim_{n \to \infty} \hat{\mu}_n(y) = \lim_{n \to \infty} \left(\int_{-\infty}^{+\infty} \cos xy \, \mu_n(dx) + i \int_{-\infty}^{+\infty} \sin xy \, \mu_n(dx) \right)$$

$$= \int_{-\infty}^{+\infty} \cos xy \, \mu(dx) + i \int_{-\infty}^{+\infty} \sin xy \, \mu(dx) = \int_{-\infty}^{+\infty} e^{ixy} \mu(dx) = \hat{\mu}(y).$$

Umgekehrt setzen wir jetzt $\hat{\mu}_n(y) \to \hat{\mu}(y)$ für alle y voraus. Nach dem Satz von Lebesgue (Satz 7.8) impliziert das für positive c

$$\lim_{n \to \infty} \frac{1}{2\pi} \int_{-\infty}^{+\infty} e^{ixy} \hat{\mu}_n(y) e^{-\frac{1}{2}c^2 y^2} dy = \frac{1}{2\pi} \int_{-\infty}^{+\infty} e^{ixy} \hat{\mu}(y) e^{-\frac{1}{2}c^2 y^2} dy$$

$$= \int_{-\infty}^{+\infty} \frac{1}{\sqrt{2\pi c^2}} e^{-(x-z)^2/(2c^2)} \mu(dz)$$

nach Satz 10.7. Das letzte Integral ist die Dichte (bzgl. des Lebesgue-Maßes) der Faltung $v_{0,c^2} * \mu$, denn entsprechend Definition 10.2 gilt

$$\int \int_{y+z\in B} v_{0,c^2}(dy)\,\mu(dz) = \int \int_{y+z\in B} \frac{1}{\sqrt{2\pi c^2}} e^{-y^2/(2c^2)} dy\,\mu(dz)$$

$$= \int_{x\in B} \int_{-\infty}^{+\infty} \frac{1}{\sqrt{2\pi c^2}} e^{-(x-z)^2/(2c^2)} dx\,\mu(dz).$$

Genauso sind die Funktionen

$$\frac{1}{2\pi} \int_{-\infty}^{+\infty} e^{ixy} \hat{\mu}_n(y) e^{-\frac{1}{2}c^2 y^2} dy = \int_{-\infty}^{+\infty} \frac{1}{\sqrt{2\pi c^2}} e^{-(x-z)^2/(2c^2)} \mu_n(dz)$$

die Dichten der Faltungen $v_{0,c^2} * \mu_n$. Wir haben also gezeigt, dass die Dichten von $v_{0,c^2} * \mu_n$ für $n \to \infty$ punktweise gegen die Dichte von $v_{0,c^2} * \mu$ konvergieren. Also konvergieren die Maße $v_{0,c^2} * \mu_n$ für alle positiven c schwach gegen $v_{0,c^2} * \mu$. Weil andererseits die Normalverteilungen v_{0,c^2} für $c \to 0$ schwach gegen das durch

$$\delta_0(B) = \begin{cases} 1 & \text{für } 0 \in B \\ 0 & \text{sonst} \end{cases}$$

definierte (atomare) Maß δ_0 konvergieren, haben wir schließlich im Sinne der schwachen Konvergenz nach Satz 10.12

$$\lim_{n\to\infty} \mu_n = \lim_{n\to\infty} (\delta_0 * \mu_n) = \lim_{n\to\infty} ((\lim_{c\to 0} v_{0,c^2}) * \mu_n) = \lim_{n\to\infty} (\lim_{c\to 0} (v_{0,c^2} * \mu_n))$$

$$= \lim_{c\to 0} (\lim_{n\to\infty} (v_{0,c^2} * \mu_n)) = \lim_{c\to 0} (v_{0,c^2} * \mu) = \delta_0 * \mu = \mu$$

erhalten.

10.5 Der Zentrale Grenzwertsatz

Im Mittelpunkt dieses Abschnitts steht die Begründung der schon im Abschn. 2.2 angekündigten besonderen Bedeutung der Normalverteilung. Aus beweistechnischen Gründen starten wir mit dem

Satz 10.15

Das normierte Borel-Maß auf $\mathbb{R}$ habe die Eigenschaften

$$\int_{-\infty}^{+\infty} |x|\mu(dx) < \infty \quad \text{und} \quad \int_{-\infty}^{+\infty} x^2\mu(dx) < \infty.$$

> *Dann ist seine charakteristische Funktion $\hat{\mu}$ zweimal stetig differenzierbar und es gilt*
>
> $$\hat{\mu}'(0) = i \int_{-\infty}^{+\infty} x\mu(dx) \quad und \quad \hat{\mu}''(0) = -\int_{-\infty}^{+\infty} x^2\mu(dx).$$

Beweis. Der Differenzenquotient

$$\frac{\hat{\mu}(t+h) - \hat{\mu}(t)}{h} = \frac{1}{h}\left[\int_{-\infty}^{+\infty} e^{i(t+h)x}\mu(dx) - \int_{-\infty}^{+\infty} e^{itx}\mu(dx)\right] = \int_{-\infty}^{+\infty} e^{itx}\frac{e^{ihx}-1}{h}\mu(dx)$$

ist ein Integral mit einem Integranden, der für $h \to 0$ punktweise gegen $e^{itx}ix$ konvergiert. Weil die Funktion $g(x) = |x|$ als μ-integrierbar vorausgesetzt ist, konvergieren die Integrale für $h \to 0$ nach Satz 7.8 gegen das Integral über den punktweisen Limes und wir erhalten

$$\hat{\mu}'(t) = \lim_{h\to 0}\frac{\hat{\mu}(t+h)-\hat{\mu}(t)}{h} = \int_{-\infty}^{+\infty} ixe^{itx}\mu(dx)$$

und insbesondere

$$\hat{\mu}'(0) = i\int_{-\infty}^{+\infty} x\mu(dx).$$

Durch analoge Überlegungen bekommen wir auch

$$\hat{\mu}''(t) = \lim_{h\to 0}\frac{\hat{\mu}'(t+h)-\hat{\mu}'(t)}{h} = \lim \frac{1}{h}\left[\int_{-\infty}^{+\infty} ixe^{i(t+h)x}\mu(dx) - \int_{-\infty}^{+\infty} ixe^{itx}\mu(dx)\right]$$

$$= \lim_{h\to 0}\int_{-\infty}^{+\infty} ixe^{itx}\frac{e^{ihx}-1}{h}\mu(dx) = \int_{-\infty}^{+\infty}(ix)^2 e^{it}\mu(dx)$$

und speziell

$$\hat{\mu}''(0) = -\int_{-\infty}^{+\infty} x^2\mu(dx).$$

Satz 10.16 (Zentraler Grenzwertsatz)

> *Die Zufallsvariablen $X_1, X_2, \ldots$ seien unabhängig und μ-verteilt mit Erwartungswert $E(X_k) = 0$ und Varianz $Var(X_k) = 1$. Dann konvergieren die Verteilungen der Zufallsvariablen $S_n = (X_1 + \cdots + X_n)/\sqrt{n}$ schwach gegen die Standardnormalverteilung $\nu_{0,1}$.*

Beweis. Das Ereignis $X_k/\sqrt{n} \in B$ ist das Ereignis $g(x_k) \in B$ mit $g(x) = X/\sqrt{n}$. Folglich ist die Verteilung von $X_k/\sqrt{n}$ das Bildmaß von μ bzgl. dieser Funktion g. Nach Satz 7.5 gilt

$$\int_{-\infty}^{+\infty} e^{ity}\mu_g(dy) = \int_{-\infty}^{+\infty} e^{itg(x)}\mu(dx) = \int_{-\infty}^{+\infty} e^{itx/\sqrt{n}}\mu(dx) = \hat{\mu}(t/\sqrt{n}).$$

Also ist die Funktion $t \to \hat{\mu}(t/\sqrt{n})$ die charakteristische Funktion der Verteilung der Zufallsvariablen $X_k/\sqrt{n}$. Die Verteilung von S_n ist wegen der Unabhängigkeit der $X_k/\sqrt{n}$ die Faltung deren Verteilungen. Nach Satz 10.6 ist die charakteristische Funktion der Verteilung von S_n die Funktion $t \to (\hat{\mu}(t/\sqrt{n}))^n$. Nach Satz 10.3 bleibt also

$$\lim_{n\to\infty} (\hat{\mu}(t/\sqrt{n}))^n = e^{-t^2/2} = \hat{v}_{0,1}(t)$$

zu zeigen. Der Taylor-Satz aus der Analysis besagt für die Funktion $\hat{\mu}$ und den Entwicklungspunkt 0

$$\hat{\mu}(t/\sqrt{n}) = \hat{\mu}(0) + \hat{\mu}'(0)\frac{t}{\sqrt{n}} + \frac{1}{2}\hat{\mu}''(\theta_n t/\sqrt{n})\frac{t^2}{n}$$

mit einem geeigneten θ_n zwischen 0 und 1. Die ersten Taylor-Koeffizienten lassen sich explizit angeben. Nach Satz 10.1 (C1) gilt $\hat{\mu}(0) = 1$. Satz 10.15 liefert

$$\hat{\mu}'(0) = i \int_{-\infty}^{+\infty} x\mu(dx) = iE(X_k) = 0$$

und

$$\hat{\mu}''(0) = -\int_{-\infty}^{+\infty} x^2\mu(dx) = -\mathrm{Var}(X_k) = -1.$$

Folglich lässt sich die Zahl $\hat{\mu}(t/\sqrt{n})$ auch darstellen als

$$\hat{\mu}(t/\sqrt{n}) = 1 - \frac{t^2}{2n} + r_n(t) = 1 + \frac{-t^2/2 + nr_n(t)}{n}$$

mit

$$r_n(t) = \frac{t^2}{2n}(\hat{\mu}''(\theta_n t/\sqrt{n}) - \hat{\mu}''(0)).$$

Aus der Stetigkeit der zweiten Ableitung der charakteristischen Funktion $\hat{\mu}$ folgt

$$\lim_{n\to\infty} nr_n(t) = 0.$$

Deshalb lässt sich zu vorgegebener positiver Zahl ε durch eine Forderung an die Größe von n die Abschätzung

$$1 + \frac{-t^2/2 - \varepsilon}{n} < \hat{\mu}(t/\sqrt{n}) < 1 + \frac{-t^2/2 + \varepsilon}{n}$$

bzw.

$$\left(1 + \frac{-t^2/2 - \varepsilon}{n}\right)^n < (\hat{\mu}(t/\sqrt{n}))^n < \left(1 + \frac{-t^2/2 + \varepsilon}{n}\right)^n$$

erzwingen. Aus der Analysis ist die Beziehung

$$\lim_{n \to \infty} \left(1 + \frac{a}{n}\right)^n = e^a$$

bekannt. In unserem Kontext ergibt sich daraus

$$e^{-t^2/2 - \varepsilon} \le \lim_{n \to \infty} (\hat{\mu}(t/\sqrt{n}))^n \le e^{-t^2/2 + \varepsilon}$$

für alle positiven ε, also wie gewünscht

$$\lim_{n \to \infty} (\hat{\mu}(t/\sqrt{n}))^n = e^{-t^2/2}.$$

Wir kommen jetzt zurück auf den Grenzwertsatz von de Moivre-Laplace aus dem Abschn. 2.4, den wir dort durch die Angabe vieler Wahrscheinlichkeiten untermauert, aber nicht vollständig bewiesen haben. Jetzt leiten wir ihn als Spezialfall des Zentralen Grenzwertsatzes ab. Im Interesse der Übersichtlichkeit formulieren wir ihn hier nochmals, aber diesmal in der Sprache der Maßtheorie.

Satz 10.17 (Grenzwertsatz von de Moivre-Laplace)

Für $a < b$ und $0 < p < 1$ gilt

$$\lim_{n \to \infty} \beta_{n,p}((a\sqrt{np(1-p)} + np, b\sqrt{np(1-p)} + np)) = \nu_{0,1}((a,b)).$$

Beweis. Zu unabhängigen $\beta_{1,p}$-verteilten Zufallsvariablen $Y_1, Y_2, \ldots$ haben die ebenfalls unabhängigen Zufallsvariablen $X_k = (Y_k - p)/\sqrt{p(1-p)}$ den Beispielen und Rechenregeln aus Abschn. 2.3 zufolge den Erwartungswert

$$E(X_k) = E(Y_k - p)/\sqrt{p(1-p)} = (E(Y_k) - p)/\sqrt{p(1-p)} = 0/\sqrt{p(1-p)} = 0$$

und die Varianz

$$\text{Var}(X_k) = \text{Var}(Y_k - p)/(p(1 - p)) = \text{Var}(Y_k)/(p(1 - p)) = 1,$$

erfüllen also die Voraussetzungen des Zentralen Grenzwertsatzes. Deshalb sind die Zufallsvariablen $S_n = (X_1 + \cdots + X_n)/\sqrt{n}$ für große n ungefähr standardnormalverteilt, d.h. für ihre Verteilungen μ_n gilt

$$\lim_{n \to \infty} \mu_n((a, b)) = \nu_{0,1}((a, b)).$$

Die Zufallsvariablen

$$Y_1 + \cdots + Y_n = S_n \sqrt{np(1 - p)} + np$$

sind nach Satz 3.6 $\beta_{n,p}$-verteilt. Aus der Äquivalenz von $a < S_n < b$ und

$$a\sqrt{np(1 - p)} + np < S_n \sqrt{np(1 - p)} + np < b\sqrt{np(1 - p)} + np$$

folgt daraus

$$\mu_n((a, b)) = \beta_{n,p}((a\sqrt{np(1 - p)} + np, b\sqrt{np(1 - p)} + np))$$

und damit die Behauptung.

Aufgaben

10.1 Eine Zufallsvariable X ist auf dem Intervall von a bis b **gleichmäßig verteilt**, wenn die Dichte φ ihrer Verteilung μ auf diesem Intervall den konstanten Funktionswert $1/(b - a)$ hat und sonst 0 ist. Bestimmen Sie

a) den Erwartungswert $E(X)$
b) die Varianz $\text{Var}(X)$
c) die charakteristische Funktion $\hat{\mu}$.

10.2 Es sei μ_1 die gleichmäßige Verteilung auf dem Intervall von a_1 bis b_1 und μ_2 die gleichmäßige Verteilung auf dem Intervall von a_2 bis b_2. Bestimmen Sie die Dichte

a) des Produktmaßes $\mu_1 \times \mu_2$
b) der Faltung $\mu_1 * \mu_2$ im Spezialfall $\mu_1 = \mu_2 = \mu$.

10.3 Die **Simpson-Verteilung** (auch **Dreiecksverteilung**) mit den Parametern $a < b$ hat die Dichte

$$\varphi(x) = \begin{cases} \frac{4}{(b-a)^2}(x-a) & \text{für} \quad a \leq x \leq \frac{a+b}{2} \\ \frac{-4}{(b-a)^2}(x-b) & \text{für} \quad \frac{a+b}{2} \leq x \leq b \\ 0 & \text{sonst} \end{cases} .$$

Berechnen Sie deren charakteristische Funktion, indem Sie

a) die Formel aus Definition 10.1
b) das Ergebnis der Aufgabe 10.2.b

verwenden.

Bedingte Zufallsvariable

11

Übersicht

11.1 Bedingte Erwartung

Wenn die auf dem Wahrscheinlichkeitsraum $[\Omega, \mathcal{A}, P]$ definierten reellwertigen Zufallsvariablen X und Y nicht unabhängig sind, ist damit zu rechnen, dass eine Hypothese der Art $X \in B$ die (bedingte) Verteilung von Y und damit auch deren (bedingten) Erwartungswert beeinflusst, das soll heißen, dass dann die bedingte Wahrscheinlichkeit

$$P(Y \in C | X \in B) = P(Y \in C \wedge X \in B)/P(X \in B)$$

von der Zahl $P(Y \in C)$ abweichen kann. Diese Definition der bedingten Wahrscheinlichkeit funktioniert natürlich nur im Fall $P(X \in B) \neq 0$, insbesondere also nicht, wenn X kontinuierlich verteilt ist und B nur aus einer einzigen Zahl besteht. Es ist das Anliegen in diesem Kapitel, für diese Begriffe auch in solchen Fällen eine sinnvolle Erklärung zu finden.

Um unseren Zugang in solchem allgemeinen Kontext zu motivieren, werfen wir zunächst einen Blick auf den unproblematischen Fall einer diskret verteilten Zufallsvariablen X.

Definition 11.1 Es sei X eine auf dem Wahrscheinlichkeitsraum $[\Omega, \mathcal{A}, P]$ gegebene reellwertige Zufallsvariable, deren Verteilung nur aus den Atomen $x_1, x_2, \ldots$ mit Massen

© Springer-Verlag Berlin Heidelberg 2017
R. Oloff, *Wahrscheinlichkeitsrechnung und Maßtheorie*,
DOI 10.1007/978-3-662-53024-5_11

$P(\{x_i\}) > 0$ besteht. Dann nennen wir die Abbildung, die jedem $\omega \in \Omega$ und $A \in \mathcal{A}$ die Zahl

$$P(A|X = x_i) = P(\{\omega' \in A : \quad X(\omega') = x_i\})/P(\{\omega' \in \Omega : \quad X(\omega') = x_i\})$$

mit $x_i = X(\omega)$ zuordnet, **bedingte Wahrscheinlichkeit von A unter der Hypothese X.** Ihre Funktionswerte bezeichnen wir mit $P(A|X)(\omega)$.   ◆

Für jedes $\omega \in \Omega$ ist die Abbildung $A \mapsto P(A|X)(\omega)$ offensichtlich ein normiertes Maß auf der σ-Algebra $\mathcal{A}$. Für ω mit $X(\omega) = x_i$ ist dieses Maß konzentriert auf $\{\omega \in \Omega : X(\omega) = x_i\} = X^{-1}(\{x_i\})$ und ist dort ein Vielfaches des Maßes P. Für die entsprechenden Integrale gilt

$$\int_{X^{-1}(\{x_i\})} f(\omega')P(d\omega'|X)(\omega) = \frac{1}{P(X^{-1}(\{x_i\}))} \int_{X^{-1}(\{x_i\})} f(\omega')P(d\omega')$$

für ω mit $X(\omega) = x_i$ und sonst 0.

Definition 11.2 Zu einer Zufallsvariablen X wie in Definition 11.1 und einer $\mathcal{A}$-messbaren nichtnegativen beschränkten Funktion f auf Ω nennen wir die Abbildung

$$\omega \mapsto \int_\Omega f(\omega')P(d\omega'|X)(\omega)$$

bedingte Erwartung von f unter der Hypothese X und bezeichnen sie mit $E(f|X)$.   ◆

Aus der Kenntnis der bedingten Erwartungen lassen sich die bedingten Wahrscheinlichkeiten rekonstruieren, denn es gilt $E(\chi_A|X) = P(A|X)$ für alle $A \in \mathcal{A}$.

Satz 11.1

> *Die Funktion $E(f|X)$ auf Ω ist $\sigma(X)$-messbar und erfüllt die Gleichung*
>
> $$\int_C E(f|X)(\omega)P(d\omega) = \int_C f(\omega)P(d\omega)$$
>
> *für alle C aus der kleinsten σ-Algebra $\sigma(X)$, bzgl. der X messbar ist.*

Beweis. Die σ-Algebra $\sigma(X)$ besteht aus allen Vereinigungen von Mengen $X^{-1}(\{x_i\})$. Insbesondere ist

$$C = \bigcup_{i \in I_C} X^{-1}(\{x_i\}).$$

Die Funktion $E(f|X)$ ist konstant auf jeder der Mengen $X^{-1}(\{x_i\})$. Deshalb gilt nach Definition 11.2

$$\int_C E(f|X)(\omega)P(d\omega) = \sum_{i \in I_C} \int_\Omega f(\omega')P(d\omega'|X)(\omega) \cdot P(X^{-1}(\{x_i\}))$$

$$= \sum_{i \in I_C} \int_{X^{-1}(\{x_i\})} f(\omega')P(d\omega'|X = x_i) \cdot P(X^{-1}(\{x_i\}))$$

$$= \sum_{i \in I_C} \int_{X^{-1}(\{x_i\})} f(\omega')P(d\omega') = \int_C f(\omega')P(d\omega').$$

Dieser letzte Satz liefert eine Idee, wie man im allgemeinen Fall einer Zufallsvariablen X, deren Verteilung nicht als diskret vorausgesetzt ist, die bedingte Erwartung $E(f|X)$ definieren könnte. Dazu müssen wir aber noch den folgenden Satz bestätigen.

Satz 11.2

> *Es sei C eine σ-Algebra, enthalten in der σ-Algebra $\mathcal{A}$ des Wahrscheinlichkeitsraumes $[\Omega, \mathcal{A}, P]$, und f eine $\mathcal{A}$-messbare nichtnegative beschränkte Funktion auf Ω. Dann gibt es eine C-messbare nichtnegative Funktion g auf Ω mit der Eigenschaft*
>
> $$\int_C g(\omega)P(d\omega) = \int_C f(\omega)P(d\omega)$$
>
> *für alle $C \in C$. Diese Funktion g ist eindeutig bestimmt bis auf Äquivalenz in dem Sinne, dass g_1 und g_2 genau dann äquivalent sind, wenn sie punktweise übereinstimmen bis auf eine Menge von ω, die Teilmenge einer Menge mit dem P-Maß Null ist.*

Beweis. Die Abbildung $C \mapsto \int_C f(\omega)P(d\omega)$ ist ein Maß auf der σ-Algebra C, das bzgl. der Einschränkung von P auf C absolut stetig ist. Nach dem Satz von Radon-Nikodym (Satz 7.17) hat dieses Maß eine Dichte bzgl. P. Diese Dichte ist eine solche Funktion g, die dadurch aber auch nur bis auf eine P-Nullmenge eindeutig bestimmt ist.

Definition 11.3 Zu einer σ-Algebra C, enthalten in der σ-Algebra $\mathcal{A}$ des Wahrscheinlichkeitsraumes $[\Omega, \mathcal{A}, P]$, und einer $\mathcal{A}$-messbaren nichtnegativen beschränkten Funktion f auf Ω nennen wir die Äquivalenzklasse der C-messbaren nichtnegativen Funktionen g mit der Eigenschaft

$$\int_C g(\omega)P(d\omega) = \int_C f(\omega)P(d\omega)$$

für alle $C \in C$ **bedingte Erwartung von f unter der Hypothese C** und bezeichnen sie mit $E(f|C)$. Im Spezialfall $C = \sigma(X)$ zu einer Zufallsvariablen X auf dem Wahrscheinlichkeitsraum $[\Omega, \mathcal{A}, P]$ heißt diese Äquivalenzklasse **bedingte Erwartung von f unter der Hypothese X**, bezeichnet mit $E(f|X)$. $\blacklozenge$

Wie auch in der Analysis im Zusammenhang mit dem Hilbert-Raum $L_2[\Omega, \mathcal{A}, \mu]$ üblich, unterscheiden wir im Sprachgebrauch jetzt nicht mehr zwischen einer Äquivalenzklasse von Funktionen und den in dieser Äquivalenzklasse liegenden Funktionen. Im Kontext eines auf einer σ-Algebra $\mathcal{C}$ gegebenen Wahrscheinlichkeitsmaßes P bedeutet dann $f = g$ für zwei auf der Grundmenge Ω gegebenen Funktionen f und g nur $f(\omega) = g(\omega)$ für alle ω bis auf die ω, die in einer P-Nullmenge liegen, oder anders formuliert, $f(\omega) = g(\omega)$ P-fast-sicher.

Beispiel 11.1 Es sei $\mathcal{C}$ eine in der σ-Algebra $\mathcal{A}$ des Wahrscheinlichkeitsraumes $[\Omega, \mathcal{A}, P]$ enthaltene σ-Algebra und f eine $\mathcal{C}$-messbare nichtnegative beschränkte Funktion auf Ω. Dann gilt $\mathrm{E}(f|\mathcal{C}) = f$. Insbesondere gilt für jede $\mathcal{A}$-messbare Funktion $\mathrm{E}(f|\mathcal{A}) = f$.

Beispiel 11.2 Die σ-Algebra $\mathcal{C}$ bestehe nur aus der Grundmenge Ω des Wahrscheinlichkeitsraumes $[\Omega, \mathcal{A}, P]$ und der leeren Menge $\emptyset$. Insbesondere ist $\sigma(X)$ für eine konstante Zufallsvariable X von dieser Art. Offenbar gilt für eine solche σ-Algebra $\mathcal{C}$

$$\mathrm{E}(f|\mathcal{C}) = \int_\Omega f(\omega')P(d\omega').$$

Also ist für eine konstante Zufallsvariable X auch $\mathrm{E}(f|X)$ konstant.

Beispiel 11.3 Es sei X die Zufallsvariable

$$\chi_C(\omega) = \begin{cases} 1 & \text{für} \quad \omega \in C \\ 0 & \text{für} \quad \omega \notin C \end{cases}$$

auf dem Wahrscheinlichkeitsraum $[\Omega, \mathcal{A}, P]$ mit $C \in \mathcal{A}$ und $0 < P(C) < 1$. Dann besteht die σ-Algebra $\sigma(\chi_C)$ aus $\Omega, \emptyset, C$ und deren Komplement $C' = \Omega \setminus C$. Da die (noch von f abhängige) Funktion $\mathrm{E}(f|\chi_C)$ $\sigma(\chi_C)$-messbar sein muss, ist sie eine Linearkombination

$$\mathrm{E}(f|\chi_C) = a_f \chi_C + b_f \chi_{C'}.$$

Für alle zulässigen Funktionen f soll

$$\int_\Omega f(\omega)P(d\omega) = \int_\Omega (a_f \chi_C(\omega) + b_f \chi_{C'}(\omega))P(d\omega) = a_f P(C) + b_f P(C')$$

gelten. Diese Forderung erfüllen offenbar die Koeffizienten

$$a_f = \frac{1}{P(C)} \int_C f(\omega)P(d\omega) \quad \text{und} \quad b_f = \frac{1}{P(C')} \int_{C'} f(\omega)P(d\omega).$$

Es hat sich also

$$E(f|\chi_C) = \begin{cases} \frac{1}{P(C)} \int_C f(\omega')P(d\omega') & \text{für} \quad \omega \in C \\ \frac{1}{1-P(C)} \int_{C'} f(\omega')P(d\omega') & \text{für} \quad \omega \notin C \end{cases}$$

ergeben.

Der folgende Satz besagt, dass die bedingte Erwartung $E(f|\mathcal{C})$ linear und monoton wachsend von f abhängt.

Satz 11.3

(i) *Für Zahlen a_1 und a_2 gilt $E(a_1 f_1 + a_2 f_2 | \mathcal{C}) = a_1 E(f_1|\mathcal{C}) + a_2 E(f_2|\mathcal{C})$.*
(ii) *$f_1 \leq f_2$ impliziert $E(f_1|\mathcal{C}) \leq E(f_2|\mathcal{C})$.*
(iii) *$f_1 \leq f_2 \leq \cdots \leq c$ impliziert $\sup_n E(f_n|\mathcal{C}) = E(\sup_n f_n|\mathcal{C})$.*

Beweis. Die Aussage (i) folgt aus der entsprechenden Rechenregel für Integrale, denn

$$\int_C (a_1 E(f_1|\mathcal{C}) + a_2 E(f_2|\mathcal{C}))(\omega)P(d\omega)$$

$$= a_1 \int_C E(f_1|\mathcal{C})(\omega)P(d\omega) + a_2 \int_C E(f_2|\mathcal{C})(\omega)P(d\omega)$$

$$= a_1 \int_C f_1(\omega)P(d\omega) + a_2 \int_C f_2(\omega)P(d\omega) = \int_C (a_1 f_1 + a_2 f_2)(\omega)P(\omega).$$

Die Aussage (ii) folgt aus (i), denn $f_1 \leq f_2$ impliziert

$$0 \leq \int_C (f_2 - f_1)(\omega)P(d\omega) = \int_C f_2(\omega)P(d\omega) - \int_C f_1(\omega)P(d\omega)$$

$$= \int_C E(f_2|\mathcal{C})(\omega)P(d\omega) - \int_C E(f_1|\mathcal{C})(\omega)P(d\omega)$$

$$= \int_C (E(f_2|\mathcal{C}) - E(f_1|\mathcal{C}))(\omega)P(d\omega)$$

für alle $C \in \mathcal{C}$ und damit $E(f_2|\mathcal{C}) - E(f_1|\mathcal{C}) \geq 0$. Zum Beweis von (iii) ist die Gleichung

$$\int_C \sup_n E(f_n|\mathcal{C})(\omega)P(d\omega) = \int_C (\sup_n f_n)(\omega)P(d\omega)$$

für alle $C \in \mathcal{C}$ zu bestätigen. Entsprechend (ii) gilt

$$E(f_1|\mathcal{C}) \leq E(f_2|\mathcal{C}) \leq \cdots \leq E(c|\mathcal{C}) = c.$$

Daraus folgern wir

$$\sup_n \int_C E(f_n|\mathcal{C})(\omega)P(d\omega) = \lim_{n\to\infty} \int_C E(f_n|\mathcal{C})(\omega)P(d\omega)$$

$$= \lim_{n\to\infty} \int_C f_n(\omega)P(d\omega) = \int_C \left(\lim_{n\to\infty} f_n(\omega)\right) P(d\omega)$$

$$= \int_C \left(\sup_n f_n(\omega)\right) P(d\omega).$$

Dabei haben wir im vorletzten Schritt den Satz von Lebesgue (Satz 7.8) auf die Funktionenfolge $\{f_n\}$ angewendet.

11.2   Bedingte Wahrscheinlichkeit

Die Wahrscheinlichkeit $P(A)$ eines Ereignisses A aus der σ-Algebra eines Wahrscheinlichkeitsraumes $[\Omega, \mathcal{A}, P]$ lässt sich auch als Integral formulieren, denn es gilt

$$\int_\Omega \chi_A(\omega)P(d\omega) = P(A)$$

für die Funktion

$$\chi_A = \begin{cases} 1 & f\ddot{u}r \quad \omega \in A \\ 0 & f\ddot{u}r \quad \omega \notin A \end{cases}.$$

Das liefert eine Idee, wie man bedingte Wahrscheinlichkeiten bzgl. einer σ-Unteralgebra von $\mathcal{A}$ über bedingte Erwartungen einführen kann.

Definition 11.4 Es sei $[\Omega, \mathcal{A}, P]$ ein Wahrscheinlichkeitsraum, $\mathcal{C}$ eine σ-Unteralgebra von $\mathcal{A}$ und $A \in \mathcal{A}$. Die Funktion $E(\chi_A|\mathcal{C})$ nennen wir **bedingte Wahrscheinlichkeit von A unter der Hypothese C** und bezeichnen sie mit $P(A|\mathcal{C})$. Für eine Zufallsvariable X auf diesem Wahrscheinlichkeitsraum ist $P(A|X) := P(A|\sigma(X))$ die bedingte Wahrscheinlichkeit von A unter der Hypothese X.   ♦

Beispiel 11.1 Die Zufallsvariable X auf dem Wahrscheinlichkeitsraum $[\Omega, \mathcal{A}, P]$ sei konstant. Dann besteht die σ-Algebra $\sigma(X)$ nur aus der Grundmenge Ω und der leeren Menge $\emptyset$. Deshalb gilt für jedes $A \in \mathcal{A}$

$$P(A|X) = E(\chi_A|X) = \int_\Omega \chi_A(\omega)P(d\omega) = P(A).$$

Beispiel 11.2 Es sei X eine einfache Funktion

$$X = \sum_{i=1}^{n} x_i \chi_{C_i}$$

mit paarweise disjunkten Ω überdeckenden $C_1, \ldots, C_n \in \mathcal{A}$ mit $P(C_i) > 0$. Die Überlegungen im Beispiel 11.3 des vorigen Abschnitts lassen sich leicht verallgemeinern zu

$$P(A|X) = E\left(\chi_A \Big| \sum_{i=1}^{n} x_i \chi_{C_i} \right) = \sum_{i=1}^{n} \frac{1}{P(C_i)} \int_{C_i} \chi_A(\omega') P(d\omega') \chi_{C_i} = \sum_{i=1}^{n} \frac{P(A \cap C_i)}{P(C_i)}.$$

Ein weiteres Beispiel liefert der folgende Satz.

Satz 11.4

Die Verteilung der vektoriellen Zufallsvariablen (X, Y) habe die Dichte φ. Dann ist die bedingte Wahrscheinlichkeit $P(Y \in C|X)$ für jede Borel-Menge C die Funktion

$$P(Y \in C|X)(\omega) = \begin{cases} \dfrac{\int_C \varphi(X(\omega), y) dy}{\int_{\mathbb{R}} \varphi(X(\omega), y) dy} & \text{für} \quad \int_{\mathbb{R}} \varphi(X(\omega), y) dy > 0 \\[4mm] 0 & \text{für} \quad \int_{\mathbb{R}} \varphi(X(\omega), y) dy = 0 \end{cases}.$$

Beweis. Die σ-Messbarkeit der angekündigten Funktion ist gesichert nach Satz 7.10. Um die angegebene Formulierung für

$$P(Y \in C|X) = P(Y^{-1}(C)|X) = E(\chi_{Y^{-1}(C)}|X)$$

zu bestätigen, bleibt die Gleichung

$$\int_A \frac{\int_C \varphi(X(\omega), y) dy}{\int_{\mathbb{R}} \varphi(X(\omega), y) dy} P(d\omega) = \int_A \chi_{Y^{-1}(C)}(\omega) P(d\omega) = P(A \cap Y^{-1}(C))$$

für $A \in \sigma(X)$ zu zeigen. Offenbar genügt es, sich bei A auf die Urbilder $X^{-1}(B)$ von Borel-Mengen B zu beschränken. Die Transformationsformel Satz 7.5 liefert

$$\int_{X^{-1}(B)} \frac{\int_C \varphi(X(\omega), y) dy}{\int_{\mathbb{R}} \varphi(X(\omega), y) dy} P(d\omega) = \int_B \frac{\int_C \varphi(x, y) dy}{\int_{\mathbb{R}} \varphi(x, y) dy} P_X(dx)$$

$$= \int_B \frac{\int_C \varphi(x, y) dy}{\int_{\mathbb{R}} \varphi(x, y) dy} \left(\int_{\mathbb{R}} \varphi(x, y) dy \right) dx = \int_B \left(\int_C \varphi(x, y) dy \right) dx$$

$$= P_{(X,Y)}(B \times C) = P(X^{-1}(B) \cap Y^{-1}(C)).$$

Satz 11.5

> *Es sei* $[\Omega, \mathcal{A}, P]$ *ein Wahrscheinlichkeitsraum und* $\mathcal{C}$ *eine* σ*-Unteralgebra von* $\mathcal{A}$*. Dann gilt* $P(\emptyset|\mathcal{C}) = 0$, $P(\Omega|\mathcal{C}) = 1$, *und für jede Folge paarweise disjunkter Teilmengen* $A_i \in \mathcal{A}$
>
> $$P\left(\bigcup_{i=1}^{\infty} A_i \Big| \mathcal{C}\right) = \sum_{i=1}^{\infty} P(A_i|\mathcal{C}).$$

Beweis. Aus $\mathrm{E}(0|\mathcal{C}) = 0$ und $\mathrm{E}(1|\mathcal{C}) = 1$ folgt $P(\emptyset|\mathcal{C}) = 0$ und $P(\Omega|\mathcal{C}) = 1$. Aus Satz 11.3 folgt

$$P\left(\bigcup_{i=1}^{\infty} A_i \Big| \mathcal{C}\right) = \mathrm{E}(\chi_{\cup_{i=1}^{\infty} A_i}|\mathcal{C}) = \sup_n \mathrm{E}(\chi_{\cup_{i=1}^{n}}|\mathcal{C}) = \sup_n \mathrm{E}\left(\sum_{i=1}^{n} \chi_{A_i}\Big|\mathcal{C}\right)$$

$$= \sup_n \sum_{i=1}^{n} \mathrm{E}(\chi_{A_i}|\mathcal{C}) = \sum_{i=1}^{\infty} P(A_i|\mathcal{C}).$$

Obwohl Satz 11.5 suggeriert, dass die Abbildung $A \mapsto P(A|\mathcal{C})$ ein Maß ist, kann man daraus nicht schlussfolgern, dass die Funktionen $P(\cdot|\mathcal{C})(\omega)$ für P-fast-alle ω Maße sind. Das Problem besteht darin, dass es sich in der Formulierung des Satzes nicht um reellwertige Funktionen, sondern nur um Äquivalenzklassen von Funktionen handelt.

11.3   Bedingte Verteilungen

Die bedingten Wahrscheinlichkeiten benötigt man zur Erzeugung von bedingten Verteilungen von Zufallsvariablen, und diese sind für Anwendungen von Bedeutung, insbesondere für die Formulierung von Markow-Prozessen. Wir benötigen hier einige Ergebnisse aus der Analysis, die in den beiden folgenden Sätzen formuliert sind.

Satz 11.6

> *Es sei* E *ein separabler metrischer Raum und* $\mathcal{B}$ *die* σ*-Algebra seiner Borel-Mengen. Das abzählbare Mengensystem* $\mathcal{H}$ *bestehe aus den offenen Kugeln*
>
> $$B_r(y_i) = \{y \in E: \quad d(y, y_i) < r\}$$
>
> *mit rationalen Radien* r*, und die Folge* $y_1, y_2, \ldots$ *der Mittelpunkte sei dicht in* E*. Dann gilt* $\sigma(\mathcal{H}) = \mathcal{B}$.

Beweis. Aus $\mathcal{H} \subseteq \mathcal{B}$ folgt $\sigma(\mathcal{H}) \subseteq \mathcal{B}$. Andererseits zeigen wir jetzt, dass sich jede offene Teilmenge G von E als Vereinigung solcher Kugeln darstellen lässt. Zu jedem $y \in G$ gibt es eine Kugel $B_s(y)$ mit Mittelpunkt y und Radius s mit $B_s(y) \subseteq G$ und darin ein Element y_i der dichten Folge mit $d(y, y_i) < s/2$. Für eine rationale Zahl r zwischen $d(y, y_i)$ und $s/2$ liegt y in $B_r(y_i)$, und wegen der Dreiecksungleichung

$$d(z, y) \leq d(z, y_i) + d(y_i, y) < r + r < s$$

liegt die Kugel $B_r(y_i)$ in der Kugel $B_s(y)$ und damit in G. Also ist G tatsächlich die Vereinigung von (abzählbar vielen) Kugeln aus $\mathcal{H}$ und damit $G \in \sigma(\mathcal{H})$. Also gilt auch $\mathcal{B} \subseteq \sigma(\mathcal{H})$.

Satz 11.7

Für E und $\mathcal{H}$ wie in Satz 11.6 ist die kleinste Algebra $\alpha(\mathcal{H})$, die $\mathcal{H}$ umfasst, abzählbar.

Beweis. Wir erweitern das Mengensystem $\mathcal{H}$ zu $\mathcal{H}_c$, indem wir noch die Komplemente $(B_r(y_i))'$ dieser Kugeln hinzufügen, und zeigen, dass sogar das größere System $\alpha(\mathcal{H}_c)$ abzählbar ist. Dieser Nachweis beruht auf einer expliziten Darstellung von $\alpha(\mathcal{H}_c)$. Um diese zu konstruieren, ordnen wir die Mengen aus dem abzählbaren System $\mathcal{H}_c$ als Folge $G_1, G_2, \ldots$ an. Weil die Mengen G_i zu $\mathcal{H}_c$ und damit auch zu der Algebra $\alpha(\mathcal{H}_c)$ gehören, muss $\alpha(\mathcal{H}_c)$ alle Mengen der Form

$$\bigcup_{i=1}^{n} \bigcap_{k=1}^{n_i} G_{i_k}$$

enthalten. Das System $\mathcal{G}$ aller Mengen dieser Art erweist sich als eine Algebra. Dass Vereinigungen von endlich vielen solcher Mengen wieder zu $\mathcal{G}$ gehören, ist trivial. Das Komplement einer solchen Menge ist

$$\left(\bigcup_{i=1}^{n} \bigcap_{k=1}^{n_i} G_{i_k} \right)' = \bigcap_{i=1}^{n} \left(\bigcap_{k=1}^{n_i} G_{i_k} \right)' = \bigcap_{i=1}^{n} \bigcup_{k=1}^{n_i} G'_{i_k}.$$

Nach dem Distributivgesetz für die Mengenoperationen $\cap$ und $\cup$ ist dieser Durchschnitt von Vereinigungen auch wieder eine Vereinigung von endlich vielen Durchschnitten jeweils endlich vieler Mengen G'_i, also auch wieder eine Menge aus $\mathcal{G}$. Damit ist neben $\mathcal{G} \subseteq \alpha(\mathcal{H}_c)$ auch $\mathcal{G} \supseteq \alpha(\mathcal{H}_c)$ gesichert. Mit einem geeigneten Diagonalverfahren lässt sich eine Nummerierung der zu $\mathcal{G}$ gehörenden Mengen basteln. Damit ist dann die Abzählbarkeit von $\alpha(\mathcal{H}_c)$ bewiesen.

Satz 11.8

> *Es sei E ein separabler und vollständiger metrischer Raum mit der σ-Algebra $\mathcal{B}$ seiner Borel-Mengen, X eine E-wertige Zufallsvariable auf dem Wahrscheinlichkeitsraum $[\Omega, \mathcal{A}, P]$ und $\mathcal{C}$ eine σ-Unteralgebra von $\mathcal{A}$. Dann gibt es eine Abbildung*
>
> $$Q : \Omega \times \mathcal{B} \mapsto [0, 1],$$
>
> *für die $Q(., B)$ für alle $B \in \mathcal{B}$ zur Äquivalenzklasse $P(X^{-1}(B)|\mathcal{C})$ gehört und $Q(\omega, .)$ für alle $\omega \in \Omega$ ein Wahrscheinlichkeitsmaß auf $[E, \mathcal{B}]$ ist.*

Beweis.

1. Schritt: Wir konstruieren abzählbare Algebren $\mathcal{H}^*$ und $\mathcal{H}^{**}$ von Teilmengen von E mit $\mathcal{H}^* \subseteq \mathcal{H}^{**} \subseteq \mathcal{B}$ und $\sigma(\mathcal{H}^*) = \mathcal{B}$, und zu jeder Borel-Menge $B \in \mathcal{H}^*$ wählen wir eine wegen der Regularität der Verteilungen P_X existierende monoton wachsende Folge kompakter Mengen K_n^B mit

$$\sup_n P_X(K_n^B) = P_X(B).$$

Als $\mathcal{H}^*$ können wir die α-Hülle $\alpha(\mathcal{H})$ des in Satz 11.6 formulierten abzählbaren Mengensystems $\mathcal{H}$ verwenden, denn $\alpha(\mathcal{H})$ ist nach Satz 11.7 auch abzählbar und es gilt wegen $\sigma(\mathcal{H}) = \mathcal{B}$ auch $\sigma(\alpha(\mathcal{H})) = \mathcal{B}$. Satz 6.6 liefert Folgen kompakter Mengen K_n^B mit der erwünschten Eigenschaft. Wir vergrößern $\mathcal{H}^*$ durch Hinzufügen dieser (abzählbar vielen) kompakten Mengen und definieren $\mathcal{H}^{**}$ als die α-Hülle dieses vergrößerten Mengensystems. Nach Satz 11.7 ist auch $\mathcal{H}^{**}$ abzählbar.

2. Schritt: Wir konstruieren eine nichtnegative Funktion p auf $\Omega \times \mathcal{B}$, sodass für alle Borel-Mengen B die Funktion $p(., B)$ $\mathcal{C}$-messbar ist und für alle $C \in \mathcal{C}$ die Gleichung

$$\int_C p(\omega, B) P(d\omega) = P(C \cap X^{-1}(B))$$

gilt. Dazu brauchen wir nur aus der Äquivalenzklasse $P(X^{-1}(B)|\mathcal{C})$ P-fast-überall übereinstimmender Funktionen einen Vertreter auszuwählen und diesen Vertreter als Funktion $p(., B)$ verwenden, denn es gilt entsprechend Definition 11.4

$$p(., B) \in P(X^{-1}(B)|\mathcal{C}) = \mathrm{E}(\chi_{X^{-1}(B)}|\mathcal{C})$$

und folglich nach Satz 11.1

$$\int_C p(\omega, B) P(d\omega) = \int_C \chi_{X^{-1}(B)}(\omega) P(d\omega) = \int_{C \cap X^{-1}(B)} P(d\omega) = P(C \cap X^{-1}(B)).$$

3. Schritt: Wir konstruieren eine Ausnahmemenge $A_0 \in \mathcal{C}$ mit $P(A_0) = 0$, sodass für $\omega \in A_0'$ gilt $p(\omega, E) = 1$,

$$p\left(\omega, \bigcup_{i=1}^{n} B_i\right) = \sum_{i=1}^{n} p(\omega, B_i) \quad \text{für paarweise disjunkte} \quad B_i \in \mathcal{H}^{**}$$

und

$$\sup_n p(\omega, K_n^B) = p(\omega, B) \quad \text{für} \quad B \in \mathcal{H}^{**}.$$

Die erste Forderung $p(\omega, E) = 1$ muss wegen

$$\int_C p(\omega, E) P(d\omega) = P(C \cap X^{-1}(E)) = P(C)$$

für P-fast-alle ω gelten, also gibt es ein $A_1 \in \mathcal{C}$ mit $P(A_1) = 0$ und $p(\omega, E) = 1$ für $\omega \in A_1'$. Die zweite Forderung betreffend berufen wir uns entsprechend Satz 11.5 auf

$$p\left(\omega, \bigcup_{i=1}^{n} B_i\right) = P\left(X^{-1}\left(\bigcup_{i=1}^{n} B_i\right) \Big| \mathcal{C}\right)(\omega) = P\left(\bigcup_{i=1}^{n} X^{-1}(B_i) \Big| \mathcal{C}\right)(\omega)$$

$$= \sum_{i=1}^{n} P(X^{-1}(B_i)|\mathcal{C})(\omega) = \sum_{i=1}^{n} p(\omega, B_i)$$

für P-fast-alle ω. Es gibt also eine Menge $A_2 \in \mathcal{C}$ mit $P(A_2) = 0$, sodass alle ω außerhalb A_2 die zweite Forderung erfüllen. Nach Satz 11.3 (iii) gilt für P-fast-alle ω

$$\sup_n p(\omega, K_n^B) = \sup_n \mathrm{E}(\chi_{X^{-1}(K_n^B)}|\mathcal{C})(\omega) = \mathrm{E}(\sup_n \chi_{X^{-1}(K_n^B)}|\mathcal{C})(\omega)$$

$$= \mathrm{E}(\chi_{X^{-1}(\bigcup_{n=1}^{\infty} K_n^B)}|\mathcal{C})(\omega) = \mathrm{E}(\chi_{X^{-1}(B)}|\mathcal{C})(\omega) = p(\omega, B),$$

also gilt die dritte Forderung für alle ω außerhalb einer Menge A_3 mit $P(A_3) = 0$. Für alle ω außerhalb der Vereinigung $A_0 = A_1 \cup A_2 \cup A_3$ sind damit alle drei Forderungen erfüllt.

4. Schritt: Wir verallgemeinern die im vorigen Schritt gesicherte Rechenregel für paarweise disjunkte Mengen $B_1, B_2, \ldots \in \mathcal{H}^*$ mit $\bigcup_{i=1}^{\infty} B_i \in \mathcal{H}^*$ zu

$$p\left(\omega, \bigcup_{i=1}^{\infty} B_i\right) = \sum_{i=1}^{\infty} p(\omega, B_i) \quad \text{für} \quad \omega \in A_0'.$$

Aus

$$p\left(\omega, \bigcup_{i=1}^{\infty} B_i\right) = p\left(\omega, \bigcup_{i=1}^{n} B_i\right) + p\left(\omega, \bigcup_{i=n+1}^{\infty} B_i\right) \geq p\left(\omega, \bigcup_{i=1}^{n} B_i\right) = \sum_{i=1}^{n} p(\omega, B_i)$$

folgt bereits

$$p\left(\omega, \bigcup_{i=1}^{\infty} B_i\right) \geq \sum_{i=1}^{\infty} p(\omega, B_i).$$

Zu jeder natürlichen Zahl n und positiven Zahl ε finden wir nach Satz 6.6 eine komkakte Teilmenge K_n von $\bigcup_{i=n}^{\infty} B_i$ mit

$$P_X\left(\bigcup_{i=n}^{\infty} B_i\right) - P_X(K_n) < \varepsilon/2^n,$$

folglich

$$P\left(C \cap X^{-1}\left(\bigcup_{i=n}^{\infty} B_i\right)\right) - P(C \cap X^{-1}(K_n)) < \varepsilon/2,$$

also

$$\int_C \chi_{X^{-1}(\bigcup_{i=n}^{\infty} B_i)}(\omega) P(d\omega) - \int_C \chi_{X^{-1}(K_n)}(\omega) < \varepsilon/2^n,$$

d. h.

$$\mathrm{E}(\chi_{X^{-1}(\bigcup_{i=n}^{\infty} B_i)} | \mathcal{C}) - \mathrm{E}(\chi_{X^{-1}(K_n)} | \mathcal{C}) < \varepsilon/2^n,$$

also

$$p\left(\omega, \bigcup_{i=n}^{\infty} B_i\right) - p(\omega, K_n) < \varepsilon/2^n$$

P-fast-überall. Es gilt

$$\bigcap_{n=1}^{\infty} K_n \subseteq \bigcap_{n=1}^{\infty} \bigcup_{i=n}^{\infty} B_i = \emptyset,$$

denn jedes $\omega \in \Omega$ kann in höchstens einer der Mengen B_i liegen. Aus

$$K_1 \cap \left(\bigcap_{n=2}^{\infty} K_n \right) = \emptyset$$

folgt

$$K_1 \subseteq \left(\bigcap_{n=2}^{\infty} \right)' = \bigcup_{n=2}^{\infty} K_n',$$

also überdecken die Mengen $K_2', K_3', \dots$ die Menge K_1. Aus der Analysis ist bekannt, dass kompakte Mengen abgeschlossen sind. Also sind die Komplemente der K_n offen, und entsprechend der Definition der Kompaktheit reichen schon endlich viele der Mengen K_n' zum Überdecken der kompakten Menge K_1. Es gibt also eine natürliche Zahl n_0 mit

$$K_1 \subseteq \bigcup_{n=2}^{n_0} K_n',$$

oder anders formuliert

$$\bigcap_{n=1}^{n_0} K_n = \emptyset,$$

oder auch

$$K_{n_0} \subseteq \bigcup_{n=1}^{n_0-1} K_n'.$$

Aus dieser letzten Formulierung folgt

$$\bigcup_{n=n_0}^{\infty} B_n = \left(\left(\bigcup_{n=n_0}^{\infty} B_n \right) \cap K_{n_0} \right) \cup \left(\left(\bigcup_{n=n_0}^{\infty} B_n \right) \cap K_{n_0}' \right)$$

$$\subseteq \left(\left(\bigcup_{n=n_0}^{\infty} B_n \right) \cap \left(\bigcup_{n=1}^{n_0-1} K_n' \right) \right) \cup \left(\left(\bigcup_{n=n_0}^{\infty} B_n \right) \cap K_{n_0}' \right) = \left(\bigcup_{n=n_0}^{\infty} B_n \right) \cap \left(\bigcup_{m=1}^{n_0} K_m' \right)$$

$$= \bigcup_{m=1}^{n_0} \left(\left(\bigcup_{n=n_0}^{\infty} B_n \right) \cap K_m' \right) \subseteq \bigcup_{m=1}^{n_0} \left(\left(\bigcup_{n=m}^{\infty} B_n \right) \cap K_m' \right).$$

Für die Funktion p auf $\Omega \times \mathcal{B}$ ergibt sich daraus

$$p\left(\omega, \bigcup_{n=n_0}^{\infty} B_n\right) \leq p\left(\omega, \bigcup_{m=1}^{n_0}\left(\left(\bigcup_{n=m}^{\infty} B_n\right) \cap K'_m\right)\right)$$

$$\leq \sum_{m=1}^{n_0} p\left(\omega, \left(\bigcup_{n=m}^{\infty} B_n\right) \cap K'_m\right) < \sum_{m=1}^{n_0} \varepsilon/2^n < \varepsilon$$

und damit

$$p\left(\omega, \bigcup_{n=1}^{\infty} B_n\right) = p\left(\omega, \bigcup_{n=1}^{n_0-1} B_n\right) + p\left(\omega, \bigcup_{n=n_0}^{\infty} B_n\right)$$

$$< \sum_{n=1}^{n_0-1} p(\omega, B_n) + \varepsilon < \sum_{n=1}^{\infty} p(\omega, B_n) + \varepsilon$$

für die zuvor beliebig (klein) gewählte positive Zahl ε. Das bedeutet

$$p(\omega, \bigcup_{n=1}^{\infty} B_n) \leq \sum_{n=1}^{\infty} p(\omega, B_n).$$

Da alle verwendeten Rechenregeln für $\omega \in A'_0$ gelten, gilt auch diese Ungleichung für alle ω außerhalb A_0.

5. Schritt: Für $\omega \in A'_0$ schränken wir die auf $\mathcal{B}$ definierten Funktionen $p(\omega, .)$ auf die Algebra $\mathcal{H}^*$ ein und setzen sie entsprechend Satz 6.2 fort zu Wahrscheinlichkeitsmaßen $Q(\omega, .)$ auf $\sigma(\mathcal{H}^*) = \mathcal{B}$. Dabei müssen wir in Kauf nehmen, dass für Borel-Mengen B, die nicht zu $\mathcal{H}^*$ gehören, die beiden Zahlen $Q(\omega, B)$ und $p(\omega, B)$ für manche ω nicht gleich sind.

6. Schritt: Bis jetzt ist die Funktion Q nur auf $A'_0 \times \mathcal{B}$ festgelegt. Wir setzen sie jetzt fort auf $\Omega \times \mathcal{B}$. Um den im letzten Schritt zu führenden Nachweis der $\mathcal{C}$-Messbarkeit der Funktionen $Q(., B)$ zu erleichtern, sollten die Einschränkungen der Funktionen $Q(., B)$ auf A_0 konstant sein. Andererseits muss für jedes ω die Funktion $Q(\omega, .)$ ein Wahrscheinlichkeitsmaß sein. Es bietet sich deshalb an, ein Wahrscheinlichkeitsmaß ν auf $[E, \mathcal{B}]$ beliebig auszuwählen und

$$Q(\omega, B) = \nu(B) \quad \text{für} \quad \omega \in A_0$$

zu setzen.

7. Schritt: Wie bereits angekündigt, zeigen wir jetzt die $\mathcal{C}$-Messbarkeit der Funktionen $Q(., B)$. Für $B \in \mathcal{H}^*$ ist diese Messbarkeit durch

$$Q(., B) = p(., B) = P(X^{-1}(B)|\mathcal{C})$$

gesichert. Um sie auch für die übrigen Borel-Mengen zu beweisen, betrachten wir das System $\mathcal{D}$ aller Borel-Mengen B, für die die Funktion $Q(.,B)$ $\mathcal{C}$-messbar ist. Die Gesamtmenge E gehört zu $\mathcal{D}$, denn E liegt in der Algebra $\mathcal{H}^*$. Mit zwei Mengen $B \subseteq C$ aus $\mathcal{D}$ gehört auch die Menge $C \backslash B$ zu $\mathcal{D}$, denn

$$Q(\omega, C \backslash B) = Q(\omega, C) - Q(\omega, B),$$

und $Q(.,C \backslash B)$ ist wegen der $\mathcal{C}$-Messbarkeit von $Q(.,C)$ und $Q(.,B)$ nach Satz 7.3 auch $\mathcal{C}$-messbar. Für eine Folge $B_1, B_2, \ldots$ paarweise disjunkter Mengen $B_i \in \mathcal{D}$ gilt

$$Q(\omega, \bigcup_{i=1}^{\infty} B_i) = \sum_{i=1}^{\infty} Q(\omega, B_i) = \sup_n \sum_{i=1}^{n} Q(\omega, B_i),$$

und daraus folgt auch wieder nach Satz 7.3 $\bigcup_{i=1}^{\infty} B_i \in \mathcal{D}$. Damit hat sich $\mathcal{D}$ als ein Dynkin-System erwiesen. Weil $\mathcal{H}^*$ als Algebra durchschnittsstabil ist, ist nach Satz 6.1 das Dynkin-System $\delta(\mathcal{H}^*)$ eine σ-Algebra. Insgesamt hat sich

$$\sigma(\mathcal{H}^*) \subseteq \delta(\mathcal{H}^*) \subseteq \mathcal{D} \subseteq \mathcal{B} = \sigma(\mathcal{H}^*)$$

und damit $\mathcal{D} = \mathcal{B}$ ergeben. Also ist für jede Borel-Menge B die Funktion $Q(.,B)$ auf Ω $\mathcal{C}$-messbar.

Definition 11.5 Es sei E ein separabler und vollständiger metrischer Raum mit der σ-Algebra $\mathcal{B}$ seiner Borel-Mengen, X eine E-wertige Zufallsvariable auf dem Wahrscheinlichkeitsraum $[\Omega, \mathcal{A}, P]$ und $\mathcal{C}$ eine σ-Unteralgebra von $\mathcal{A}$. Dann ist die **bedingte Verteilung von X unter der Hypothese** $\mathcal{C}$ eine Abbildung

$$Q : \Omega \times \mathcal{B} \mapsto [0, 1],$$

für die $Q(.,B)$ für alle $B \in \mathcal{B}$ zur Äquivalenzklasse $P(X^{-1}(B)|\mathcal{C})$ gehört und $Q(\omega,.)$ für alle $\omega \in \Omega$ ein Wahrscheinlichkeitsmaß auf $[E, \mathcal{B}]$ ist. ◆

Beispiel Es seien X und Y reellwertige Zufallsvariable auf dem Wahrscheinlichkeitsraum $[\Omega, \mathcal{A}, P]$, wobei Y eine diskrete Verteilung mit Atomen $y_1, y_2, \ldots$ mit $P_Y(\{y_i\}) > 0$ haben soll, es gilt also $Y(\omega) = y_{i(\omega)}$. Es sei $\mathcal{C} = \sigma(Y)$, also die kleinste σ-Unteralgebra von $\mathcal{A}$, für die Y $\mathcal{C}$-messbar ist. Jede Teilmenge von Ω aus $\mathcal{C}$ besteht also aus mehr oder weniger vielen Urbildern $Y^{-1}(y_{i_k})$ von Atomen y_{i_k}. Zur Berechnung der bedingten Wahrscheinlichkeit $P(X \in B|Y = y_i)$ von $X \in B$ unter der Hypothese $Y = y_i$ ist die elementare Formel

$$P(X \in B|Y = y_i) = \frac{P(X \in B \wedge Y = y_i)}{P(Y = y_i)}$$

anwendbar. Wir zeigen jetzt, dass auch die Funktion

$$Q(\omega, B) = \frac{P(X \in B \wedge Y = y_{i(\omega)})}{P(Y = y_{i(\omega)})}$$

eine bedingte Verteilung von X unter der Hypothese $\mathcal{C} = \sigma(Y)$ ist. Dass $Q(\omega, .)$ ein Wahrscheinlichkeitsmaß ist, ist unmittelbar abzulesen. Es bleibt noch zu zeigen, dass für jede Borelmenge B die als $Q(., B)$ bezeichnete Funktion auf Ω zu

$$P(X^{-1}(B)|\mathcal{C}) = \mathrm{E}(\chi_{X^{-1}(B)}|\mathcal{C})$$

gehört. Entsprechend Definition 11.3 ist dazu die Gleichung

$$\int_C \frac{P(X \in B \wedge Y = y_{i(\omega)})}{P(Y = y_{i(\omega)})} P(d\omega) = \int_C \chi_{X^{-1}(B)} P(d\omega)$$

für alle $C \in \mathcal{C}$ zu bestätigen. Es bestehe C aus den Urbildern der Atome y_{i_k}. Dann gilt

$$\int_C \frac{P(X \in B \wedge Y = y_{i(\omega)})}{P(Y = y_{i(\omega)})} P(d\omega) = \sum_k \frac{P(X \in B \wedge Y = y_{i_k})}{P(Y = y_{i_k})} P(Y = y_{i_k})$$

$$= \sum_k P(\{\omega : X(\omega) = B\} \cap \{\omega : Y(\omega) = y_{i_k}\})$$

$$= P(X^{-1}(B) \cap C) = \int_C \chi_{X^{-1}(B)} P(d\omega).$$

Aufgaben

11.1 X und Y seien reellwertige Zufallsvariable auf dem Wahrscheinlichkeitsraum $[\Omega, \mathcal{A}, P]$ und X sei diskret verteilt mit den Atomen $x_1, x_2, \ldots$. Bestätigen Sie für jede Borel-Menge C

$$P(Y^{-1}(C)|X)(\omega) = P(Y \in C|X = x_i)$$

für alle ω mit $X(\omega) = x_i$.

11.2 Es sei X eine diskret verteilte reellwertige Zufallsvariable auf dem Wahrscheinlichkeitsraum $[\Omega, \mathcal{A}, P]$ mit den Atomen $x_1, x_2, \ldots$, Y eine weitere Zufallsvariable auf dem gleichen Wahrscheinlichkeitsraum und C eine Borel-Menge. Dann ist die bedingte Wahrscheinlichkeit $P(Y^{-1}(C)|X)$ von $Y^{-1}(C)$ unter der Hypothese X eine dritte diskret verteilte Zufallsvariable Z auf diesem Wahrscheinlichkeitsraum. Bestimmen Sie

a) die Atome von Z und ihre Massen
b) den Erwartungswert $\mathrm{E}(Z)$.

Teil IV

Stochastische Prozesse

Darstellung stochastischer Prozesse

12

Übersicht

12.1 Definition und Interpretation

In Kap. 3 hatten wir ein System von n reellwertigen Zufallsvariablen $X_1, \dots, X_n$, für die außer den einzelnen Verteilungen $P_{X_1}, \dots, P_{X_n}$ auch die gemeinsame Verteilung $P_{(X_1,\dots,X_n)}$ bekannt ist, vektorielle Zufallsvariable genannt. In Kap. 9 haben wir dann die reellwertigen Zufallsvariablen X_i eleganter als $\mathcal{A}_i$-messbare reellwertige Funktionen auf Wahrscheinlichkeitsräumen $[\Omega_i, \mathcal{A}_i, P_i]$ aufgefasst. Es handelt sich dann um Bestandteile einer vektoriellen Zufallsvariablen $(X_1, \dots, X_n)$, wenn die n Wahrscheinlichkeitsräume $[\Omega_i, \mathcal{A}_i, P_i]$ übereinstimmen, denn dann lässt sich auf dem Raum $\mathbb{R}^n$, ausgestattet mit der σ-Algebra seiner Borel-Mengen, die (gemeinsame) Verteilung $P_{(X_1,\dots,X_n)}$ gewinnen, indem man für Borel-Mengen $B_1, \dots, B_n$ reeller Zahlen

$$P_{(X_1,\dots,X_n)}(B_1 \times \dots \times B_n) = P\{\omega \in \Omega : \quad X_1(\omega) \in B_1 \wedge \dots \wedge X_n(\omega) \in B_n\}$$

vereinbart und diese Funktion zu einem Maß $P_{(X_1,\dots,X_n)}$ auf der σ-Algebra der Borel-Mengen von $\mathbb{R}^n$ fortsetzt. Also ist ein Quadrupel $[\Omega, \mathcal{A}, P, (X_1, \dots, X_n)]$ eine vektorielle Zufallsvariable in dem in Kap. 3 beschriebenen Sinn. Umgekehrt lassen sich auch zu reellwertigen Zufallsvariablen $Y_1, \dots, Y_n$ und deren gemeinsamer Verteilung $P_{(Y_1,\dots,Y_n)}$ ein Wahrscheinlichkeitsraum $[\Omega, \mathcal{A}, P]$ und $\mathcal{A}$-messbare reellwertige Funktionen $X_1, \dots, X_n$ auf Ω finden mit $P_{(X_1,\dots,X_n)} = P_{(Y_1,\dots,Y_n)}$. Dazu bieten sich an $\Omega = \mathbb{R}^n$, die σ-Algebra der

© Springer-Verlag Berlin Heidelberg 2017
R. Oloff, *Wahrscheinlichkeitsrechnung und Maßtheorie*,
DOI 10.1007/978-3-662-53024-5_12

Borel-Mengen von $\mathbb{R}^n$ als $\mathcal{A}$, $P=P_{(Y_1,\ldots,Y_n)}$ und X_i als die Projektionen $X_i(x_1,\ldots,x_n) = x_i$. Dann gilt für jede Borel-Menge B von $\mathbb{R}^n$ trivialerweise

$$
\begin{aligned}
P_{(X_1,\ldots,X_n)}(B) &= P(\{(x_1,\ldots,x_n) \in \mathbb{R}^n : (X_1(x_1,\ldots,x_n),\ldots,X_n(x_1,\ldots,x_n)) \in B\}) \\
&= P(\{(x_1,\ldots,x_n) \in \mathbb{R}^n : (x_1,\ldots,x_n) \in B\}) \\
&= P_{(Y_1,\ldots,Y_n)}(\{(x_1,\ldots,x_n) \in \mathbb{R}^n : (x_1,\ldots,x_n) \in B\}) \\
&= P_{(Y_1,\ldots,Y_n)}(B).
\end{aligned}
$$

Jetzt verallgemeinern wir den Begriff der vektoriellen Zufallsvariablen in zwei Schritten zum Begriff des stochastischen Prozesses. Zuerst lassen wir die Einschränkung, dass die Zufallsvariablen X_i reellwertig sein sollen, fallen und ersetzen die geforderte Bildmenge $\mathbb{R}$ durch einen separablen und vollständigen metrischen Raum E, ausgestattet mit der σ-Algebra $\mathcal{B}$ seiner Borel-Mengen. Dann ersetzen wir die Indexmenge $\{1,\ldots,n\}$ durch eine Menge T nichtnegativer Zahlen oder T als gesamte Halbachse $[0,\infty)$.

Definition 12.1 Ein **stochastischer Prozess** $[\Omega, \mathcal{A}, P, (X_t)_{t \in T}, E, \mathcal{B}]$ besteht aus einem Wahrscheinlichkeitsraum $[\Omega, \mathcal{A}, P]$, einem separablen und vollständigen metrischen Raum E mit der σ-Algebra $\mathcal{B}$ seiner Borel-Mengen als **Zustandsraum**, einer **Indexmenge** T nichtnegativer Zahlen und einer Familie $\mathcal{A}$-$\mathcal{B}$-messbarer Funktionen $X_t : \Omega \mapsto E$ für $t \in T$. ◆

Wie die Bezeichnung „Prozess" auch suggeriert, wird in Anwendungen der Index t normalerweise als Zeit interpretiert. Als metrischer Raum E ist insbesondere der euklidische dreidimendionale Raum $\mathbb{R}$ geeignet. Das führt zu der Vorstellung, dass der stochastische Prozess dann eine Bewegung eines Teilchens im uns umgebenden Raum beschreibt.

12.2 Endlichdimensionale Verteilungen

Im Abschn. 12.1 haben wir aus der gemeinsamen Verteilung von n reellwertigen Zufallsvariablen X_i die vektorielle Zufallsvariable $(X_1,\ldots,X_n)$ im Sinne von Definition 9.2 konstruiert, deren Verteilung $P_{X_1,\ldots,X_n}$ mit der vorgegebenen Verteilung übereinstimmt. Es ist klar, dass die Konstruktion eines konkreten stochastischen Prozesses $(X_t)_{t \in T}$ nur über die endlichdimensionalen Verteilungen $P_{X_{t_1},\ldots,X_{t_n}}$ erfolgen kann, die entsprechend der zu modellierenden Situation bekannt sein müssen. Zunächst klären wir, wie diese vielen endlichdimensionalen Verteilungen gekoppelt sein müssen, damit überhaupt eine Chance besteht, dass dazu ein stochastischer Prozess $(X_t)_{t \in T}$ existiert.

Satz 12.1

> *Das System der endlichdimensionalen Verteilungen $P_{t_1,\ldots,t_n} = P(X_{t_1},\ldots,X_{t_n})$ zu einem stochastischen Prozess $[\Omega, \mathcal{A}, P, (X_t)_{t\in T}, E, \mathcal{B}]$ hat die beiden folgenden Kompatibilitäts-eigenschaften:*
>
> *(K1)* *Für jede Permutation π der Zahlen $1,\ldots,n$ und Teilmengen $B_1,\ldots,B_n$ aus $\mathcal{B}$ gilt*
>
> $$P_{t_{\pi(1)},\ldots,t_{\pi(n)}}(B_{\pi(1)} \times \cdots \times B_{\pi(n)}) = P_{t_1,\ldots,t_n}(B_1 \times \cdots \times B_n).$$
>
> *(K2)* *Für $B^{(n-1)}$ aus der Produkt-σ-Algebra $\mathcal{B}^{(n-1)} = \mathcal{B} \otimes \cdots \otimes \mathcal{B}$ gilt*
>
> $$P_{t_1,\ldots,t_{n-1}}(B^{(n-1)}) = P_{t_1,\ldots,t_{n-1},t_n}(B^{(n-1)} \times E).$$

Die Eigenschaften (K1) und (K2) sind selbstverständlich und bedürfen keiner weiteren Begründung.

Satz 12.2 (Kolmogorow)

> *Es sei E ein separabler und vollständiger metrischer Raum, ausgestattet mit der σ-Algebra $\mathcal{B}$ seiner Borel-Mengen. Dann existiert zu jedem System*
>
> $$(P_{t_1,\ldots,t_n})_{t_i\in T, n\in\mathbb{N}}$$
>
> *von normierten Maßen auf $[E^n, \mathcal{B}^n]$, das die in Satz 12.1 formulierten Kompatibilitätsbe-dingungen (K1) und (K2) erfüllt, ein stochastischer Prozess $[\Omega, \mathcal{A}, P, (X_t)_{t\in T}, E, \mathcal{B}]$ mit diesen Verteilungen.*

Beweis. Wir konstruieren den gesuchten stochastischen Prozess in fünf Schritten.

1. Schritt: Wir definieren Ω und X_t mit der bereits im Abschn. 12.1 bei der Konstruktion einer vektoriellen Zufallsvariablen erfolgreichen Strategie. Die Grundmenge Ω bestehe aus allen Funktionen $\omega : T \mapsto E$, und es sei $X_t(\omega) = \omega(t)$.

2. Schritt: Zur Konstruktion der σ-Algebra $\mathcal{A}$ betrachten wir die sogenannten **Zylinder-mengen**

$$Z_{t_1,\ldots,t_n}^{B^{(n)}} = \{\omega \in \Omega : (\omega(t_1),\ldots,\omega(t_n)) \in B^{(n)}\}$$
$$= \{\omega \in \Omega : (X_{t_1}(\omega),\ldots,X_{t_n}(\omega)) \in B^{(n)}\}.$$

Die Menge $B^{(n)}$ nennen wir **Basis der Zylindermenge**. Das System $\mathcal{Z}$ aller Zylindermengen erweist sich als eine Algebra. Die Grundmenge ist die Zylindermenge $\Omega = Z_t^E$ für jedes $t \in T$. Das Komplement der Zylindermenge $Z_{t_1,\dots,t_n}^{B^{(n)}}$ ist die Zylindermenge mit den gleichen $t_1, \dots, t_n$ und dem Komplement von $B^{(n)}$ als der Basis, es gilt also

$$\left(Z_{t_1,\dots,t_n}^{B^{(n)}}\right)' = Z_{t_1,\dots,t_n}^{B^{(n)}{}'}.$$

Zum Nachweis, dass die Vereinigung von zwei Zylindermengen wieder eine Zylindermenge ist, können wir uns wegen der Kompatibilitätsbedingungen ohne Beschränkung der Allgemeinheit auf die triviale Gleichung

$$Z_{t_1,\dots,t_n}^{B_1^{(n)}} \cup Z_{t_1,\dots,t_n}^{B_2^{(n)}} = Z_{t_1,\dots,t_n}^{B_1^{(n)} \cup B_2^{(n)}}$$

berufen. Als σ-Algebra bietet sich jetzt $\mathcal{A} = \sigma(\mathcal{Z})$ an.

3. Schritt: Wir definieren P zunächst auf $\mathcal{Z}$, um es im letzten Schritt dann fortzusetzen auf $\mathcal{A}$. Für Zylindermengen $Z_{t_1,\dots,t_n}^{B^{(n)}}$ ist P durch die Formulierungen in Satz 12.2 festgelegt zu

$$P(Z_{t_1,\dots,t_n}^{B^{(n)}}) = P_{t_1,\dots,t_n}(B^{(n)}).$$

Dann gilt

$$P(\Omega) = P(Z_t^E) = P_t(E) = 1$$

und

$$P(\emptyset) = P(Z_t^{\emptyset}) = P_t(\emptyset) = 0.$$

Diese Funktion P auf $\mathcal{Z}$ ist **additiv**, d. h. der P-Wert einer Vereinigung von zwei (und damit auch endlich vielen) disjunkten Zylindermengen ist die Summe der P-Werte dieser Zylindermengen. Als Nachweis genügt wegen der Kompatibilitätsbedingungen wieder

$$
\begin{aligned}
P(Z_{t_1,\dots,t_n}^{B_1^{(n)}} \cup Z_{t_1,\dots,t_n}^{B_2^{(n)}}) &= P(Z_{t_1,\dots,t_n}^{B_1^{(n)} \cup B_2^{(n)}}) \\
&= P_{t_1,\dots,t_n}(B_1^{(n)} \cup B_2^{(n)}) \\
&= P_{t_1,\dots,t_n}(B_1^{(n)}) + P_{t_1,\dots,t_n}(B_2^{(n)}) \\
&= P(Z_{t_1,\dots,t_n}^{B_1^{(n)}}) + P(Z_{t_1,\dots,t_n}^{B_2^{(n)}}).
\end{aligned}
$$

4. Schritt: Wir zeigen, dass P auf $\mathcal{Z}$ sogar σ-**additiv** ist, d.h. für jede Folge $Z_1, Z_2, \ldots$ von paarweise disjunkten Zylindermengen mit $\bigcup_{i=1}^{\infty} Z_i \in \mathcal{Z}$ gilt

$$P(\bigcup_{i=1}^{\infty} Z_i) = \sum_{i=1}^{\infty} P(Z_i).$$

Die Folge der Zylindermengen

$$Z_n^* = \bigcup_{i=n+1}^{\infty} Z_i = (\bigcup_{i=1}^{\infty} Z_i) \backslash (\bigcup_{i=1}^{n} Z_i)$$

ist monoton fallend. Wir zeigen jetzt indirekt

$$\lim_{n \to \infty} P(Z_n^*) = 0 \,,$$

indem wir das Gegenteil $P(Z_n^*) \geq \varepsilon > 0$ für alle n zu einem Widerspruch führen. Wegen der Kompatibilitätsbedingungen können wir die Gestalt der Zylindermengen als

$$Z_n^* = Z_{t_1,\ldots,t_n}^{B^{(n)}}$$

voraussetzen, indem wir gegebenenfalls die Basismengen zu Produktmengen mit E vergrößern und manche der ursprünglichen Zylindermengen Z_n^* mehrfach in der neuen Folge $(Z_n^*)_n$ verwenden. Die in dem zu beweisenden Satz formulierten Forderungen an den Zustandsraum $[E, \mathcal{B}]$ implizieren auch die Separabilität und die Vollständigkeit des metrischen Raumes E^n und damit nach Satz 6.6 die Regularität der vorgegebenen Verteilungen. Folglich gibt es zu jeder der Borel-Mengen $B^{(n)}$ eine kompakte Teilmenge $K^{(n)} \subseteq B^{(n)}$ mit

$$P_{t_1,\ldots,t_n}(B^{(n)} \backslash K^{(n)}) < \frac{\varepsilon}{2^{n+1}}.$$

Für die Durchschnitte

$$D^{(n)} = \bigcap_{i=1}^{n} (K^{(i)} \times E^{n-i})$$

gilt

$$P(Z_{t_1,\ldots,t_n}^{B^{(n)}} \backslash Z_{t_1,\ldots,t_n}^{D^{(n)}}) = P(Z_{t_1,\ldots,t_n}^{B^{(n)}} \backslash \bigcap_{i=1}^{n} Z_{t_1,\ldots,t_i}^{K^{(i)}})$$

$$= P(\bigcup_{i=1}^{n} (Z_{t_1,\ldots,t_n}^{B^{(n)}} \backslash Z_{t_1,\ldots,t_i}^{K^{(i)}}))$$

$$\leq P(\bigcup_{i=1}^{n}(Z_{t_1,\ldots,t_i}^{B^{(i)}}\setminus Z_{t_1,\ldots,t_i}^{K^{(i)}}))$$

$$\leq \sum_{i=1}^{n} P(Z_{t_1,\ldots,t_i}^{B^{(i)}}\setminus Z_{t_1,\ldots,t_i}^{K^{(i)}})$$

$$= \sum_{i=1}^{n} P_{t_1,\ldots,t_i}(B^{(i)}\setminus K^{(i)})$$

$$< \sum_{i=1}^{n}\frac{\varepsilon}{2^{i+1}} = \frac{\varepsilon}{2}\sum_{i=1}^{n}\frac{1}{2^i} < \frac{\varepsilon}{2}.$$

Zusammen mit

$$P(Z_{t_1,\ldots,t_n}^{B^{(n)}}) = P(Z_n^*) \geq \varepsilon$$

folgt daraus

$$P_{t_1,\ldots,t_n}(D^{(n)}) = P(Z_{t_1,\ldots,t_n}^{D^{(n)}}) > \frac{\varepsilon}{2} > 0 ,$$

die Mengen $D^{(1)}, D^{(2)}, \ldots$ sind also nichtleer, und wir können zu jeder natürlichen Zahl n ein n-Tupel $(x_1^{(n)}, \ldots, x_n^{(n)})$ aus $D^{(n)}$ auswählen. Entsprechend der Konstruktion von $D^{(n)}$ heißt das

$$(x_1^{(n)}, \ldots, x_i^{(n)}) \in K^{(i)} \quad \text{für} \quad 1 \leq i \leq n.$$

Für jedes i liegt die Folge $(x_1^{(i)}, \ldots, x_i^{(i)}), (x_1^{(i+1)}, \ldots, x_i^{(i+1)}), \ldots$ also in der kompakten Teilmenge $K^{(i)}$ von E^i und muss deshalb eine in $K^{(i)}$ konvergente Teilfolge enthalten. Durch wiederholte Reduzierung auf solche Teilfolgen und entsprechende Umnummerierung können wir erreichen, dass für jede natürliche Zahl n die Folge $x_n^{(n)}, x_n^{(n+1)}, \ldots$ gegen ein x_n konvergiert mit

$$(x_1, \ldots, x_n) \in K^{(n)} \subseteq B^{(n)}.$$

Das bedeutet

$$\{\omega \in \Omega : \quad \omega(t_i) = x_i \quad \text{für} \quad i = 1, 2, \ldots\} \subseteq \bigcap_{n=1}^{\infty} Z_{t_1,\ldots,t_n}^{B^{(n)}} = \bigcap_{n=1}^{\infty} Z_n^*.$$

Nach Konstruktion von Z_n^* heißt das, dass die Zylindermengen $Z_1, Z_2, \ldots$ gemeinsame Elemente haben, was ihrer paarweisen Disjunktheit widerspricht. Also ist der indirekte Beweis von $\lim_{n\to\infty} P(Z_n^*) = 0$ erfolgreich abgeschlossen. Damit haben wir

$$P(\bigcup_{k=1}^{\infty} Z_k) - \lim_{n \to \infty} \sum_{k=1}^{n} P(Z_k) = \lim_{n \to \infty} \left(P(\bigcup_{k=1}^{\infty} Z_k) - P(\bigcup_{k=1}^{n} Z_k) \right)$$

$$= \lim_{n \to \infty} P(\bigcup_{k=n+1}^{\infty} Z_k) = \lim_{n \to \infty} P(Z_n^*) = 0$$

erhalten.

5. Schritt: Wir setzen P von der Algebra $\mathcal{Z}$ der Zylindermengen auf die σ-Hülle $\mathcal{A} = \sigma(\mathcal{Z})$ fort. Da $\mathcal{Z}$ als Algebra insbesondere ein Ring ist und die leere Menge auch zu $\mathcal{Z}$ gehört, gibt es nach Satz 6.2 eine solche Fortsetzung. Damit ist Satz 12.2 schließlich bewiesen.

Natürlich ist ein stochastischer Prozess durch vorgegebene Verteilungen weit davon entfernt, eindeutig bestimmt zu sein. Diesen Effekt gibt es ja bereits im Kontext einer einzigen Zufallsvariablen. Dass diese Situation aber keine große Bedeutung hat, wird durch die folgende Redeweise suggeriert: Stochastische Prozesse mit den gleichen Verteilungen sind **stochastisch äquivalent**. Der im Beweis von Satz 12.2 konstruierte stochastische Prozess mit $X_t(\omega) = \omega(t)$ heißt **kanonische Darstellung** der vorgegebenen Verteilungen. Zu jedem stochastischen Prozess gibt es also eine dazu stochastisch äquivalente kanonische Darstellung.

12.3 Poisson-Prozesse

Wir führen die Poisson-Prozesse im Sinne von Satz 12.2 über ihre Verteilungen ein.

Definition 12.2 Die Verteilung $P_{t_1,\dots,t_n}$ mit $0 \le t_1 < \cdots < t_n$ des **Poisson-Prozesses mit der Intensität** λ $(\lambda > 0)$ ist charakterisiert durch

$$P_{t_1,\dots,t_n}(B_1 \times \cdots \times B_n) = \frac{1}{e^{\lambda t_n}} \sum \frac{t_1^{m_1} (t_2 - t_1)^{m_2 - m_1} \cdots (t_n - t_{n-1})^{m_n - m_{n-1}}}{m_1! (m_2 - m_1)! \cdots (m_n - m_{n-1})!} \lambda^{m_n}$$

für Borel-Mengen $B_1, \dots, B_n$ von $\mathbb{R}$, wobei über die nichtnegativen ganzen Zahlen $m_k \in B_k$ mit $m_1 \le \cdots \le m_n$ summiert wird. ♦

Dass $P_{t_1,\dots,t_n}$ nach Fortsetzung auf $\mathcal{B}^{(n)}$ ein Wahrscheinlichkeitsmaß ist, beruht auf den Taylor-Reihen der n Faktoren von

$$e^{\lambda t_n} = e^{\lambda t_1} e^{\lambda(t_2 - t_1)} \cdots e^{\lambda(t_n - t_{n-1})}$$

und

$$\lambda^{m_1} \lambda^{m_2 - m_1} \cdots \lambda^{m_n - m_{n-1}} = \lambda^{m_n}.$$

Die Kompatibilitätsbedingung (K1) ist wegen der Einschränkung $0 \leq t_1 < \cdots < t_n$ gegenstandslos. Wir überzeugen uns jetzt von der Kompatibilitätsbedingung (K2). Wenn der zusätzliche t-Wert t^* zwischen t_k und t_{k+1} liegt, ist die Gleichung

$$P_{t_1,\ldots,t_k,t^*,t_{k+1},\ldots,t_n}(B_1 \times \cdots \times B_k \times E \times B_{k+1} \times \cdots \times B_n) = P_{t_1,\ldots,t_n}(B_1 \times \cdots \times B_n)$$

zu zeigen. Diese wäre durch die Gleichheit von

$$\sum_{m^*=m_k}^{m_{k+1}} \frac{t_1^{m_1}(t_2 - t_1)^{m_2-m_1} \cdots (t^* - t_k)^{m^*-m_k}(t_{k+1} - t^*)^{m_{k+1}-m^*} \cdots (t_n - t_{n-1})^{m_n-m_{n-1}}}{m_1!(m_2 - m_1)! \cdots (m^* - m_k)!(m_{k+1} - m^*)! \cdots (m_n - m_{n-1})!}$$

und

$$\frac{t_1^{m_1}(t_2 - t_1)^{m_2-m_1} \cdots (t_{k+1} - t_k)^{m_{k+1}-m_k} \cdots (t_n - t_{n-1})^{m_n-m_{n-1}}}{m_1!(m_2 - m_1)! \cdots (m_{k+1} - m_k)! \cdots (m_n - m_{n-1})!}$$

gesichert, die wiederum aus der Gleichung

$$\sum_{m^*=m_k}^{m_{k+1}} \frac{(t^* - t_k)^{m^*-m_k}(t_{k+1} - t^*)^{m_{k+1}-m^*}}{(m^* - m_k)!(m_{k+1} - m^*)!} = \frac{(t_{k+1} - t_k)^{m_{k+1}-m_k}}{(m_{k+1} - m_k)!}$$

folgen würde. Diese letzte Gleichung ist erfüllt, denn es handelt sich hier um die Taylor-Koeffizienten der Ordnung $m_{k+1} - m_k$ von

$$e^{t^*-t_k}e^{t_{k+1}-t^*} = e^{t_{k+1}-t_k}.$$

Im Fall $0 \leq t^* < t_1$ geht es um die Gleichung

$$P_{t^*,t_1,\ldots,t_n}(E \times B_1 \times \cdots \times B_n) = P_{t_1,\ldots,t_n}(B_1 \times \cdots \times B_n).$$

Diese Verteilungen haben die Summanden

$$\frac{1}{e^{\lambda t_n}} \sum_{m^*=0}^{m_1} \frac{(t^*)^{m^*}(t_1 - t^*)^{m_1-m^*} \cdots (t_n - t_{n-1})^{m_n-m_{n-1}}}{(m^*)!(m_1 - m^*)! \cdots (m_n - m_{n-1})!} \lambda^{m_n}$$

und

$$\frac{1}{e^{\lambda t_n}} \frac{t_1^{m_1}(t_2 - t_1)^{m_2-m_1} \cdots (t_n - t_{n-1})^{m_n-m_{n-1}}}{m_1!(m_2 - m_1)! \cdots (m_n - m_{n-1})!} \lambda^{m_n}.$$

Zu zeigen ist also

$$\sum_{m^*=0}^{m_1} \frac{(t^*)^{m^*}(t_1 - t^*)^{m_1-m^*}}{(m^*)!(m_1 - m^*)!} = \frac{t_1^{m_1}}{m_1!}.$$

Das stimmt, denn es handelt sich hier um die Taylor-Koeffizienten der Ordnung m_1 von

$$e^{t^*} e^{t_1 - t^*} = e^{t_1}.$$

Ähnlich lässt sich im Fall $t^* > t_n$ auch die Gleichung

$$P_{t_1, \ldots, t_n, t^*}(B_1 \times \cdots \times B_n \times E) = P_{t_1, \ldots, t_n}(B_1 \times \cdots \times B_n)$$

unter Verwendung der Taylor-Entwicklung von e^λ bestätigen. Also sind die Poisson-Prozesse durch diese Verteilungen (bis auf stochastische Äquivalenz) eindeutig bestimmt.

Den in Definition 12.2 formulierten Verteilungen von Poisson-Prozessen sieht man bereits an, dass die Zufallsvariablen X_t eines solchen Prozesses reellwertig und diskret verteilt sind. Für weitere Interpretationen ist der folgende Satz nützlich. Zugleich liefert er auch einen alternativen Zugang zu Poisson-Prozessen.

Satz 12.3

> *Es sei $(X_t)_{t \geq 0}$ ein Poisson-Prozess mit der Intensität λ und $0 \leq t_1, < \cdots, t_n$. Dann sind die Zufallsvariablen $X_{t_1}, X_{t_2} - X_{t_1}, \ldots, X_{t_n} - X_{t_{n-1}}$ unabhängig und Poisson-verteilt mit den Intensitäten $\lambda t_1, \lambda(t_2 - t_1), \ldots, \lambda(t_n - t_{n-1})$. Wenn umgekehrt die Zufallsvariablen $X_{t_1}, X_{t_2} - X_{t_1}, \ldots, X_{t_n} - X_{t_{n-1}}$ für $0 \leq t_1 < \cdots < t_n$ unabhängig und so verteilt sind, dann ist $(X_t)_{t > 0}$ ein Poisson-Prozess mit der Intensität λ.*

Beweis. Es sei $(X_t)_{t \geq 0}$ ein Poisson-Prozess mit der Intensität λ. Dann gilt für jede nichtnegative ganze Zahl r_1

$$P_{t_1}(\{r_1\}) = \frac{1}{e^{\lambda t_1}} \frac{t_1^{r_1}}{r_1!} \lambda^{r_1} = \frac{(\lambda t_1)^{r_1}}{e^{\lambda t_1} r_1!},$$

also ist X_{t_1} Poisson-verteilt mit der Intensität λt_1. Für eine natürliche Zahl k, $t_k > t_{k-1}$ und jede nichtnegative ganze Zahl r_k gilt

$$P(X_{t_k} - X_{t_{k-1}} = r_k) = \sum_{i=0}^{\infty} P_{t_{k-1}, t_k}(\{i\} \times \{i + r_k\})$$

$$= \sum_{i=0}^{\infty} \frac{1}{e^{\lambda t_k}} \frac{t_{k-1}^i (t_k - t_{k-1})^{r_k}}{i! r_k!} \lambda^{i + r_k}$$

$$= \frac{\lambda^{r_k} (t_k - t_{k-1})^{r_k}}{e^{\lambda t_k} r_k!} \sum_{i=0}^{\infty} \frac{t_{k-1}^i \lambda^i}{i!}$$

$$= \frac{(\lambda(t_k - t_{k-1}))^{r_k}}{e^{\lambda t_k} r_k!} e^{\lambda t_{k-1}}$$

$$= \frac{(\lambda(t_k - t_{k-1}))^{r_k}}{e^{\lambda(t_k - t_{k-1})} r_k!},$$

also ist $X_{t_k} - X_{t_{k-1}}$ Poisson-verteilt mit der Intensität $\lambda(t_k - t_{k-1})$. Die Unabhängigkeit von $X_{t_1}, X_{t_2} - X_{t_1}, \ldots, X_{t_n} - X_{t_{n-1}}$ folgt aus der Produktdarstellung

$$P(X_{t_1} = r_1 \wedge X_{t_2} - X_{t_1} = r_2 \wedge \cdots \wedge X_{t_n} - X_{t_{n-1}} = r_n)$$

$$= P(X_{t_1} = r_1 \wedge X_{t_2} = r_1 + r_2 \wedge \cdots \wedge X_{t_n} = r_1 + r_2 + \cdots + r_n)$$

$$= P_{t_1,\ldots,t_n}(\{r_1\} \times \{r_1 + r_2\} \times \cdots \times \{r_1 + r_2 + \cdots + r_n\})$$

$$= \frac{1}{e^{\lambda t_n}} \frac{t_1^{r_1}(t_2 - t_1)^{r_2} \cdots (t_n - t_{n-1})^{r_n}}{r_1! r_2! \cdots r_n!} \lambda^{r_1 + r_2 + \cdots + r_n}$$

$$= \frac{(\lambda t_1)^{r_1}}{e^{\lambda t_1} r_1!} \frac{(\lambda(t_2 - t_1))^{r_2}}{e^{\lambda(t_2 - t_1)} r_2!} \cdots \frac{(\lambda(t_n - t_{n-1}))^{r_n}}{e^{\lambda(t_n - t_{n-1})} r_n!}$$

$$= P(X_{t_1} = r_1) P(X_{t_2} - X_{t_1} = r_2) \cdots P(X_{t_n} - X_{t_{n-1}} = r_n).$$

Aus dieser Gleichungskette folgt auch die im Satz formulierte Umkehrung.

Angesichts von Satz 12.3 hat man die Vorstellung, dass ein Poisson-Prozess die Bewegung eines Teilchens im Zustandsraum der nichtnegativen ganzen Zahlen beschreibt. Es startet zum Zeitpunkt $t = 0$ im Punkt 0 und springt im Laufe der Zeit immer weiter nach rechts, wobei es im Gegensatz zu den Markow-Ketten aber keinen festen Zeittakt gibt. Ob und wie weit es in der Zeitspanne zwischen t_{k-1} und t_k nach rechts springt, ist dabei unabhängig von der Vorgeschichte bis t_{k-1}.

Die Poisson-Prozesse spielen eine wichtige Rolle bei der mathematischen Beschreibung von Warteschlangen (auch Bedienungstheorie genannt). Die Zufallsvariablen X_t geben dann an, wie viele Kunden bis zum Zeitpunkt t eingetroffen sind.

Aufgaben

12.1 Es sei (X_t) ein Poisson-Prozess mit der Intensität $\ln 2$. Berechnen Sie die Wahrscheinlichkeit der Ereignisse

a) $X_2 = 2 \wedge X_4 = 6$
b) $X_2 = 5 \wedge X_3 = 5 \wedge X_4 = 6$.

12.2 Nach welcher Formel berechnet sich die Intensität λ eines Poisson-Prozesses aus seinen Zufallsvariablen X_t?

Markow-Prozesse

13

Übersicht

13.1 Übergangswahrscheinlichkeiten

Wir verallgemeinern jetzt den Begriff der Markow-Ketten zum Begriff der Markow-Prozesse, indem wir zwei Einschränkungen wesentlich abschwächen. Statt des Zeittaktes $t \in \{0, 1, 2, \ldots\}$ fordern wir jetzt nur noch $t \geq s$, und den abzählbaren Zustandsraum $\{x_1, x_2, \ldots\}$ vergrößern wir zu einem metrischen Raum E, ausgestattet mit dem System $\mathcal{B}$ seiner Borel-Mengen. Die Rolle der Matrix (p_{ik}) übernimmt dann eine Funktion $P(s, x, t, B)$ für $0 \leq s \leq t$, $x \in E$ und $B \in \mathcal{B}$. Die Zahl $P(s, x, t, B)$ soll die Wahrscheinlichkeit angeben, mit der ein zur Zeit s im Punkt x befindliches Teilchen sich zur Zeit t in der Menge B befindet. Diese Interpretation erfordert bestimmte Eigenschaften dieser Funktion P.

Definition 13.1 Zu einem metrischen Raum E, ausgestattet mit dem System $\mathcal{B}$ seiner Borel-Mengen, und einer nichtleeren Menge T reeller Zahlen ist eine **Übergangswahr-**

scheinlichkeit eine nichtnegative Funktion P auf der Menge $\{(s, x, t, B) : s, t \in T, s \leq t, x \in E, B \in \mathcal{B}\}$ mit den Eigenschaften

(Ü1) $P(s, x, t, .)$ ist ein Wahrscheinlichkeitsmaß
(Ü2) $P(s, ., t, B)$ ist messbar
(Ü3) $P(s, x, s, B) = 1$ für $x \in B$ und $P(s, x, s, B) = 0$ für $x \notin B$
(Ü4) $P(r, x, t, B) = \int_E P(s, y, t, B) P(r, x, s, dy)$ (Chapman-Kolmogorow-Gleichung).

◆

Die Eigenschaften (Ü1) und (Ü3) folgen unmittelbar aus der angekündigten Interpretation der Übergangswahrscheinlichkeit. (Ü2) ist eine technische Voraussetzung, damit die Chapman-Kolmogorow-Gleichung überhaupt formulierbar ist. Zur Motivierung dieser Gleichung (Ü4) ziehen wir uns auf den Spezialfall der Markow-Ketten zurück.

Es sei (X_n) eine Markow-Kette und $r < s < t$ natürliche Zahlen. Für Zustände x_i mit $P(X_r = x_i) \neq 0$ gilt

$$
\begin{aligned}
P(r, x_i, t, B) &= P(X_t \in B | X_r = x_i) \\
&= \frac{P(X_r = x_i \wedge X_t \in B)}{P(X_r = x_i)} \\
&= \frac{1}{P(X_r = x_i)} \sum_j P(X_r = x_i \wedge X_s = x_j \wedge X_t \in B) \\
&= \sum_j \frac{P(X_r = x_i \wedge X_s = x_j \wedge X_t \in B)}{P(X_r = x_i \wedge X_s = x_j)} \cdot \frac{P(X_r = x_i \wedge X_s = x_j)}{P(X_r = x_i)} \\
&= \sum_j P(X_t \in B | X_r = x_i \wedge X_s = x_j) P(X_s = x_j | X_r = x_i) \\
&= \int_{\{x_1, x_2, \dots\}} P(s, y, t, B) P(r, x_i, s, dy).
\end{aligned}
$$

Jetzt wollen wir aus den vorgegebenen Übergangswahrscheinlichkeiten die endlichdimensionalen Verteilungen der entsprechenden stochastischen Prozesse konstruieren. Es sei $(X_t)_{t \geq s}$ die Familie der stochastischen Prozesse zu den gegebenen Übergangswahrscheinlichkeiten mit der Anfangsbedingung $X_s = x$. Für $s \leq t_1 < \cdots < t_n$ sei $P_{t_1, \dots, t_n}^{s, x}(B_1 \times \cdots \times B_n)$ die Wahrscheinlichkeit des Ereignisses $X_{t_1} \in B_1 \wedge \cdots \wedge X_{t_n} \in B_n$. Angesichts der gewünschten Interpretation der Übergangswahrscheinlichkeiten ist die Rekursionsformel

$$
P_{t_1, \dots, t_{n+1}}^{s, x}(B_1 \times \cdots \times B_{n+1}) = \int_{B_n} P(t_n, y, t_{n+1}, B_{n+1}) P_{t_1, \dots, t_n}^{s, x}(B_1 \times \cdots \times B_{n-1} \times dy)
$$

plausibel. Daraus ergibt sich durch Induktion die explizite Darstellung

$$P_{t_1,\ldots,t_n}^{s,x}(B_1 \times \cdots \times B_n) = \int_{B_1} \cdots \int_{B_{n-1}} P(t_{n-1}, y_{n-1}, t_n, B_n) \mu(dy_{n-1} \cdots dy_2 dy_1)$$

mit

$$\mu(dy_{n-1} \cdots dy_2 dy_1) = P(t_{n-2}, y_{n-2}, t_{n-1}, dy_{n-1}) \cdots P(t_1, y_1, t_2, dy_2) P(s, x, t_1, dy_1)$$

denn der Induktionsbeginn ist die Trivialität

$$P_{t_1}^{s,x}(B_1) = \int_{B_1} P(s, x, t_1, dy_1) = P(s, x, t_1, B_1)$$

und der Induktionsschritt ist die Rekursionsformel.

Wir fassen die bisherigen Überlegungen im folgenden Satz zusammen.

Satz 13.1

*Es sei E ein metrischer Raum mit dem System $\mathcal{B}$ seiner Borel-Mengen. Dann erzeugt eine Übergangswahrscheinlichkeit $P(s, x, ., .)$ auf $[s, \infty) \times \mathcal{B}$ einen **Markow-Prozess mit dem Startpunkt x und der Startzeit s** über die endlichdimensionalen Verteilungen*

$$P_{t_1,\ldots,t_n}^{s,x}(B_1 \times \cdots \times B_n) = \int_{B_1} \cdots \int_{B_{n-1}} P(t_{n-1}, y_{n-1}, t_n B_n) \mu(dy_{n-1} \cdots dy_2 dy_1)$$

mit

$$\mu(dy_{n-1} \cdots dy_2 dy_1) = P(t_{n-2}, y_{n-2}, t_{n-1}, dy_{n-1}) \cdots P(t_1, y_1, t_2, dy_2) P(s, x, t_1, dy_1)$$

für $s \leq t_1 < \cdots < t_n$.

Definition 13.2 Eine Übergangswahrscheinlichkeit P ist **zeitlich homogen**, wenn für alle $r \in \mathbb{R}$

$$P(s + r, x, t + r, B) = P(s, x, t, B)$$

gilt. P ist **räumlich homogen**, wenn für alle $y \in E$

$$P(s, x + y, t, B + y) = P(s, x, t, B)$$

gilt. ◆

Eine zeitlich homogene Übergangswahrscheinlichkeit lässt sich einfacher als eine nicht-negative Funktion P auf der Menge $[0, \infty) \times E \times \mathcal{B}$ mit den Eigenschaften

(Ü1) $P(t, x, .)$ ist ein Wahrscheinlichkeitsmaß
(Ü2) $P(t, ., B)$ ist messbar
(Ü3) $P(0, x, B) = 1$ für $x \in B$ und $P(0, x, B) = 0$ für $x \notin B$
(Ü4) $P(s + t, x, B) = \int_E P(t, y, B) P(s, x, dy)$ (Chapman-Kolmogorow-Gleichung)

formulieren. Die Zahl $P(t, x, B)$ ist zu deuten als die Wahrscheinlichkeit dafür, dass sich ein zur Zeit 0 im Punkt x befindliches Teilchen zur Zeit t in der Menge B ist.

13.2 Zeitlich homogene Markow-Prozesse

Für interessante Anwendungen genügt uns der Spezialfall von Markow-Prozessen, die durch zeitlich homogene Übergangswahrscheinlichkeiten erzeugt werden. Die Konstruktion solcher zeitlich homogenen Markow-Prozesse beruht auf dem folgenden Satz.

Satz 13.2

Zu jeder zeitlich homogenen Übergangswahrscheinlichkeit P auf $[0, \infty) \times E \times \mathcal{B}$ existieren ein Messraum $(\Omega, \mathcal{A})$, eine Schar von Wahrscheinlichkeitsmaßen $(P_x)_{x \in E}$ auf $(\Omega, \mathcal{A})$, eine monoton wachsende Schar $(\mathcal{M}_t)_{t \geq 0}$ von σ-Unteralgebren von $\mathcal{A}$ und eine Schar $(X_t)_{t \geq 0}$ von $\mathcal{M}_t$-$\mathcal{B}$-messbaren Funktionen mit den Eigenschaften

(K) $P_x(\{\omega \in \Omega : \quad X_t(\omega) \in B\}) = P(t, x, B)$

(V)   Zu $t \geq 0$ und $\omega \in \Omega$ existiert genau ein $\theta_t \omega \in \Omega$ mit $X_s(\theta_t \omega) = X_{s+t}(\omega)$ für alle $s \geq 0$

(M)   Für $t \geq 0$, $h \geq 0$, $B \in \mathcal{B}$ und $A \in \mathcal{M}_t$ gilt die Markow-Eigenschaft

$$P_x(\{\omega \in A : \quad X_{t+h}(\omega) \in B\}) = \int_{\omega \in A} P(h, X_t(\omega), B) P_x(d\omega).$$

Beweis. Wir orientieren uns am Beweis des Satzes von Kolmogorow und wählen als Ω die Menge der E-wertigen Funktionen auf $[0, \infty)$, $\mathcal{A}$ als die von den Zylindermengen erzeugte σ-Algebra, $X_t(\omega) = \omega(t)$ und $\mathcal{M}_t$ als die kleinste σ-Unteralgebra von $\mathcal{A}$, für die alle X_s mit $s \leq t$ $\mathcal{M}_t$-$\mathcal{B}$-messbar sind. Die Maße P_x sind entsprechend Satz 13.1 für Zylindermengen gegeben und dadurch auf $\mathcal{A}$ festgelegt. Die Zylindermenge

$$Z_t^B = \{\omega \in \Omega : X_t(\omega) \in B\}$$

hat das Maß

$$P_x(Z_t^B) = \int_B P(t, x, dy) = P(t, x, B)$$

entsprechend Satz 13.1, also gilt (K). Von der Transformation θ_t wird

$$X_s(\theta_t(\omega)) = X_{s+t}(\omega)$$

gefordert, also

$$(\theta_t \omega)(s) = \omega(s + t) \,,$$

das ist die einzig mögliche Definition von θ_t, die die Eigenschaft (V) erzwingt. (M) für $h = 0$ ist (K), wir können uns beim Nachweis von (M) also auf $h > 0$ beschränken. Für eine Zylindermenge der Form

$$A = Z_{t_1,\ldots,t_m}^{B_1 \times \cdots \times B_m} = \{\omega \in \Omega : \omega(t_i) \in B_i \text{ für } i = 1, \ldots, m\}$$

mit $t_1 < \cdots < t_m = t$ und $B_i \in \mathcal{B}$ gilt

$$P_x(\{\omega \in A : X_{t+h}(\omega) \in B\}) = P_x\left(Z_{t_1,\ldots,t_m,t_m+h}^{B_1 \times \cdots \times B_m \times B}\right).$$

Die rechte Seite dieser Gleichung lässt sich mit der Verteilung der vektoriellen Zufallsvariablen $(X_{t_1}, \ldots, X_{t_m}, X_{t_m+h})$ formulieren, und nach der im Abschn. 13.1 angegebenen Rekursionsformel gilt

$$P_{t_1,\ldots,t_m,t_m+h}^x(B_1 \times \cdots \times B_m \times B) = \int_{B_m} P(h, y, B) P_{t_1,\ldots,t_m}^x(B_1 \times \cdots \times B_{m-1} \times dy).$$

Das Maß, das der Borel-Menge $B* \subseteq B_m$ die Zahl

$$P_{t_1,\ldots,t_m}^x(B_1 \times \cdots \times B_{m-1} \times B^*) = P_x(\{\omega \in A : X_t \in B^*\})$$

zuordnet, ist das Bildmaß von P_x bzgl. der Funktion X_t, also gilt nach der Transformationsregel (Satz 7.5)

$$\int_{B_m} P(h, y, B) P_{t_1,\ldots,t_m}^x(B_1 \times \cdots \times B_{m-1} \times dy) = \int_A P(h, X_t(\omega), B) P_x(d\omega).$$

Damit haben wir (M) für alle Zylindermengen der Form $A = Z_{t_1,\ldots,t_m}^{B_1 \times \cdots \times B_m}$ gezeigt. Die σ-Hülle des durchschnittsstabilen Systems dieser Zylindermengen ist die σ-Algebra $\mathcal{M}_t$. Nach dem Eindeutigkeitssatz (Satz 6.3) gilt damit (M) für alle $A \in \mathcal{M}_t$.

Der soeben bewiesene Satz liefert eine Motivierung des Begriffs des Markow-Prozesses.

Definition 13.3 Ein **zeitlich homogener Markow-Prozess** $[\Omega, \mathcal{A}, E, \mathcal{B}, (\mathcal{M}_t)_{t \geq 0},$ $(X_t)_{t \geq 0}, (P_x)_{x \in E}]$ zu der zeitlich homogenen Übergangswahrscheinlichkeit P besteht aus zwei Messräumen $(\Omega, \mathcal{A})$ und $(E, \mathcal{B})$ (Phasenraum), einer monoton wachsenden Schar von σ-Unteralgebren $\mathcal{M}_t$ von $\mathcal{A}$, $\mathcal{M}_t$-$\mathcal{B}$-messbaren E-wertigen Funktionen X_t auf Ω und Wahrscheinlichkeitsmaßen P_x auf $(\Omega, \mathcal{A})$ mit den Eigenschaften

(M1) Für $B \in \mathcal{B}$ und $t \geq 0$ ist die Abbildung

$$x \mapsto P_x(\{\omega \in \Omega : X_t(\omega) \in B\}) = P(t, x, B)$$

   $\mathcal{B}$-messbar,

(M2) $P(0, x, B) = 1$ für $x \in B$ und $P(0, x, B) = 0$ für $x \notin B$,

(M3) Für $t \geq 0, h \geq 0, A \in \mathcal{M}_t, B \in \mathcal{B}$ gilt

$$P_x(\{\omega \in A : X_{t+h}(\omega) \in B\}) = \int_{\omega \in A} P(h, X_t(\omega), B) P_x(d\omega) \quad \text{(Markow-Eigenschaft)},$$

(M4) Zu $t \geq 0$ und $\omega \in \Omega$ existiert genau ein $\theta_t \omega \in \Omega$ mit $X_s(\theta_t \omega) = X_{s+t}(\omega)$.   ♦

Beispiel Der Phasenraum sei $E = \mathbb{R}^n$, ausgestattet mit der σ-Algebra der Borel-Mengen. Für positive t sei

$$P(t, x, B) = \frac{1}{\sqrt{2\pi t}^n} \int_B e^{-\frac{\|x-y\|^2}{2t}} dy,$$

ergänzt durch die im Axiom (M2) formulierte Erklärung für $P(0, x, B)$. Das Maß $P(t, x, .)$ ist also eine in Definition 3.2 eingeführte Normalverteilung in $\mathbb{R}^n$. Mit dem Quadrat der Norm ist natürlich

$$\|x - y\|^2 = (x - y)^2 = (x - y) \cdot (x - y) = x \cdot x - 2x \cdot y + y \cdot y = x^2 - 2x \cdot y + y^2$$

gemeint. Die im Abschn. 3.2 mit B bezeichnete symmetrische quadratische Matrix (die nichts zu tun hat mit der im aktuellen Abschnitt auch mit B bezeichneten Borel-Menge von $\mathbb{R}^n$) hat in der Hauptdiagonalen die Zahlen $1/t$ und außerhalb der Hauptdiagonalen Nullen. Nach Satz 3.1 sind die Erwartungswerte der n Komponenten von X_t die entsprechenden Komponenten des n-Tupels x, und die unabhängigen Komponenten von X_t haben die Varianz $1/(1/t) = t$. Um zu zeigen, dass die angegebene Funktion P eine Übergangswahrscheinlichkeit ist, muss noch die Chapman-Kolmogorow-Gleichung

$$P(s + t, x, B) = \int_E P(t, y, B) P(s, x, dy)$$

bestätigt werden. Für dieses P heißt das

$$\frac{1}{\sqrt{2\pi(s+t)}^n} \int_{z\in B} \exp\left(\frac{-(x-z)^2}{2(s+t)}\right) dz$$

$$= \frac{1}{(2\pi\sqrt{st})^n} \int_{y\in\mathbb{R}^n} \int_{z\in B} \exp\left(\frac{-(y-z)^2}{2t}\right) dz \exp\left(\frac{-(x-y)^2}{2s}\right) dy,$$

d. h.

$$\sqrt{\frac{2\pi st}{s+t}}^n \int_{z\in B} \exp\left(\frac{-(x-z)^2}{2(s+t)}\right) dz = \int_{z\in B} \int_{y\in\mathbb{R}^n} \exp\left(-\frac{(y-z)^2}{2t} - \frac{(x-y)^2}{2s}\right) dy\, dz.$$

Zu zeigen ist also

$$\int_{y\in\mathbb{R}^n} \exp\left(-\frac{y-z}{2t} - \frac{(x-y)^2}{2s}\right) dy = \sqrt{\frac{2\pi st}{s+t}}^n \exp\left(\frac{-(x-z)^2}{2(s+t)}\right).$$

Elementare Rechenregeln für das Skalarprodukt in $\mathbb{R}^n$ liefern

$$\frac{(y-z)^2}{2t} + \frac{(x-y)^2}{2s} = \frac{(s+t)y^2 - 2y(tx+sz) + sz^2 + tx^2}{2st}$$

$$= \frac{\left(\sqrt{s+t}\,y - \frac{tx+sz}{\sqrt{s+t}}\right)^2 - \frac{(tx+sz)^2}{s+t} + sz^2 + tx^2}{2st}$$

$$= \frac{\left(\sqrt{s+t}\,y - \frac{tx+sz}{\sqrt{s+t}}\right)^2}{2st} + \frac{(x-z)^2}{2(s+t)}.$$

Daraus folgt

$$\int_{\mathbb{R}^n} \exp\left(-\frac{y-z}{2t} - \frac{(x-y)^2}{2s}\right) dy = \int_{\mathbb{R}^n} \exp\left(-\frac{\left(\sqrt{s+t}\,y - \frac{tx+sz}{\sqrt{s+t}}\right)^2}{2st}\right) dy \exp\left(-\frac{(x-z)^2}{2(s+t)}\right)$$

$$= \int_{\mathbb{R}^n} \exp(-\tau^2)d\tau \sqrt{\frac{2st}{s+t}}^n \exp\left(-\frac{(x-z)^2}{2(s+t)}\right)$$

$$= \sqrt{\pi}^n \sqrt{\frac{2st}{s+t}}^n \exp\left(-\frac{(x-z)^2}{2(s+t)}\right).$$

Die gegebene Funktion P erfüllt also die Chapman-Kolmogorow-Gleichung und ist somit eine Übergangswahrscheinlichkeit. Im Fall $n = 3$ beschreibt der durch sie erzeugte Markow-Prozess einen Vorgang, der in den Naturwissenschaften als **Brown'sche**

Bewegung eines zum Zeitpunkt $t = 0$ im Punkt $x \in \mathbb{R}^3$ gestarteten Teilchens bezeichnet wird. Insbesondere ist abzulesen, dass alle Richtungen bei dieser Bewegung gleichwahrscheinlich sind und mit wachsendem t die Abschätzungen des Abstands vom Startpunkt gröber werden.

Das Axiom (M3) der Definition des zeitlich homogenen Markow-Prozesses lässt sich mit dem Begriff der bedingten Verteilung noch eleganter und suggestiver formulieren. Die linke Seite der für alle $A \in \mathcal{M}_t$ geforderten Gleichung

$$P_x(\omega \in A : X_{t+h}(\omega) \in B) = \int_A P(h, X_t(\omega), B) P_x(d\omega)$$

lässt sich als Integral mit dem Integranden

$$\chi_{X_{t+h}^{-1}(B)}(\omega) = \begin{cases} 1 & \text{für} \quad X_{t+h} \in B \\ 0 & \text{für} \quad X_{t+h} \notin B \end{cases}$$

schreiben. Sie lautet dann

$$\int_A \chi_{X_{t+h}^{-1}(B)}(\omega) = \int_A P(h, X_t(\omega), B) P_x(d\omega)$$

für alle A aus der σ-Algebra $\mathcal{M}_t$. Das bedeutet

$$P(h, X_t(\omega), B) = P_x(X_{t+h} \in B | \mathcal{M}_t).$$

Entsprechend der Definition der bedingten Verteilung (Definition 11.5) muss dabei ein separabler und vollständiger metrischer Raum als Phasenraum E vorausgesetzt werden.

Für die Markow-Eigenschaft (M3) gibt es noch andere Formulierungen. Zu deren Beschreibung benötigen wir noch Umrechnungen für Funktionen auf Ω, die wir auch wieder mit θ_t bezeichnen. Wie schon für X_s definieren wir auch für reellwertige Funktionen ξ auf Ω

$$(\theta_t \xi)(\omega) = \xi(\theta_t \omega).$$

Die Inverse von θ_t, angewendet auf eine Teilmenge C von Ω, soll

$$(\theta_t)^{-1} C = \{\omega \in \Omega : \theta_t \omega \in C\}$$

sein.

Satz 13.3

Die Markow-Eigenschaft

(M3)   *Für $x \in E$, $t, h \geq 0$, $A \in \mathcal{M}_t$, $B \in \mathcal{B}$ gilt*

$$P_x(A \cap \{X_{t+h} \in B\}) = \int_{\omega \in A} P(h, X_t(\omega), B) P_x(d\omega)$$

ist äquivalent zu jeder der drei Eigenschaften

(M3′)   *Für $x \in E$, $t, h \geq 0$, $A \in \mathcal{M}_t$, f messbar und beschränkt gilt*

$$\int_{\omega \in A} f(X_{t+h}(\omega)) P_x(d\omega) = \int_{\omega \in A} \int_{y \in E} f(y) P(h, X_t(\omega), dy) P_x(d\omega)$$

(M3″)   *Für $x \in E$, $t \geq 0$, $A \in \mathcal{M}_t$, $C \in \mathcal{F} := \sigma(X_s, s > 0)$ gilt*

$$P_x(A \cap \theta_t^{-1} C) = \int_{\omega \in A} P_{X_t(\omega)}(C) P_x(d\omega)$$

(M3‴)   *Für $x \in E$, $t \geq 0$, $A \in \mathcal{M}_t$, ξ beschränkt und $\mathcal{F}$-messbar gilt*

$$\int_{\omega \in A} (\theta_t \xi)(\omega) P_x(d\omega) = \int_{\omega \in A} \int_{\omega' \in \Omega} \xi(\omega') P_{X_t(\omega)}(d\omega') P_x(d\omega).$$

Beweis. Wir müssen mehrere Implikationen bestätigen.

(M3′)⇒(M3):   (M3) ist der Spezialfall von (M3′) für die Funktion $f = \chi_B$.

(M3)⇒(M3′):   Die zu beweisende Gleichung gilt für χ_B, aus Gründen der Linearität dann auch für Treppenfunktionen, nach dem Satz von Levi dann auch für f^+ und f^- und schließlich auch für $f = f^+ - f^-$.

(M3″)⇒(M3):   (M3) ist der Spezialfall von (M3″) für die Menge $C = \{X_h \in B\}$, denn es gilt

$$(\theta_t)^{-1} C = \{\omega \in \Omega : \theta_t \omega \in C\} = \{\omega \in \Omega : X_h(\theta_t \omega) \in B\} = \{\omega \in \Omega : X_{t+h}(\omega) \in B\}.$$

(M3‴)⇒(M3″):   Wir zeigen, dass (M3″) der Spezialfall von (M3‴) für die Funktion $\xi = \chi_C$ ist. Es gilt

$$\theta_t \chi_C(\omega) = \chi_C(\theta_t \omega) = \begin{cases} 1 & \text{für} \quad \theta_t \omega \in C \Leftrightarrow \omega \in (\theta_t)^{-1} C \\ 0 & \text{für} \quad \theta_t \omega \notin C \Leftrightarrow \omega \notin (\theta_t)^{-1} C \end{cases},$$

also $\theta_t \chi_C = \chi_{\theta_t^{-1}C}$. Daraus folgt

$$\int_A (\theta_t \chi_C)(\omega) P_x(d\omega) = \int_A \chi_{\theta_t^{-1}C}(\omega) P_x(d\omega) = P_x(A \cap \theta_t^{-1}C),$$

und außerdem gilt

$$\int_{\omega \in A} \int_{\omega' \in \Omega} \chi_C(d\omega') P_{X_t(\omega)}(d\omega') P_x(d\omega) = \int_{\omega \in A} P_{X_t(\omega)}(C) P_x(d\omega).$$

(M3'')⇒(M3'''): Wie wir soeben festgestellt haben, gilt (M3''') wegen (M3'') für Funktionen $\xi = \chi_C$. Dann gilt (M3''') nach den Rechenregeln für Integrale auch für Treppenfunktionen, für ξ^+ und ξ^- und dann auch für $\xi = \xi^+ - \xi^-$.

(M3)∧(M3')⇒(M3''): Es genügt (M3'') zu zeigen für $C = \{X_{t_i} \in B_i, \ i = 1, \ldots, m\}$ mit $t_1 < \cdots < t_m \le t$, denn jede Seite der zu beweisenden Gleichung ist ein endliches Maß von C, und die Mengen dieser Gestalt bilden einen durchschnittsstabilen Erzeuger der σ-Algebra $\mathcal{F}$. Wir zeigen also (M3'') für alle Durchschnitte der Form

$$C = \{X_{t_1} \in B_1\} \cap \cdots \cap \{X_{t_m} \in B_m\}.$$

Das geschieht durch vollständige Induktion bzgl. der Anzahl der Mengen, deren Durchschnitt gebildet wird. Der Induktionsbeginn bezieht sich auf $C = \{X_{t_1} \in B_1\}$ und lässt sich noch leicht erledigen, denn es gilt

$$P_x(A \cap (\theta_t)^{-1}\{X_{t_1} \in B_1\}) = P_x(A \cap \{X_{t+t_1} \in B_1\})$$

und

$$\int_A P_{X_t(\omega)}(\{X_{t_1} \in B_1\}) P_x(d\omega) = \int_A P(t_1, X_t(\omega), B_1) P_x(d\omega),$$

was nach (M3) das Gleiche ist. Im Induktionsschritt von $m-1$ nach m setzen wir (M3'') für

$$C = \{X_{t_2-t_1} \in B_2\} \cap \{X_{t_3-t_1} \in B_3\} \cap \cdots \cap \{X_{t_m-t_1} \in B_m\}$$

voraus. Nach (M3') gilt für die Funktion

$$f(x) = \chi_{B_1}(x) P_x(\{X_{t_2-t_1} \in B_2\} \cap \cdots \cap \{X_{t_m-t_1} \in B_m\})$$

$$\int_A \int_E f(y) P(t_1, X_t(\omega), dy) P_x(d\omega) = \int_A f(X_{t+t_1}(\omega)) P_x(d\omega)$$

$$= \int_{A \cap \{X_{t+t_1} \in B_1\}} P_{X_{t+t_1}}(\omega)(\{X_{t_2-t_1} \in B_2\} \cap \cdots \cap \{X_{t_m-t_1} \in B_m\}) P_x(d\omega)$$

$$= \int_{A \cap \theta_t^{-1}\{X_{t_1} \in B_1\}} P_{X_{t+t_1}}(\omega)(\{X_{t_2-t_1} \in B_2\} \cap \cdots \cap \{X_{t_m-t_1} \in B_m\}) P_x(d\omega)$$

$$= P_x((A \cap \theta_t^{-1}\{X_{t_1} \in B_1\}) \cap \theta_{t+t_1}^{-1}(\{X_{t_2-t_1} \in B_2\} \cap \cdots \cap \{X_{t_m-t_1} \in B_m\}))$$

$$= P_x(A \cap \theta_t^{-1}(\{X_{t_1} \in B_1\} \cap \{X_{t_2} \in B_2\} \cap \cdots \cap \{X_{t_m} \in B_m\})).$$

Es gilt aber auch

$$\int_{\omega \in A} \int_{y \in E} f(y) P(t_1, X_t(\omega), dy) P_x(d\omega)$$

$$= \int_{\omega \in A} \int_{y \in B_1} P_y(\{X_{t_2-t_1} \in B_2\} \cap \cdots \cap \{X_{t_m-t_1} \in B_m\}) P(t_1, X_t(\omega), dy) P_x(d\omega)$$

$$= \int_{\omega \in A} \int_{\omega' \in \{X_{t_1} \in B_1\}} P_{X_{t_1}(\omega')}(\{X_{t_2-t_1} \in B_2\} \cap \cdots \cap \{X_{t_m-t_1} \in B_m\}) P_{X_t(\omega)}(d\omega') P_x(d\omega)$$

$$= \int_{\omega \in A} P_{X_t(\omega)}(\{X_{t_1} \in B_1\} \cap \theta_{t_1}^{-1}(\{X_{t_2-t_1} \in B_2\} \cap \cdots \cap \{X_{t_m-t_1} \in B_m\})) P_x(d\omega)$$

$$= \int_{\omega \in A} P_{X_t(\omega)}(\{X_{t_1} \in B_1\} \cap \{X_{t_2} \in B_2\} \cap \cdots \cap \{X_{t_m} \in B_m\}) P_x(d\omega),$$

insgesamt also

$$P_x(A \cap \theta_t^{-1}(\{X_{t_1} \in B_1\} \cap \cdots \cap \{X_{t_m} \in B_m\}))$$

$$= \int_A P_{X_t(\omega)}(\{X_{t_1} \in B_1\} \cap \cdots \cap \{X_{t_m} \in B_m\}) P_x(d\omega).$$

13.3 Pfadstetigkeit

Was die Pfade eines stochastischen Prozesses $[\Omega, \mathcal{A}, P, (X_t)_{t \in T}, E, \mathcal{B}]$ sind, ist allein schon durch den Namen dieses Begriffs leicht zu erraten. Jedes $\omega \in \Omega$ erzeugt eine Abbildung $t \mapsto X_t(\omega)$ von T nach E und damit eine Kurve im Phasenraum E. Jede dieser Funktionen ist ein **Pfad** dieses stochastischen Prozesses.

Definition 13.4 Ein stochastischer Prozess $[\Omega, \mathcal{A}, P, (X_t)_{t \geq 0}, E, \mathcal{B}]$ mit metrischem Phasenraum E ist **pfadstetig**, wenn P-fast-alle seiner Pfade stetig sind. ◆

Es lässt sich sofort ein (nicht sehr interessantes) Beispiel anführen. Die Menge Ω bestehe nur aus einem einzigen Element ω und $X_t(\omega) = f(t)$ zu einer vorgegebenen stetigen

Funktion f. Dann ist der einzige Pfad dieses vom Zufall überhaupt nicht abhängigen Prozesses stetig.

Die Pfadstetigkeit eines stochastischen Prozesses auf dem Wahrscheinlichkeitsraum $[\Omega, \mathcal{A}, P]$ besagt, dass für jede Menge A aus $\mathcal{A}$, die alle $\omega \in \Omega$ mit stetigen Pfaden enthält, $P(A) = 1$ gilt. Es wäre nicht sinnvoll, die Stetigkeit aller Pfade zu fordern, denn dann wäre jeder stochastische Prozess in kanonischer Darstellung nicht pfadstetig. Da es aber wünschenswert ist, dass sich die Pfadstetigkeit eines stochastischen Prozesses auf alle dazu stochastisch äquivalenten Prozesse überträgt, könnte dann überhaupt kein stochastischer Prozess pfadstetig sein.

Wir interessieren uns jetzt für eine Eigenschaft der Übergangswahrscheinlichkeit, die die Pfadstetigkeit des dazugehörigen zeitlich homogenen Markow-Prozesses erzwingt. Es ist zu vermuten, dass die Zahlen

$$P(t, x, \{y \in E : d(x, y) \geq r\}) = P_x(\{\omega \in \Omega : d(x, X_t(\omega)) \geq r\})$$

für $t \to 0$ schnell genug gegen 0 konvergieren sollten.

Satz 13.4 (Dynkin-Kinney)

Wenn die Funktionen

$$\alpha_r(h) := \sup_{x \in E, t \leq h} P(t, x, \{y \in E : d(x, y) \geq r\})$$

*zu der zeitlich homogenen Übergangswahrscheinlichkeit P auf dem metrischen Raum $[E, d]$ für alle positiven r die **Dynkin-Kinney-Bedingung***

(DK) $\lim_{h \to 0} \alpha_r(h)/h = 0$

erfüllen, ist der durch diese Übergangswahrscheinlichkeit P erzeugte zeitlich homogene Markow-Prozess pfadstetig.

Beweis. Wir beweisen den Satz in fünf Schritten.

1. Schritt: Wir zeigen, dass für jede positive Zahl ε und jede abzählbare Teilmenge $S = \{s_1, s_2, \ldots\}$ des abgeschlossenen Intervalls $[0, h]$ die Ungleichung

$$P_x\left(\bigcup_{s \in S} \{\omega \in \Omega : d(X_s(\omega), x) \geq \varepsilon\}\right) \leq 2\alpha_{\varepsilon/2}(h)$$

gilt. Dazu zerlegen wir die Menge

$$A = \bigcup_{k=1}^{\infty} \{d(X_{s_k}, x) \geq \varepsilon\}$$

in die beiden disjunkten Bestandteile

$$A = (A \cap \{d(X_h, x) \geq \varepsilon/2\}) \cup (A \cap \{d(X_h, x) < \varepsilon/2\})$$

und damit das Maß $P_x(A)$ von A in die Summe

$$P_x(A) = P_x(A \cap \{d(X_h, x) \geq \varepsilon/s\}) + P_x(A \cap \{d(X_h, x) < \varepsilon/2\}).$$

Der erste Summand lässt sich leicht abschätzen zu

$$P_x(A \cap \{d(X_h, x) \geq \varepsilon/2\}) \leq P_x(\{d(X_h, x) \geq \varepsilon/2\}) \leq \alpha_{\varepsilon/2}(h).$$

Für den zweiten Summanden ist der Nachweis der gewünschten Abschätzung wesentlich aufwändiger. Wir schreiben A als Vereinigung $A = A_1 \cup A_2 \cup \cdots$ der paarweise disjunkten Mengen

$$A_k = \{d(X_{s_1}, x) < \varepsilon\} \cap \cdots \cap \{d(X_{s_{k-1}}, x) < \varepsilon\} \cap \{d(X_h, x) \geq \varepsilon\}$$

und erhalten

$$P_x(A \cap \{d(X_h, x) < \varepsilon/2\}) = \sum_{k=1}^{\infty} P_x(A_k \cap \{d(X_h, x) < \varepsilon/2\}).$$

Aus

$$\{d(X_h, x) < \varepsilon/2\} = \{X_{s_k + (h - s_k)} \in \{y : d(x, y) < \varepsilon/2\}\}$$

folgt nach der Forderung (M3) von Definition 13.3

$$P_x(A_k \cap \{d(X_h, x) < \varepsilon/2\}) = \int_{A_k} P(h - s_k, X_{s_k}(\omega), \{y : d(x, y) < \varepsilon/2\}) P_x(d\omega).$$

Wegen $d(X_{s_k}(\omega), x) \geq \varepsilon$ für $\omega \in A_k$ impliziert $d(x, y) < \varepsilon/2$ für solche ω die Ungleichung $d(X_{s_k}, y) \geq \varepsilon/2$. Dadurch haben wir

$$P_x(A_k \cap \{d(X_h, x) < \varepsilon/2\})$$

$$\leq \int_{A_k} P(h - s_k, X_{s_k}(\omega), \{y : d(X_{s_k}(\omega), y) \geq \varepsilon/2\}) P_x(d\omega) \leq \int_{A_k} \alpha_{\varepsilon/2}(h) P_x(d\omega)$$

und damit insgesamt

$$P_x(A \cap \{d(X_h, x) < \varepsilon/2\}) = \sum_{k=1}^{\infty} P_x(A_k \cap \{d(X_h, x) < \varepsilon/2\})$$

$$\leq \sum_{k=1}^{\infty} \int_{A_k} \alpha_{\varepsilon/2}(h) P_x(d\omega) = \alpha_{\varepsilon/2}(h) \int_A P_x(d\omega) \leq \alpha_{\varepsilon/2}(h)$$

erhalten.

2. Schritt: Wir übertragen das Ergebnis des ersten Schrittes vom Intervall $[0, h]$ auf ein Intervall $[h_1, h_2]$ mit $0 < h_1 < h_2$. Die Folge der Zahlen s_k liegt jetzt im Intervall $[h_1, h_2]$. Zu zeigen ist die Ungleichung

$$P_x\left(\bigcup_{k=1}^{\infty} \{\omega \in \Omega : d(X_{s_k}(\omega), X_{h_1}(\omega)) \geq \varepsilon\}\right) \leq 2\alpha_{\varepsilon/2}(h_2 - h_1).$$

Die Formulierung (M3'') der Markow-Eigenschaft, angewendet auf $A = \Omega$ und

$$C = \bigcup_{k=1}^{\infty} \{\omega \in \Omega : d(X_{s_k-h_1}(\omega), X_0(\omega)) \geq \varepsilon\},$$

liefert

$$P_x\left(\bigcup_{k=1}^{\infty} \{d(X_{s_k}, X_{h_1}) \geq \varepsilon\}\right) = P_x\left(\theta_{h_1}^{-1}\left(\bigcup_{k=1}^{\infty} \{d(X_{s_k-h_1}, X_0) \geq \varepsilon\}\right)\right)$$

$$= \int_{\Omega} P_{X_{h_1}(\omega)}(C) P_x(d\omega) \leq \int_{\Omega} 2\alpha_{\varepsilon/2}(h_2 - h_1) P_x(d\omega)$$

$$= 2\alpha_{\varepsilon/2}(h_2 - h_1).$$

3. Schritt: Zu vorgegebener abzählbarer Menge T nichtnegativer Zahlen bilden wir die Menge C_T aller E-wertigen Funktionen ω auf $[0, \infty)$, deren Einschränkungen auf $T \cap [0, N]$ (N beliebige natürliche Zahl) gleichmäßig stetig sind, und konstruieren eine P^x-Nullmenge D_T, die das Komplement C_T' von C_T umfasst. Zu natürlichen Zahlen m, n und $k = 0, 1, 2, \ldots$ sei

$$D_{m,n,k} = \bigcup_{t \in T \cap [\frac{k}{n}, \frac{k+2}{n}]} \{\omega \in \Omega : d(\omega(k/n), \omega(t)) \geq 1/m\}$$

und

$$D_T = \bigcup_{N=1}^{\infty} \bigcup_{m=1}^{\infty} \bigcap_{n=1}^{\infty} \bigcup_{k=0}^{Nn-1} D_{m,n,k}.$$

Es sei $\omega \in C'_T$, es existiere also ein N, sodass die Einschränkung von ω auf $T \cap [0, N]$ nicht gleichmäßig stetig ist. Deshalb existiert eine natürliche Zahl m, sodass zu jeder natürlichen Zahl n in $T \cap [0, N]$ Zahlen $t_n < t'_n$ mit $t' - t_n < \frac{1}{n}$ existieren, sodass trotz $|t_n - t'_n| < \frac{1}{n}$ die Ungleichung

$$d(\omega(t_n), \omega(t'_n)) \geq \frac{2}{m}$$

gilt. Die Zahl $k \in \{0, 1, 2, \ldots, Nn - 1\}$ sei durch

$$\frac{k}{n} \leq t_n < \frac{k+1}{n}$$

festgelegt, dann gilt auch

$$\frac{k}{n} < t'_n < \frac{k+2}{n}.$$

Nach der Dreiecksungleichung für die Metrik d ist die Aussage

$$d(\omega(\frac{k}{n}), \omega(t_n)) < \frac{1}{m} \quad \wedge \quad d(\omega(\frac{k}{n}), \omega(t'_n)) < \frac{1}{m}$$

falsch, es gilt also

$$d(\omega(\frac{k}{n}), \omega(t_n)) \geq \frac{1}{m} \quad \vee \quad d(\omega(\frac{k}{n}), \omega(t'_n)) \geq \frac{1}{m}.$$

Damit haben wir für dieses $\omega \in C'_T$ gezeigt, dass natürliche Zahlen N und m existieren, sodass es für jede natürliche Zahl n ein $k \in \{0, 1, 2, \ldots, Nn - 1\}$ gibt mit $\omega \in D_{m,n,k}$. Symbolisch formuliert heißt das

$$\omega \in \bigcup_{N=1}^{\infty} \bigcup_{m=1}^{\infty} \bigcap_{n=1}^{\infty} \bigcup_{k=0}^{Nn-1} D_{m,n,k} = D_T,$$

also $C'_T \subseteq D_T$. Um $P_x(D_T) = 0$ zu beweisen, zeigen wir für beliebige natürliche Zahlen N und m

$$P_x \left(\bigcap_{n=1}^{\infty} \bigcup_{k=0}^{Nn-1} D_{m,n,k} \right) = 0.$$

Nach den Rechenregeln für Maße gilt

$$P_x \left(\bigcap_{n=1}^{\infty} \bigcup_{k=0}^{Nn-1} D_{m,n,k} \right) \leq \inf_n P_x \left(\bigcup_{k=0}^{Nn-1} D_{m,n,k} \right) \leq \inf_n (Nn \sup_k P_x(D_{m,n,k})).$$

Die Überlegungen in den ersten beiden Schritten haben die Abschätzung

$$P_x(D_{m,n,k}) \le 2\alpha_{1/(2m)}(2/n)$$

geliefert. Mit der Dynkin-Kinney-Bedingung erhalten wir daraus

$$P_x\left(\bigcap_{n=1}^{\infty}\bigcup_{k=0}^{Nn-1} D_{m,n,k}\right) \le \inf_n(2Nn\alpha_{1/(2m)}(2/n)) = 4N\inf_n((n/2)\alpha_{1/(2m)}(2/n))$$

$$= 4N\lim_{n\to\infty}(\alpha_{1/(2m)}(2/n)/(1/(2/n))) = 0.$$

4. Schritt: Wir beweisen das folgende maßtheoretische Lemma: Zu jedem $A \in \mathcal{B}^{[0,\infty)}$ existiert eine abzählbare Teilmenge T von $[0,\infty)$ mit der folgenden Eigenschaft: Wenn zu $\omega \in E^{[0,\infty)}$ ein $\omega_0 \in A$ existiert, dessen Einschränkung $\omega_0/_T$ auf T mit der Einschränkung $\omega/_T$ übereinstimmt, dann gehört auch ω zu A. Der Beweis beruht darauf, dass wir zeigen, dass das System $\mathcal{A}$ aller Mengen $A \in \mathcal{B}^{[0,\infty)}$ mit dieser Eigenschaft eine σ-Algebra ist, die alle Zylindermengen enthält. Das hieße dann $\mathcal{A} \supset \mathcal{B}^{[0,\infty)}$, weil $\mathcal{B}^{[0,\infty)}$ die kleinste σ-Algebra ist, die alle Zylindermengen enthält. Dass die Gesamtmenge $E^{[0,\infty)}$ zu $\mathcal{A}$ gehört, ist selbstverständlich. Für jede Folge $A_1, A_2, \ldots$ von Mengen A_i aus $\mathcal{A}$ gehört auch $A = \bigcup_{i=1}^{\infty} A_i$ zu $\mathcal{A}$, denn zu jeder der Mengen A_i gibt es eine abzählbare Teilmenge $T_i \subset [0,\infty)$ mit der geforderten Eigenschaft, und die Vereinigung $T = \bigcup_{i=1}^{\infty} T_i$ der abzählbar vielen abzählbaren Mengen T_i ist auch abzählbar und hat bzgl. $\mathcal{A}$ die geforderte Eigenschaft. Jetzt zeigen wir, dass mit A auch das Komplement A' zu $\mathcal{A}$ gehört. Es sei $\omega \in A'$, also $\omega \notin A$, und $\omega_0(t) = \omega(t)$ für $t \in \{t_1, t_2, \ldots\}$. Dann gilt auch $\omega_0 \in A'$, denn $\omega_0 \in A$ würde $\omega \in A$ implizieren und damit $\omega \notin A$ widersprechen. Schließlich vermerken wir noch, dass jede Zylindermenge

$$Z^{B^{(n)}}_{t_1,\ldots,t_n} = \{\omega \in E^{[0,\infty)} : (\omega(t_1), \ldots, \omega(t_n)) \in B^{(n)}\}$$

zu $\mathcal{A}$ gehört, denn die Menge $\{t_1, \ldots, t_n\}$ ist endlich und damit erst recht abzählbar.

5. Schritt: Jetzt können wir endlich beweisen, dass für jede Menge A aus $\mathcal{A}$, die alle $\omega \in \Omega$ enthält, deren Pfade $t \mapsto X_t(\omega)$ stetig sind, für jedes $x \in E$ $P_x(A) = 1$ gilt. Dazu können wir uns auf den Standpunkt $\Omega = E^{[0,\infty)}$ und $\mathcal{A} = \mathcal{B}^{[0,\infty)}$ stellen. Die Teilmenge A aus $\mathcal{B}^{[0,\infty)}$ enthält also alle stetigen ω aus $E^{[0,\infty)}$. Wir wenden das im vorigen Schritt bewiesene Lemma auf die Menge A an und wählen eine abzählbare Menge $T = \{t_1, t_2, \ldots\} \subset [0,\infty)$ mit der dort beschriebenen Eigenschaft. Es sei A_0 die Menge aller $\omega \in E^{[0,\infty)}$, die für jede natürliche Zahl N gleichmäßig stetig auf $T \cap [0,N]$ sind. Wir zeigen jetzt $A_0 \subseteq A$ und später $P_x(A_0) = 1$. Zu $\omega_0 \in A_0$ konstruieren wir ein $\omega \in A$, indem wir die Funktionswerte von ω_0 auf T für ω übernehmen und anschließend ω stetig auf $[0,\infty)$ fortsetzen. Für dieses dadurch definierte ω aus A

gilt also $\omega_0(t_i) = \omega(t_i)$ und dem Lemma zufolge damit $\omega_0 = \omega$, also $\omega_0 \in A$.
Wir beweisen jetzt $P_x(A_0) = 1$, indem wir eine P_x-Nullmenge konstruieren, die das
Komplement A_0' von A_0 umfasst. $\omega \in A_0'$ heißt $\omega \notin A_0$, es gibt also (mindestens eine)
natürliche Zahl N, sodass ω nicht gleichmäßig stetig auf $T \cap [0, N]$ ist, also kann man
für manche natürlichen Zahlen m mit keiner natürlichen Zahl n durch $|t_i - t_j| < \frac{1}{n}$ die
Ungleichung $d(\omega(t_i), \omega(t_j)) < \frac{2}{m}$ erzwingen, es gibt also natürliche Zahlen m, sodass
für jede natürliche Zahl n trotz $|t_i - t_j| < \frac{1}{n}$

$$d(\omega(t_i), \omega(t_j)) \geq \frac{2}{m}$$

gilt. Zu solchen Zahlen $0 \leq t_i < t_j$ aus $T \cap [0, N]$ gehört eine Zahl $k = 0, 1, 2, \ldots, Nn-1$
mit

$$t_i \in \left[\frac{k}{n}, \frac{k+1}{n}\right) \quad \wedge \quad t_j \in \left[\frac{k}{n}, \frac{k+2}{n}\right).$$

Dann gilt

$$d\left(\omega(t_i), \omega\left(\frac{k}{n}\right)\right) \geq \frac{1}{m} \quad \vee \quad d\left(\omega(t_j), \omega\left(\frac{k}{n}\right)\right) \geq \frac{1}{m},$$

denn das Gegenteil

$$d\left(\omega(t_i), \omega\left(\frac{k}{n}\right)\right) < \frac{1}{m} \quad \wedge \quad d\left(\omega(t_j), \omega\left(\frac{k}{n}\right)\right) < \frac{1}{m}$$

würde nach der Dreiecksungleichung für die Metrik d implizieren $d(\omega(t_i), \omega(t_j)) < \frac{2}{m}$
und damit einen Widerspruch ergeben. In Formeln ausgedrückt bedeutet das alles

$$A_0' \subseteq \bigcup_{N=1}^{\infty} \bigcup_{m=1}^{\infty} \bigcap_{n=1}^{\infty} \bigcup_{k=0}^{Nn-1} \bigcup_{\frac{k}{n} \leq t_i < \frac{k+2}{n}} \left\{\omega : d\left(\omega\left(\frac{k}{n}\right), \omega(t_i)\right) \geq \frac{1}{m}\right\}.$$

Nach den Überlegungen in den ersten beiden Schritten gilt für die Mengen

$$B_{N,m,n,k} = \bigcup_{\frac{k}{n} \leq t_i < \frac{k+2}{n}} \left\{\omega : d\left(\omega\left(\frac{k}{n}\right), \omega(t_i)\right) \geq \frac{1}{m}\right\}$$

die Abschätzung

$$P_x(B_{N,m,n,k}) \leq 2\alpha_{1/(2m)}\left(\frac{2}{n}\right)$$

und damit

$$P_x \left(\bigcup_{k=0}^{Nn-1} B_{N,m,n,k} \right) \leq 2Nn\alpha_{1/(2m)} \left(\frac{2}{n} \right).$$

Die Dynkin-Kinney-Bedingung bewirkt, dass die Majorante auf der rechten Seite der letzten Ungleichung für jedes Paar natürlicher Zahlen N und m für n gegen ∞ gegen 0 konvergiert. Daraus folgt

$$P_x \left(\bigcap_{n=1}^{\infty} \bigcup_{k=0}^{Nn-1} B_{N,m,n,k} \right) = 0$$

für alle natürlichen Zahlen N und m und damit

$$P_x \left(\bigcup_{N=1}^{\infty} \bigcup_{m=1}^{\infty} \bigcap_{n=1}^{\infty} \bigcup_{k=0}^{Nn-1} B_{N,m,n,k} \right) = 0.$$

Dann gilt für die kleinere Teilmenge A_0' erst recht $P_x(A_0') = 0$, also $P_x(A_0) = 1$, und insgesamt

$$1 \geq P_x(A) \geq P_x(A_0) = 1$$

und damit wie gewünscht $P(A) = 1$.

Für pfadstetige stochastische Prozesse bietet es sich an, ihre kanonische Darstellung leicht zu modifizieren. Die Grundmenge $E^{[0,\infty)}$ verkleinern wir zur Menge C_E aller stetigen E-wertigen Funktionen auf $[0, \infty)$. Die Schnittmengen $A \cap C_E$ mit $A \in \mathcal{B}^{[0,\infty)}$ sollen dann die σ-Algebra $\mathcal{C}$ auf dieser kleineren Grundmenge bilden. Das Maß solcher Schnittmengen übernehmen wir von der σ-Algebra $\mathcal{B}^{[0,\infty)}$, das heißt, wir definieren $P(A \cap C_E) = P(A)$. Da wir wissen, dass das Komplement C_E' in einer P-Nullmenge enthalten ist, übertragen sich alle Rechenregeln für das P von der σ-Algebra $\mathcal{B}^{[0,\infty)}$ auf die σ-Algebra $\mathcal{C}$.

Der folgende Satz liefert das in unserem Kontext wichtigste Beispiel eines pfadstetigen Markow-Prozesses in $\mathbb{R}^n$, ausgestattet mit der euklidischen Metrik.

Satz 13.5

Der durch die Übergangsfunktion

$$P(t, x, B) = \frac{1}{\sqrt{2\pi t}^n} \int_B e^{-\frac{\|x-y\|^2}{2t}} \, dy$$

erzeugte die Brown'sche Bewegung in $\mathbb{R}^n$ beschreibende Markow-Prozess ist pfadstetig.

Beweis. Zum Nachweis der Dynkin-Kinney-Bedingung müssen wir das Integral

$$P(t, x, \{y \in \mathbb{R}^n : \|x - y\| \geq r\}) = \frac{1}{\sqrt{2\pi t}^n} \int_{\|x-y\| \geq r} e^{-\frac{\|x-y\|^2}{2t}} dy = \pi^{-\frac{n}{2}} \int_{\|z\| \geq \frac{r}{\sqrt{2t}}} e^{-z^2} dz$$

nach oben abschätzen. Die Integrationsmenge

$$\{(z^{(1)}, \ldots, z^{(n)}) \in \mathbb{R}^n : (z^{(1)})^2 + \cdots + (z^{(n)})^2 \geq r^2/(2t)\}$$

wird überdeckt durch die n Mengen

$$\{(z^{(1)}, \ldots, z^{(n)}) \in \mathbb{R}^n : |z^{(i)}| \geq r/\sqrt{2nt}\},$$

denn das Gegenteil $|z^{(i)}| < r/\sqrt{2nt}$ für alle $i = 1, \ldots, n$ würde

$$(z^{(1)})^2 + \cdots + (z^{(n)})^2 < r^2/(2t)$$

implizieren. Damit ist die Abschätzung

$$P(t, x, \{y \in \mathbb{R}^n : \|x - y\| \geq r\}) \leq \pi^{-\frac{n}{2}} \sum_{i=1}^{n} \left(\int_{-\infty}^{+\infty} e^{-s^2} ds \right)^{n-1} 2 \int_{r/\sqrt{2nt}}^{\infty} e^{-s^2} ds$$

gesichert. Bekannt ist schon aus Abschn. 2.2

$$\int_{-\infty}^{+\infty} e^{-s^2} ds = \sqrt{\pi}.$$

Für das andere Integral gilt

$$\int_{r/\sqrt{2nt}}^{\infty} 2e^{-s^2} ds \leq \int_{r/\sqrt{2nt}}^{\infty} 2 \frac{s}{r/\sqrt{2nt}} e^{-s^2} ds = -\frac{\sqrt{2nt}}{r} \int_{r/\sqrt{2nt}}^{\infty} (-2s)e^{-s^2} ds$$

$$= \frac{\sqrt{2nt}}{r} e^{-r^2/(2nt)} \leq \frac{\sqrt{2nt}}{r} \frac{2nt}{r^2} = \frac{(2nt)^{3/2}}{r^3}.$$

Dabei berufen wir uns im vorletzten Schritt auf die Ungleichung $e^{-x} < \frac{1}{x}$, die aus $e^x > x$ folgt. Jetzt können wir zusammenfassen

$$P(t, x, \{y \in \mathbb{R}^n : \|x - y\| \geq r\}) \leq \pi^{-n/2} n \pi^{(n-1)/2} (2nt)^{3/2}/r^3$$

$$= \frac{2^{3/2} n^{5/2}}{\pi^{1/2} r^3} t^{3/2} = \frac{1}{r^3} \sqrt{\frac{8n^5}{\pi}} \sqrt{t^3}.$$

Daraus folgt

$$\frac{1}{h}\alpha_r(h) \le \frac{1}{h}\sup_{t\le h}\frac{1}{r^3}\sqrt{\frac{8n^5}{\pi}}\sqrt{t^3} = \frac{1}{r^3}\sqrt{\frac{8n^5}{\pi}}\sqrt{h},$$

was für $h \to 0$ gegen 0 konvergiert. Die Dynkin-Kinney-Bedingung ist also erfüllt und dieser Markow-Prozess ist deshalb pfadstetig.

Wenn der die Brown'sche Bewegung beschreibende Prozess in der für pfadstetige Prozesse üblichen kanonischen Form dargestellt ist, wird er nach Norbert Wiener **Wiener-Prozess** genannt.

13.4 Diffusion

Eine zeitlich homogene Übergangsfunktion P auf $[0, \infty) \times E \times B$ kann für jedes $t \ge 0$ zur Definition eines beschränkten linearen Operators P_t auf dem Banach-Raum $B(E, B)$ der beschränkten reellwertigen B-messbaren Funktionen f auf E verwendet werden. Diese Operatoren P_t sind definiert als

$$(P_t f)(x) = \int_{y \in E} f(y) P(t, x, dy).$$

Die Abschätzung

$$|(P_t f)(x)| \le \int_{y \in E} |f(y)| P(t, x, dy) \le \int_{y \in E} \|f\| P(t, x, dy) = \|f\| \int_{y \in E} P(t, x, dy) = \|f\|$$

liefert $\|P_t\| \le 1$ und zusammen mit dem Spezialfall $f = 1$ genauer $\|P_t\| = 1$. Aus der Chapman-Kolmogorow-Gleichung folgt

$$(P_{s+t}f)(x) = \int_{y \in E} f(y) P(s + t, x, dy) = \int_{y \in E} f(y) \left(\int_{z \in E} P(t, z, dy) P(s, x, dz) \right)$$

$$= \int_{z \in E} \left(\int_{y \in E} f(y) P(t, z, dy) \right) P(s, x, dz) = \int_{z \in E} (P_t f)(z) P(s, x, dz) = P_s(P_t(f))(x),$$

also $P_{s+t} = P_s P_t$. Demnach bildet die Schar der Operatoren $(P_t)_{t \ge 0}$ bzgl. der Hintereinanderausführung eine kommutative Halbgruppe.

Zu einer Halbgruppe $(P_t)_{t \ge 0}$ von beschränkten linearen Operatoren P_t in einem gegebenen Banach-Raum mit $\|P_t\| \le 1$ lässt sich die lineare Abbildung

$$f \mapsto \lim_{t \to 0} \frac{P_t f - f}{t}$$

formulieren, die jedem f aus diesem Banach-Raum, für das dieser Grenzwert existiert, diesen Grenzwert zuordnet. Hier interessieren wir uns nur für den Spezialfall, dass der Banach-Raum aus den beschränkten und messbaren reellwertigen Funktionen f auf $\mathbb{R}^n$ besteht und die mit P_t bezeichneten Operatoren in der oben beschriebenen Weise durch eine Übergangswahrscheinlichkeit P erzeugt sind. Es ist nicht überraschend, dass die Existenz dieser Grenzwerte von Glattheitseigenschaften der Funktionen f abhängt. Eine Rolle spielt auch das Definitionsgebiet solcher Funktionen f. Um die entsprechende Forderung formulieren zu können, sei hier an den Begriff der Kompaktheit aus der Analysis in einer anderen Formulierung als im Abschn. 6.4 erinnert: Eine Teilmenge M eines vollständigen metrischen Raumes ist **kompakt**, wenn sich in jeder Folge von Elementen aus M eine in M konvergente Teilfolge finden lässt. Bekanntlich lassen sich die kompakten Teilmengen von $\mathbb{R}^n$ sehr übersichtlich charakterisieren: Eine Teilmenge M von $\mathbb{R}^n$ ist genau dann kompakt, wenn sie beschränkt und abgeschlossen ist. Im Zusammenhang mit dem infinitesimalen Operator einer Halbgruppe von Operatoren spielen die Funktionen mit kompaktem Träger eine Rolle. Der **Träger** einer stetigen reellwertigen Funktion f auf $\mathbb{R}^n$ ist die abgeschlossene Hülle der Menge aller $x \in \mathbb{R}^n$ mit $f(x) \neq 0$. Für eine **Funktion mit kompaktem Träger** ist also die Menge $\{x \in \mathbb{R}^n : f(x) \neq 0\}$ beschränkt.

Definition 13.5 Der **infinitesimale Operator** A der Halbgruppe $(P_t)_{t \leq 0}$ der Operatoren

$$(P_t f)(x) = \int_{y \in \mathbb{R}^n} f(y) P(t, x, dy)$$

ist

$$(Af)(x) = \lim_{t \to 0} \frac{(P_t f)(x) - f(x)}{t},$$

definiert auf der Menge aller beschränkten und messbaren reellwertigen Funktionen f auf $\mathbb{R}^n$, für die dieser Grenzwert existiert. ◆

Der folgende Satz liefert das für uns wichtigste Beispiel eines infinitesimalen Operators.

Satz 13.6

Die durch die die Brown'sche Bewegung beschreibende Übergangswahrscheinlichkeit

$$P(t, x, B) = \frac{1}{\sqrt{2\pi t}^n} \int_B e^{-\frac{\|x - y\|^2}{2t}} dy$$

> *erzeugte Halbgruppe hat den infinitesimalen Operator*
>
> $$Af = \frac{1}{2} \sum_{i=1}^{n} \frac{\partial^2 f}{(\partial x^{(i)})^2},$$
>
> *definiert auf dem linearen Raum der zweimal stetig differenzierbaren Funktionen f auf* $\mathbb{R}^n$ *mit kompaktem Träger.*

Der infinitesimale Operator A ist also $A = \frac{1}{2}\triangle$ mit dem in der Analysis **Laplace-Operator** genannten Differentialoperator

$$\triangle f = \sum_{i=1}^{n} \frac{\partial^2}{(\partial x^{(i)})^2}.$$

Beweis. Mit der Transformation

$$\frac{1}{\sqrt{2\pi t}^n} \int_{y \in \mathbb{R}^n} f(y) e^{-\frac{\|x-y\|^2}{2t}} dy = \frac{1}{\sqrt{\pi}^n} \int_{z \in \mathbb{R}^n} f(x + z\sqrt{2t}) e^{-\|z\|^2} dz$$

und der Taylor-Entwicklung

$$f(x + z\sqrt{2t}) = f(x) + \sqrt{2t} \sum_{i=1}^{n} z^{(i)} \frac{\partial f}{\partial x^{(i)}}(x) + \frac{1}{2!} 2t \sum_{i,k=1}^{n} z^{(i)} z^{(k)} \frac{\partial^2 f}{\partial x^{(i)} \partial x^{(k)}}(x + \theta z\sqrt{2t})$$

erhalten wir

$$(P_t f)(x) - f(x) = \frac{t}{\sqrt{\pi}^n} \sum_{i,k=1}^{n} \int_{z \in \mathbb{R}^n} z^{(i)} z^{(k)} \frac{\partial^2 f}{\partial x^{(i)} \partial x^{(k)}}(x + \theta z\sqrt{2t}) e^{-\|z\|^2} dz$$

mit Zahlen θ (abhängig von t und z) zwischen 0 und 1. Dabei haben wir die bekannte Gleichung

$$\frac{1}{\sqrt{\pi}^n} \int_{z \in \mathbb{R}^n} e^{-\|z\|^2} dz = 1$$

und die aus Symmetriegründen geltenden Gleichungen

$$\int_{z \in \mathbb{R}^n} z^{(i)} e^{-\|z\|^2} dz = 0$$

verwendet. Um die Ausdrücke $((P_t f)(x) - f(x))/t$ und $\frac{1}{2}\triangle f(x)$ vergleichen zu können, versuchen wir jetzt, $\triangle f$ in ähnlicher Weise wie $P_t f - f$ zu schreiben. Bereits im Abschn. 2.3

hatten wir bei der Berechnung der Varianz einer normalverteilten Zufallsvariablen durch partielle Integration eine Gleichung gewonnen, die in unserer aktuellen Notation

$$\int_{-\infty}^{+\infty} (z^{(i)})^2 e^{-(z^{(i)})^2} dz^{(i)} = \frac{1}{2}\sqrt{\pi}$$

bedeutet. Daraus folgt

$$\int_{z\in\mathbb{R}^n} (z^{(i)})^2 e^{-\|z\|^2} dz = \int_{-\infty}^{+\infty} (z^{(i)})^2 dz^{(i)} \prod_{k\neq i} \int_{-\infty}^{+\infty} e^{-(z^{(k)})^2} dz^{(k)} = \frac{1}{2}\sqrt{\pi}^n$$

und damit

$$\frac{\partial^2 f}{(\partial x^{(i)})^2}(x) = \frac{2}{\sqrt{\pi}^n} \int_{z\in\mathbb{R}^n} (z^{(i)})^2 \frac{\partial^2 f}{(\partial x^{(i)})^2}(x) e^{-\|z\|^2} dz,$$

also

$$\frac{1}{2}\triangle f(x) = \frac{1}{\sqrt{\pi}^n} \sum_{i=1}^{n} \int_{z\in\mathbb{R}^n} (z^{(i)})^2 \frac{\partial^2 f}{(\partial x^{(i)})^2}(x) e^{-\|z\|^2} dz.$$

Wegen

$$\int_{z\in\mathbb{R}^n} z^{(i)} z^{(k)} e^{-\|z\|^2} dz = 0$$

für $i \neq k$ (auch wieder aus Symmetriegründen) gilt genauso

$$\frac{1}{2}\triangle f(x) = \frac{1}{\sqrt{\pi}^n} \sum_{i,k=1}^{n} \int_{z\in\mathbb{R}^n} z^{(i)} z^{(k)} \frac{\partial^2 f}{\partial x^{(i)} \partial x^{(k)}}(x) e^{-\|z\|^2} dz.$$

Der Abstand der Zahlen $((P_t f)(x) - f(x))/t$ und $\frac{1}{2}\triangle f(x)$ lässt sich nun abschätzen zu

$$\left| \frac{(P_t f)(x)}{t} - \frac{1}{2}\triangle f(x) \right|$$

$$\leq \frac{1}{\sqrt{\pi}^n} \sum_{i,k=1}^{n} \int_{z\in\mathbb{R}^n} |z^{(i)}||z^{(k)}| \left| \frac{\partial^2 f}{\partial x^{(i)} \partial x^{(k)}}(x + \theta z\sqrt{2t}) - \frac{\partial^2 f}{\partial x^{(i)} \partial x^{(k)}}(x) \right| e^{-\|z\|^2} dz.$$

Wegen der Stetigkeit der involvierten partiellen Ableitungen konvergieren die Integranden für $t \to 0$ gleichmäßig gegen 0, und damit ist die Konvergenz von $(P_t f - f)/t$ gegen $\frac{1}{2}\triangle f$ für $t \to 0$ bestätigt.

Definition 13.6 Ein pfadstetiger zeitlich homogener Markow-Prozess in $\mathbb{R}^n$ ist ein **Diffusionsprozess**, wenn der infinitesimale Operator der entsprechenden Halbgruppe von Operatoren mindestens für alle zweimal stetig differenzierbaren Funktionen mit kompaktem Träger definiert ist und dort übereinstimmt mit einem elliptischen Differentialoperator

$$(Lf)(x) = \frac{1}{2}\sum_{i,k=1}^{n} a_{ik}(x)\frac{\partial^2 f}{\partial x^{(i)}\partial x^{(k)}}(x) + \sum_{i=1}^{n} b_i(x)\frac{\partial f}{\partial x^{(i)}},$$

wobei die stetigen Funktionen a_{ik} eine positiv definite symmetrische Matrix $(a_{ik}(x))$ bilden und auch die Funktionen b_i stetig sind. Die Matrix $(a_{ik}(x))$ ist die **Diffusionsmatrix** und die $b_i(x)$ bilden den **Driftvektor**.   ◆

Selbstverständlich ist die Brown'sche Bewegung eine Diffusion. Für jedes x ist ihre Diffusionsmatrix die Einheitsmatrix und der Driftvektor ist der Nullvektor.

Der folgende Satz motiviert die Benennungen der Matrix $(a_{ik}(x))$ und des Vektors $(b_i(x))$.

Satz 13.7

Für die Übergangswahrscheinlichkeit P eines Diffusionsprozesses in $\mathbb{R}^n$ gelte für alle $x \in \mathbb{R}^n$ und positive Zahlen r

$$\lim_{t\to 0}\frac{1}{t}P(t,x,\{y\in\mathbb{R}^n:\ \|x-y\|\geq r\}) = 0.$$

Dann berechnen sich die Komponenten $b_i(x)$ des Driftvektors und die Elemente $a_{ik}(x)$ der Diffusionsmatrix als Grenzwerte

$$b_i(x) = \lim_{t\to 0}\frac{1}{t}\int_{\{y\in\mathbb{R}^n:\ \|x-y\|<r\}}(y^{(i)}-x^{(i)})P(t,x,dy)$$

und

$$a_{ik}(x) = \lim_{t\to 0}\frac{1}{t}\int_{\{y\in\mathbb{R}^n:\ \|x-y\|<r\}}(y^{(i)}-x^{(i)})(y^{(k)}-x^{(k)})P(t,x,dy).$$

Beweis. Zur Beschreibung der Tragweite dieses Satzes sei zunächst darauf hingewiesen, dass die vorausgesetzte Grenzwertbeziehung nicht sehr einschränkend ist, denn sie ist eine Konsequenz der Dynkin-Kinney-Bedingung, und diese erzwingt ja die für eine Diffusion geforderte Pfadstetigkeit. Zum Nachweis von $b_i(x)$ als Grenzwert definieren wir $f(y) = y^{(i)} - x^{(i)}$ für $\|x-y\| < r$ und setzen f fort zu einer beschränkten zweimal stetig differenzierbaren Funktion mit $f(y) \neq 0$ nur auf einer beschränkten Teilmenge von $\mathbb{R}^n$. Dann gilt $f(x) = 0$ und $(Lf)(x) = b_i(x)$. Mit der Dreiecksungleichung für den Absolutbetrag können wir für positive t abschätzen

$$\left| \frac{1}{t} \int_{\|x-y\|<r} (y^{(i)} - x^{(i)}) P(t, x, dy) - b_i(x) \right|$$

$$\leq \frac{1}{t} \left| \int_{\|x-y\|<r} (y^{(i)} - x^{(i)}) P(t, x, dy) - \int_{\mathbb{R}^n} f(y) P(t, x, dy) \right| + \left| \frac{1}{t}(P_t f)(x) - b_i(x) \right|$$

$$= \frac{1}{t} \left| \int_{\|x-y\|\geq r} f(y) P(t, x, dy) \right| + \left| \frac{(P_t f - f)(x)}{t} - (Lf)(x) \right|.$$

Der erste Summand konvergiert für $t \to 0$ gegen 0 wegen der im Satz formulierten Voraussetzung. Der zweite Summand konvergiert gegen 0, weil L der infinitesimale Operator der Halbgruppe $(P_t)_{t \geq 0}$ ist. Ähnlich weisen wir die Grenzwertdarstellung der Funktion $a_{ik}(x)$ nach. Wir definieren $f(y) = (y^{(i)} - x^{(i)})(y^{(k)} - x^{(k)})$ für $\|x - y\| < r$ und setzen f wieder fort. Dann gilt wieder $f(x) = 0$ und $(Lf)(x) = a_{ik}(x)$. Mit der gleichen Strategie wie für $b_i(x)$ erhalten wir wieder die Abschätzung

$$\left| \frac{1}{t} \int_{\|x-y\|<r} (y^{(i)} - x^{(i)})(y^{(k)} - x^{(k)}) P(t, x, dy) - a_{ik}(x) \right|$$

$$\leq \frac{1}{t} \left| \int_{\|x-y\|\geq r} f(y) P(t, x, dy) \right| + \left| \frac{(P_t f - f)(x)}{t} - (Lf)(x) \right|$$

und damit die gewünschte Konvergenz.

Satz 13.7 ermöglicht jetzt eine Interpretation der Koeffizienten $b_i(x)$ und $a_{ik}(x)$ des infinitesimalen Operators. Das Integral

$$\int_{\mathbb{R}^n} (y^{(i)} - x^{(i)}) P(t, x, dy)$$

wäre der Erwartungswert der Veränderung der i-ten Koordinate der Position des Teilchens im Verlauf von t Zeiteinheiten. Auch die Zahl

$$\frac{1}{P(t, x, \{y : \|x - y\| < r\})} \int_{\|x-y\|<r} (y^{(i)} - x^{(i)}) P(t, x, dy)$$

für einen relativ großen Radius r beschreibt eine solche durchschnittliche Veränderung, wobei aber extrem große Veränderungen bei der Durchschnittsbildung nicht berücksichtigt werden. Das n-Tupel $(b_1(x), \ldots, b_n(x))$ ist dann ungefähr die Durchschnittsgeschwindigkeit des Teilchens, was zum Namen Driftvektor passt. Analog lassen sich die Koeffizienten $a_{ik}(x)$ als Näherungswerte der Durchschnittsgeschwindigkeiten der Veränderungen der Varianzen und Kovarianzen deuten.

Noch übersichtlicher ist die Interpretation der Koeffizienten in dem Fall, dass der zeitlich homogene Markow-Prozess auch noch räumlich homogen ist. Die Übergangswahrscheinlichkeiten können wir dann kürzer $P(t, B)$ schreiben. Diese Zahl gibt die Wahrscheinlichkeit dafür an, dass das im Nullpunkt gestartete Teilchen sich zur Zeit t in der Menge B befindet. Das ist auch die Wahrscheinlichkeit dafür, dass sich ein im Punkt x gestartetes Teilchen zur Zeit t in der Menge befindet, die durch Verschiebung von B mit dem Ortsvektor x entsteht. In diesem räumlich homogenen Fall sind die Koeffizienten b_i und a_{ik} unabhängig vom Ort, sind also feste Zahlen. Das n-Tupel $(b_1, \ldots, b_n)$ ist dann die Geschwindigkeit der Erwartungswerte der Position des Teilchens und die Koeffizienten a_{ik} sind die „Geschwindigkeiten" der Varianzen und Kovarianzen der Koordinaten der Positionen.

13.5   Stoppzeiten

Es wird sich zeigen, dass ein Teilchen, das in einer beschränkten Teilmenge von $\mathbb{R}^n$ startet und sich entsprechend der Brown'schen Bewegung verhält, diese Teilmenge fast-sicher früher oder später (erstmalig) verlässt. Um zu beschreiben, wann und wo das geschieht, benötigt man den Begriff der Stoppzeit.

Definition 13.7 Zu einer monoton wachsenden Familie $(\mathcal{G}_t)_{t \geq 0}$ von σ-Algebren $\mathcal{G}_t$ von Teilmengen von Ω ist eine $(\mathcal{G}_t)$-**Stoppzeit** eine Abbildung τ von Ω nach $[0, \infty) \cup \{\infty\}$, für die für jedes $t \in [0, \infty)$ die Menge $\{\omega \in \Omega : \tau(\omega) \leq t\}$ zur σ-Algebra $\mathcal{G}_t$ gehört.   ◆

Es ist unmittelbar zu sehen, dass die Aussage, dass τ eine $(\mathcal{G}_t)$-Stoppzeit ist, umso stärker ist, je kleiner die σ-Algebren $\mathcal{G}_t$ sind.

Definition 13.8 Zu $(\mathcal{G}_t)_{t \geq 0}$ wie in Definition 13.7 bezeichnet $\mathcal{G}$ die kleinste σ-Algebra, die alle $\mathcal{G}_t$ umfasst.   ◆

Offensichtlich ist jede $(\mathcal{G}_t)$-Stoppzeit τ $\mathcal{G}$-messbar. Insbesondere gehört auch die Menge

$$\Omega_\tau = \{\omega \in \Omega : \tau(\omega) \in [0, \infty)\} = \bigcup_{n=1}^{\infty} \{\omega \in \Omega : \tau(\omega) \leq n\}$$

zu $\mathcal{G}$.

Satz 13.8

Für eine $(\mathcal{G}_t)$-Stoppzeit τ ist das System $\mathcal{G}_\tau$ aller Teilmengen A aus $\mathcal{G}$ mit der Eigenschaft, dass für jedes $t \in [0, \infty)$ die Menge $A \cap \{\omega \in \Omega : \tau(\omega) \leq t\}$ zu $\mathcal{G}_t$ gehört, eine σ-Algebra.

Beweis. Die Grundmenge Ω gehört zu $\mathcal{G}_\tau$, denn für alle t gehört $\Omega \cap \{\tau \leq t\} = \{\tau \leq t\}$ zu $\mathcal{G}_t$. Mit A gehört auch $\Omega \setminus A = A'$ zu $\mathcal{G}_\tau$, denn es gilt

$$(\Omega \setminus A) \cap \{\tau \leq t\} = \{\tau \leq t\} \setminus (A \cap \{\tau \leq t\}),$$

und sowohl $\{\tau \leq t\}$ als auch $A \cap \{\tau \leq t\}$ gehören zu $\mathcal{G}_t$. Mit $A_1, A_2, \ldots$ gehört wegen

$$\left(\bigcup_{n=1}^{\infty} A_n\right) \cap \{\tau \leq t\} = \bigcup_{n=1}^{\infty}(A_n \cap \{\tau \leq t\})$$

auch deren Vereinigung zu $\mathcal{G}_\tau$.

Jetzt wenden wir den Begriff der Stoppzeiten auf zeitlich homogene Markow-Prozesse an. Ein solcher Markow-Prozess (X_t) beinhaltet unter anderem eine monoton wachsende Folge von σ-Algebren $\mathcal{M}_t$. Wenn wir diese σ-Algebren so weit wie möglich verkleinern, ohne die Messbarkeitseigenschaften von X_t und die Monotonie zu beschädigen, kommen wir zu den σ-Algebren $\mathcal{F}_t$.

Definition 13.9 Zu einem Markow-Prozess (X_t) ist $\mathcal{F}_t$ die kleinste σ-Algebra, für die alle X_s mit $s \leq t$ $\mathcal{F}_t$-messbar sind. $\mathcal{F}_{t+}$ ist die größte σ-Algebra, die in allen $\mathcal{F}_s$ mit $s > t$ enthalten ist. $\mathcal{F}$ ist die kleinste σ-Algebra, die alle $\mathcal{F}_t$ (bzw. $\mathcal{F}_{t+}$) umfasst. $\qquad\qquad\blacklozenge$

Wir wenden uns jetzt dem in unserem Kontext wichtigsten Typ Stoppzeit zu, dem erstmaligen Verlassen einer vorgegebenen Teilmenge D von E. Was der Rand von D ist, ist für eine einfach geometrisch beschreibbare Teilmenge von $\mathbb{R}^2$ oder $\mathbb{R}^3$ anschaulich klar. Im Fall einer komplizierten Teilmenge D eines metrischen Raumes E muss man auf die strenge mathematische Definition zurückgreifen: Ein Punkt x ist ein **Randpunkt** von D, wenn jede noch so kleine „Kugel" $\{y \in E : d(x, y) < r\}$ um x sowohl Punkte aus D als auch Punkte, die nicht in D liegen, enthält. Die Menge aller Randpunkte von D wird in der Analysis mit ∂D bezeichnet. Die abgeschlossene Hülle $\bar{D}$ von D, also der Durchschnitt aller D umfassenden abgeschlossenen Teilmengen von E, lässt sich mit dem Rand ∂D als $\bar{D} = D \cup \partial D$ formulieren.

Satz 13.9

*Für einen pfadstetigen Markow-Prozess (X_t) ist die **Austrittszeit***

$$\tau_D(\omega) = \inf\{t \geq 0 : X_t(\omega) \notin \bar{D}\}$$

für eine offene Teilmenge D des metrischen Raumes E eine $(\mathcal{F}_{t+})$-Stoppzeit.

Beweis. Der Beweis beruht darauf, dass sich für jede positive Zahl u die Menge $\{\tau_D < u\}$ als Vereinigung aller Mengen $\{X_r \notin \bar{D}\}$ mit rationaler Zahl $r \in [0, u)$ darstellen lässt, was wir zunächst nachprüfen. Wenn für ω schon für ein rationales $r \in [0, u)$ $X_r(\omega)$ außerhalb $\bar{D}$ ist, gilt nach der Definition der Austrittszeit $\tau_D(\omega) \leq r < u$. Umgekehrt sei jetzt $\tau_D(\omega) < u$. Dann muss es nach der Definition der Austrittszeit ein v mit $\tau_D(\omega) \leq v < u$ und $X_v(\omega) \notin \bar{D}$ geben. Weil $\bar{D}'$ offen ist, gibt es wegen der Stetigkeit der Pfade eine rationale Zahl r mit $r < v < u$, für die auch schon $X_r(\omega) \notin \bar{D}$ gilt. Entsprechend der Definition von $\mathcal{F}_{t+}$ zeigen wir jetzt $\{\tau_D \leq t\} \in \mathcal{F}_s$ für $s > t$. Selbstverständlich gilt $\{\tau_D \leq t\} \subseteq \{\tau_D < t + \frac{1}{n}\}$ für jede natürliche Zahl n, insbesondere für alle n mit $t + \frac{1}{n} < s$. Die oben bewiesene Darstellung von $\{\tau_D < u\} = \{\tau_D + \frac{1}{n}\}$ liefert

$$\{\tau_D \leq t\} = \bigcap_{t+\frac{1}{n} \leq s} \{\tau_D < t + \frac{1}{n}\} = \bigcap_{t+\frac{1}{n} \leq s} \bigcup_{0 \leq r < 1 + \frac{1}{n}} \{X_r \notin \bar{D}\}.$$

Die Mengen $\{X_r \notin \bar{D}\}$ gehören zu $\mathcal{F}_r$ und damit erst recht zu $\mathcal{F}_s$. Da Operationen mit abzählbar vielen Bestandteilen von $\mathcal{F}_s$ nicht aus dieser σ-Algebra hinausführen, gehört auch die Menge $\{\tau_D \leq t\}$ zu $\mathcal{F}_s$.

Der folgende Satz besagt, dass die Brown'sche Bewegung ein in $\bar{D}$ gestartetes Teilchen fast sicher irgendwann aus dieser beschränkten Menge hinausführt.

Satz 13.10

Es sei D eine offene und beschränkte Teilmenge von $\mathbb{R}^n$ und τ_D die Austrittszeit zu D bzgl. der bei $x \in \bar{D}$ gestarteten Brown'schen Bewegung. Dann gilt

$$P_x(\{\tau_D < \infty\}) = 1.$$

Beweis. Wir zeigen die Ungleichung

$$P_x(\{\tau_D < \infty\}) > 1 - \varepsilon$$

für alle positiven ε. Dazu wählen wir eine so große positive Zahl r, dass die Kugel

$$B_r(x) = \{y \in \mathbb{R}^n : \|y - x\| \leq r\}$$

mit dem Radius r die Menge $\bar{D}$ überdeckt. Dann gilt für alle positiven t einerseits

$$P_x(\{X_t \notin B_r(x)\}) \leq P_x(\{X_t \notin \bar{D}\}) \leq P_x(\{\tau_D \leq t\}) \leq P_x(\{\tau_D < \infty\})$$

und andererseits

$$P_x(\{X_t \in B_r(x)\}) = 1 - \frac{1}{\sqrt{2\pi t}^n} \int_{B_r(x)} e^{-\frac{\|x-y\|^2}{2t}} dy > 1 - \int_{B_r(x)} dy = 1 - \frac{\lambda(B_r(x))}{\sqrt{2\pi t}^n}.$$

mit dem Lebesgue-Maß λ. Für positive Zahlen t, die so groß sind, dass

$$\frac{\lambda(B_r(x))}{\sqrt{2\pi t}^n} < \varepsilon$$

gilt, lässt sich zusammenfassen

$$P_x(\{\tau_D < \infty\}) > 1 - \frac{\lambda(B_r(x))}{\sqrt{2\pi t}^n} > 1 - \varepsilon.$$

Eine offene Teilmenge D von $\mathbb{R}^n$ gibt Anlass zu einer Zerlegung von $\mathbb{R}^n$ in die drei paarweise disjunkten Teile D, das Komplement $\bar{D}'$ der abgeschlossenen Hülle von D und dem **Rand** ∂D von D. Es ist plausibel, dass ein in $\bar{D}$ gestartetes Teilchen, das sich nach den Prinzipien eines pfadstetigen Markow-Prozesses bewegt, sich im Moment des erstmaligen Verlassens der Menge D auf dem Rand von D befindet. Es gilt also

Satz 13.11

> *Für einen pfadstetigen zeitlich homogenen Markow-Prozess (X_t) in $\mathbb{R}^n$, eine offene Teilmenge D von $\mathbb{R}^n$ und $x \in \bar{D}$ gilt*
>
> $$P_x(\{X_{\tau_D} \in \partial D\}) = 1.$$

Zur Klärung der Messbarkeit der Funktion X_τ für einen Markow-Prozess (X_t) und eine Stoppzeit τ benötigen wir den folgenden Begriff.

Definition 13.10 Für eine monoton wachsende Familie $(\mathcal{G}_t)_{t\geq 0}$ von σ-Algebren $\mathcal{G}_t$ von Teilmengen von Ω heißt eine E-wertige Funktion Y auf $[0, \infty) \times \Omega$ $(\mathcal{G}_t)$- **progressiv-messbar**, wenn für jede Zahl $t \geq 0$ die Einschränkung von Y auf $[0, t] \times \Omega$ $(\mathcal{B}_t \times \mathcal{G}_t)$-messbar ist, wobei $\mathcal{B}_t$ die σ-Algebra aller Borel-Mengen von $[0, t]$ ist. ◆

Offenbar ist die $(\mathcal{G}_t)$-progressive Messbarkeit eine Verschärfung der $(\mathcal{B} \times \mathcal{G})$-Messbarkeit. Selbstverständlich ist die Aussage, dass Y $(\mathcal{G}_t)$-progressiv-messbar ist, umso stärker, je kleiner die σ-Algebren $\mathcal{G}_t$ sind.

Satz 13.12

> *Jeder pfadstetige zeitlich homogene Markow-Prozess (X_t) ist $(\mathcal{F}_t)$-progressiv-messbar.*

Beweis. Wir konstruieren zunächst eine Folge von E-wertigen Funktionen Y_n auf $[0, \infty) \times \Omega$ und zeigen deren $(\mathcal{F}_t)$-progressive Messbarkeit. Y_n sei definiert durch

$$Y_n(s, \omega) = X_{k/n}(\omega),$$

wobei die nichtnegative ganze Zahl k durch $\frac{k}{n} \leq s < \frac{k+1}{n}$ charakterisiert sei. Die Menge

$$\{(s, \omega) \in [0, t] \times \Omega : Y_n(s, \omega) \in B\}$$

ist die Vereinigung

$$\bigcup_k \left(\left(\left[\frac{k}{n}, \frac{k+1}{n} \right) \cap [0, t] \right) \times \{ \omega \in \Omega : X_{k/n}(\omega) \in B \} \right),$$

wobei k die Menge aller nichtnegativen ganzen Zahlen mit $\frac{k}{n} \leq t$ durchläuft. Die Schnittmengen

$$\left[\frac{k}{n}, \frac{k+1}{n} \right) \cap [0, t]$$

gehören zu $\mathcal{B}_t$ und die Mengen $\{ \omega \in \Omega : X_{k/n}(\omega) \in B \}$ gehören zu $\mathcal{F}_{k/n}$ und damit erst recht zu $\mathcal{F}_t$, also sind alle Y_n $(\mathcal{F}_t)$-progressiv-messbar. Weil für alle $s \in [0, t]$ und fast alle $\omega \in \Omega$ die Folge der Zahlen $Y_n(s, \omega)$ für $n \to \infty$ gegen $X_s(\omega)$ konvergiert, ist dann auch die Abbildung $(s, \omega) \mapsto X_s(\omega)$ $(\mathcal{B}_t \times \mathcal{F}_t)$-messbar, der Markow-Prozess (X_t) also $(\mathcal{F}_t)$-progressiv-messbar.

Satz 13.13

Für eine $(\mathcal{G}_t)$-progressiv-messbare Funktion Y, eine $(\mathcal{G}_t)$-Stoppzeit τ und $t \geq 0$ ist die Funktion

$$Z(\omega) = Y(t + \tau(\omega), \omega) \quad auf \quad \Omega_\tau$$

$\mathcal{G}$-messbar.

Beweis. Die Abbildung Z lässt sich in zwei Stufen

$$\omega \mapsto (t + \tau(\omega), \omega) \mapsto Y(t + \tau(\omega), \omega)$$

realisieren. Weil Y $(\mathcal{G}_t)$-progressiv-messbar ist, ist die zweite Stufe $(\mathcal{B} \times \mathcal{G})$-messbar. Es bleibt zu zeigen, dass die erste Stufe $\mathcal{G}$-$(\mathcal{B} \times \mathcal{G})$-messbar ist. Dazu untersuchen wir für $T \in \mathcal{B}$ und $A \in \mathcal{G}$ die Menge

$$\{ \omega \in \Omega_\tau : t + \tau(\omega) \in T \ \wedge \ \omega \in A \} = A \cap \{ \omega \in \Omega_\tau : t + \tau(\omega) \in T \}.$$

Weil τ eine $(\mathcal{G}_t)$-Stoppzeit ist, gehört die Menge $\{ \omega \in \Omega_\tau : t + \tau(\omega) \in T \}$ zu $\mathcal{G}$, also gehört auch ihr Durchschnitt mit A zu $\mathcal{G}$.

Satz 13.14

> *Für einen pfadstetigen zeitlich homogenen Markow-Prozess* (X_t) *in* $\mathbb{R}^n$ *und eine offene Teilmenge* D *von* $\mathbb{R}^n$ *mit der Austrittszeit* τ_D *ist die* $\mathbb{R}^n$*-wertige Funktion* $X_{t+\tau_D(\omega)}(\omega)$ *auf* Ω_{τ_D} $\mathcal{F}$*-messbar.*

Beweis. Satz 13.9 zufolge ist Satz 13.14 der Spezialfall von Satz 13.13 für $\mathcal{G}_t = \mathcal{F}_{t+}$ und damit $\mathcal{G} = \mathcal{F}$.

Die in der Definition des Begriffs des zeitlich homogenen Markow-Prozesses geforderte Abbildung θ_t in Ω für $t \geq 0$ erzeugt auch für eine Stoppzeit τ eine Abbildung θ_τ in Ω, definiert als

$$\theta_\tau \omega = \theta_{\tau(\omega)} \omega.$$

Wie schon im Spezialfall θ_t zieht das eine Umrechnung von Funktionen ξ auf Ω zu Funktionen $\theta_\tau \xi$ auf Ω_τ, definiert als

$$(\theta_\tau \xi)(\omega) = \xi(\theta_\tau \omega),$$

nach sich. Für eine Teilmenge A von Ω ist das Urbild bzgl. der Abbildung θ_τ die Menge

$$(\theta_\tau)^{-1} A = \{\omega \in \Omega_\tau : \theta_\tau \omega \in A\}.$$

Offenbar gelten die Rechenregeln

$$\theta_\tau^{-1} \Omega = \Omega_\tau$$
$$\theta_\tau^{-1}(\Omega \setminus A) = \Omega_\tau \setminus \theta_\tau^{-1} A$$
$$\theta_\tau^{-1}(\cup_i A_i) = \cup_i \theta_\tau^{-1} A_i$$
$$\theta_\tau^{-1}(\cap_i A_i) = \cap_i \theta_\tau^{-1} A_i.$$

Für die charakteristische Funktion

$$\chi_A(\omega) = \begin{cases} 1 & \text{für} \quad \omega \in A \\ 0 & \text{für} \quad \omega \notin A \end{cases}$$

einer Teilmenge A von Ω ist

$$(\theta_\tau \chi_A)(\omega) = \chi_A(\theta_\tau \omega) = \begin{cases} 1 & \text{für} \quad \theta_\tau \omega \in A \\ 0 & \text{für} \quad \theta_\tau \omega \notin A \end{cases},$$

also

$$\theta_\tau \chi_A = \chi_{\theta_\tau^{-1} A}.$$

Satz 13.15

Für einen Markow-Prozess (X_t), der bzgl. einer wachsenden Familie von σ-Algebren $\mathcal{G}_t$ mit $\mathcal{F}_t \subseteq \mathcal{G}_t \subseteq \mathcal{F}$ progressiv-messbar ist, und eine $(\mathcal{G}_t)$-Stoppzeit τ gehört für jede Menge A aus $\mathcal{F}$ auch $\theta_\tau^{-1}A$ zu $\mathcal{F}$.

Beweis. Es sei $\mathcal{F}^*$ das System aller Mengen A aus $\mathcal{F}$ mit $\theta_\tau^{-1}A \in \mathcal{F}$. Aus den aufgelisteten Rechenregeln für die Transformation $A \mapsto \theta_\tau^{-1}A$ folgt, dass $\mathcal{F}^*$ eine σ-Algebra ist. Wir zeigen jetzt, dass $\mathcal{F}^*$ alle Mengen $\{\omega \in \Omega : X_t(\omega) \in B\}$ (B Borel-Menge) enthält, denn dann würde neben $\mathcal{F}^* \subseteq \mathcal{F}$ auch $\mathcal{F}^* \supseteq \mathcal{F}$, also insgesamt $\mathcal{F}^* = \mathcal{F}$ sein. Das Urbild von $\{X_t \in B\}$ ist

$$\theta_\tau^{-1}\{\omega \in \Omega : X_t(\omega) \in B\} = \{\omega' \in \Omega_\tau : X_t(\theta_\tau\omega') \in B\}.$$

Entsprechend der in Satz 13.2 als Aussage (V) formulierten Charakterisierung der Verschiebung ist

$$X_t(\theta_\tau\omega') = X_{t+\tau(\omega')}(\omega').$$

Weil die Funktion $X_{t+\tau(\omega)}(\omega)$ nach Satz 13.13 $\mathcal{G}$-messbar ist, gilt

$$\theta_\tau^{-1}\{\omega \in \Omega : X_t(\omega) \in B\} = \{\omega' \in \Omega_\tau : X_{t+\tau(\omega')}(\omega') \in B\} \in \mathcal{G} = \mathcal{F}.$$

Satz 13.16

Für einen $(\mathcal{G}_t)$-progressiv-messbaren Markow-Prozess mit $\mathcal{F}_t \subseteq \mathcal{G}_t \subseteq \mathcal{F}$ und eine $(\mathcal{G}_t)$-Stoppzeit ist mit einer $\mathcal{F}$-messbaren reellwertigen Funktion ξ auch $\theta_\tau\xi$ $\mathcal{F}$-messbar.

Beweis. Mit der Gleichung

$$\{\omega \in \Omega_\tau : (\theta_\tau\xi)(\omega) \le c\} = \theta_\tau^{-1}\{\omega' \in \Omega : \xi(\omega') \le c\}$$

ist Satz 13.16 zurückgeführt auf Satz 13.15.

13.6   Die strenge Markow-Eigenschaft

Satz 13.17

Es sei (X_t) ein $(\mathcal{G}_t)$-progressiv-messbarer Markow-Prozess mit $\mathcal{F}_t \subseteq \mathcal{G}_t \subseteq \mathcal{F}$ und τ eine $(\mathcal{G}_t)$-Stoppzeit. Dann sind die folgenden vier Aussagen äquivalent:

(SM) $P_x(A \cap \{X_t \in B\}) = \int_A P(h, X_{\tau(\omega)}(\omega), B)P_x(d\omega)$

        für $h \ge 0$, $A \in \mathcal{G}_\tau$, $A \subseteq \Omega_\tau$, $B \in \mathcal{B}$

(SM') $\quad \int_A f(X_{\tau(\omega)+h}) P_x(d\omega) = \int_A \int_E f(y) P(h, X_{\tau(\omega)}(\omega), dy) P_x(d\omega)$
für messbare beschränkte Funktion f auf E, $h \geq 0$, $A \in \mathcal{G}_\tau$, $A \subseteq \Omega_\tau$

(SM'') $\quad P_x(A \cap \theta_\tau^{-1} C) = \int_A P_{X_{\tau(\omega)}(\omega)}(C) P_x(d\omega)$
für $A \in \mathcal{G}_\tau$, $A \subseteq \Omega_\tau$, $C \in \mathcal{F}$

(SM''') $\quad \int_A (\theta_\tau \xi)(\omega) P_x(d\omega) = \int_A \int_\Omega \xi(\omega') P_{X_{\tau(\omega)}(\omega)}(d\omega') P_x(d\omega)$
für $\mathcal{F}$-messbare beschränkte Funktion ξ auf Ω, $A \in \mathcal{G}_\tau$, $A \subseteq \Omega_\tau$.

Beweis. (SM) ist (SM') für $f = \chi_B$. Umgekehrt folgt aus (SM) wegen der Linearität der Integrale (SM') für Treppenfunktionen f und nach dem Grenzwertsatz von Lebesgue schließlich auch für die messbaren Funktionen. Es gilt also (SM)$\Leftrightarrow$(SM'). (SM'') für die Zylindermenge C_h^B ist (SM), denn

$$\theta_\tau^{-1} C_h^B = \{\omega \in \Omega_\tau : \theta_\tau \omega \in C_h^B\} = \{\omega \in \Omega_\tau : X_h(\theta_\tau \omega) \in B\}$$

$$= \{\omega \in \Omega_\tau : X_{\tau(\omega)+h}(\omega) \in B\}$$

und

$$P_{X_{\tau(\omega)}(\omega)}(C_h^B) = P_{X_{\tau(\omega)}(\omega)}(\{\omega' \in \Omega : X_h(\omega') \in B\}) = P(h, X_{\tau(\omega)}(\omega), B),$$

also (SM'')$\Rightarrow$(SM). (SM''') für $\xi = \chi_C$ ist (SM''), denn

$$\int_A (\theta_\tau \chi_C)(\omega) P_x(d\omega) = \int_A \chi_{\theta_\tau^{-1} C}(\omega) P_x(d\omega) = P_x(A \cap \theta_\tau^{-1} C)$$

und

$$\int_A \int_\Omega \chi_C(\omega') P_{X_{\tau(\omega)}(\omega)}(d\omega') P_x(d\omega) = \int_A P_{X_{\tau(\omega)}(\omega)}(C) P_x(d\omega),$$

also (SM''')$\Rightarrow$(SM''). Die Umkehrung (SM''')$\Leftarrow$(SM'') gilt auch, denn sie lässt sich mit der gleichen Argumentation wie für die Implikation (SM)$\Rightarrow$(SM') begründen. Es bleibt nur noch zu zeigen, dass (SM'') aus (SM)$\wedge$(SM') folgt. Jede der beiden Seiten der zu beweisenden Gleichung

$$P_x(A \cap \theta_\tau^{-1} C) = \int_A P_{X_{\tau(\omega)}(\omega)}(C) P_x(d\omega)$$

ist als Funktion von C ein Maß. Deshalb genügt es, diese Gleichung für Zylindermengen

$$C = \{\omega \in \Omega : X_{t_1}(\omega) \in B_1, \dots, X_{t_m}(\omega) \in B_m\}$$

zu bestätigen. Das geschieht durch vollständige Induktion. Der Beginn ist wegen

$$X_{t_1}(\theta_\tau \omega) = (\theta_\tau X_{t_1})(\omega) = X_{\tau(\omega)+t_1}(\omega)$$

und

$$P_{X_{\tau(\omega)}(\omega)}(\{X_t \in B_1\}) = P(t_1, X_{\tau(\omega)}(\omega), B_1)$$

(SM) für $h = t_1$ und $B = B_1$, ist also erfüllt. Um den Induktionsschritt von $m-1$ nach m auszuführen, definieren wir die Mengen

$$C_1 = \{\omega \in \Omega : X_{t_1}(\omega) \in B_1\}$$

$$C_2 = \{\omega \in \Omega : X_{t_2}(\omega) \in B_2, \ldots, X_{t_m}(\omega) \in B_m\}$$

$$C_3 = \{\omega \in \Omega : X_{t_2-t_1}(\omega) \in B_2, \ldots, X_{t_m-t_1}(\omega) \in B_m\}.$$

(SM′) für die Funktion

$$f(x) = \chi_{B_1}(x)P_x(C_3)$$

heißt

$$\int_{A \cap \{X_{\tau+t_1} \in B_1\}} P_{X_{\tau(\omega)+t_1}}(C_3)P_x(d\omega) = \int_A \int_{B_1} P_y(C_3)P(t_1, X_{\tau(\omega)}(\omega), dy)P_x(d\omega).$$

Wegen $\{X_{\tau+t_1} \in B_1\} = \theta_\tau^{-1}C_1$ und der Induktionsvoraussetzung, angewendet auf die Stoppzeit $\tau + t_1$, ist das linke Integral

$$P_x((A \cap \theta_\tau^{-1}C_1) \cap \theta_{\tau+t_1}^{-1}C_3) = P_x(A \cap (\theta_\tau^{-1}C_1 \cap \theta_\tau^{-1}C_2))$$

$$= P_x(A \cap \theta_\tau^{-1}(C_1 \cap C_2)) = P_x(A \cap \theta_\tau^{-1}C).$$

Das innere Integral auf der rechten Seite obiger Gleichung ist

$$\int_{B_1} P_y(C_3)P(t_1, X_{\tau(\omega)}(\omega), dy) = \int_{\omega' \in C_1} P_{X_{t_1}(\omega')}(C_3)P_{X_{\tau(\omega)}(\omega)}(d\omega')$$

$$= P_{X_{\tau(\omega)}(\omega)}(C_1 \cap \theta_{t_1}^{-1}C_3) = P_{X_{\tau(\omega)}(\omega)}(C_1 \cap C_2) = P_{X_{\tau(\omega)}(\omega)}(C)$$

gemäß der Transformationsregel Satz 7.5 und der Induktionsvoraussetzung, angewendet auf die konstante Stoppzeit t_1. Damit ist die Gleichung

$$P_x(A \cap \theta_\tau^{-1} C) = \int_A P_{X_{\tau(\omega)}(\omega)}(C) P_x(d\omega)$$

für alle Zylindermengen und damit auch für alle zugelassenen Mengen C bewiesen.

Definition 13.11 Ein zeitlich homogener Markow-Prozess (X_t) hat für eine monoton wachsende Familie von σ-Algebren $\mathcal{G}_t$ mit $\mathcal{F}_t \subseteq \mathcal{G}_t \subseteq \mathcal{F}$ genau dann die $(\mathcal{G}_t)$- **strenge-Markow-Eigenschaft**, wenn er $(\mathcal{G}_t)$-progressiv-messbar ist und die vier äquivalenten Bedingungen (SM), (SM'), (SM''), (SM''') erfüllt.   ◆

Wie der Name schon suggeriert, ist die strenge Markow-Eigenschaft eine Verschärfung der Markow-Eigenschaft. Das sieht man besonders eindrucksvoll durch einen Vergleich von Definition 13.11 und Satz 13.3.

Definition 13.12 Ein zeitlich homogener Markow-Prozess mit metrischem Zustandsraum E ist ein **Feller-Prozess**, wenn für jede beschränkte stetige reellwertige Funktion f auf E auch die Funktionen

$$(P_t f)(x) = \int_E f(y) P(t, x, dy) = \int_\Omega f(X_t(\omega)) P_x(d\omega)$$

stetig sind.   ◆

Der folgende Satz liefert das für uns wichtigste Beispiel.

Satz 13.18

Der die Brown'sche Bewegung in $\mathbb{R}^n$ beschreibende Markow-Prozess ist ein Feller-Prozess.

Beweis. Zu zeigen ist die Stetigkeit der Funktionen

$$(P_t f)(x) = \frac{1}{\sqrt{2\pi}^n} \int_{\mathbb{R}^n} f(x) e^{-\frac{\|x-y\|^2}{2t}} dy = \pi^{-n/2} \int_{\mathbb{R}^n} f(x + \sqrt{2t}z) e^{-\|z\|^2} dz$$

in jedem Punkt $x_0 \in \mathbb{R}^n$. Es sei $|f(y)| \leq c$ für alle y und ε positiv. Wir wählen einen „Radius" r, sodass

$$\pi^{-n/2} \int_{\|z\|>r} e^{-\|z\|^2} dz < \frac{\varepsilon}{4c}$$

ist. Da f gleichmäßig stetig auf jeder abgeschlossenen und beschränkten Teilmenge von E ist, können wir eine positive Zahl δ wählen, sodass dort $|f(x_1) - f(x_2)| < \varepsilon/2$ für $\|x_1 - x_2\| < \delta$ gilt. Dann können wir für $\|x - x_0\| < \delta$ abschätzen

$$|(P_tf)(x) - (P_tf)(x_0)| \leq \pi^{-\frac{n}{2}} \int_{z \in \mathbb{R}^n} |f(x + \sqrt{2t}z) - f(x_0 + \sqrt{2t}z)|e^{-\|z\|^2}dz$$

$$= \pi^{-\frac{n}{2}} \int_{\|z\| \leq r} |f(x + \sqrt{2t}z) - f(x_0 + \sqrt{2t}z)|e^{-\|z\|^2}dz$$

$$+ \pi^{-\frac{n}{2}} \int_{\|z\| > r} |f(x + \sqrt{2t}z) - f(x_0 + \sqrt{2t}z)|e^{-\|z\|^2}dz$$

$$\leq \pi^{-\frac{n}{2}} \int_{\|z\| \leq r} \frac{\varepsilon}{2}e^{-\|z\|^2}dz + \pi^{-\frac{n}{2}} \int_{\|z\| > r} 2ce^{-\|z\|^2}dz \leq \frac{\varepsilon}{2} + 2c\frac{\varepsilon}{4c} = \varepsilon.$$

Satz 13.19

Für einen Feller-Prozess und beschränkte stetige Funktionen $f_1, \ldots, f_m$ auf seinem Zustandsraum E ist auch die Funktion

$$f(x) = \int_\Omega \prod_{k=1}^m f_k(X_{t_k}(\omega))P_x(d\omega)$$

auf E stetig.

Beweis. Wir können uns auf den Standpunkt $0 \leq t_1 < \cdots < t_m$ stellen. Es bietet sich ein Induktionsbeweis an. Der Beginn $m = 1$ ist die Feller-Eigenschaft, ist also erfüllt. Der Induktionsschritt von m auf $m + 1$ beruht auf der im Abschn. 13.2 angegebenen Rekursionsformel

$$P^x_{t_1,\ldots,t_{m+1}}(b_1 \times \cdots \times B_{m+1}) = \int_{B_m} P(t_{m+1} - t_m, y, B_{m+1})P^x_{t_1,\ldots,t_m}(B_1 \times \cdots \times B_{m-1} \times dy),$$

denn nach der Transformationsregel gilt

$$\int_\Omega \prod_{k=1}^{m+1} f_k(X_{t_k}(\omega))P_x(d\omega) = \int_{E^{m+1}} \prod_{k=1}^{m+1} f_k(y_k)P^x_{t_1,\ldots,t_{m+1}}(dy_1 \times \cdots \times dy_{m+1})$$

$$= \int_{y_1} \cdots \int_{y_{m+1}} f_{m+1}(y_{m+1}) \cdots f_1(y_1)P(t_{m+1} - t_m, y_m, dy_{m+1})P^x_{t_1,\ldots,t_m}(dy_1 \times \cdots \times dy_m)$$

$$= \int_{y_1} \cdots \int_{y_{m+1}} f_{m+1}(y_{m+1})P(t_{m+1} - t_m, y_m, dy_{m+1})f_m(y_m) \cdots f_1(y_1)P^x_{t_1,\ldots,t_m}(dy_1 \cdots dy_m)$$

$$= \int_{y_1} \cdots \int_{y_m} (P_{t_{m+1}-t_m}f_{m+1})(y_m)f_m(y_m) \cdots f_1(y_1)P^x_{t_1,\ldots,t_m}(dy_1 \cdots dy_m)$$

$$= \int_\Omega (P_{t_{m+1}-t_m}f_{m+1})(X_{t_m}(\omega))f_m(X_{t_m}(\omega))f_{m-1}(X_{t_{m-1}}(\omega)) \cdots f_1(X_{t_1}(\omega))P_x(d\omega).$$

Die Funktion $P_{t_{m+1}-t_m}f_{m+1}$ ist wegen der Feller-Eigenschaft stetig, damit ist auch das Produkt der beiden Funktionen $P_{t_{m+1}-t_m}f_{m+1}$ und f_m stetig. Somit hat das Integral eine Struktur wie im zu beweisenden Satz 13.19 formuliert, erzeugt durch die m stetigen Funktionen $f_1, \dots, f_{m-1}, (P_{t_{m+1}-t_m}f_{m+1})f_m$. Nach Induktionsvoraussetzung ist das Integral dann eine stetige Funktion von x.

Es wird sich herausstellen, dass jeder Feller-Prozess eine strenge Markow-Eigenschaft hat. Um das nachzuweisen, benötigen wir noch die folgenden Erkenntnisse aus der Mengenlehre.

Definition 13.13 Ein System $\mathcal{C}$ von Teilmengen einer Menge E ist ein μ-**System**, wenn $E \in \mathcal{C}$, $B_1 \cup B_2 \in \mathcal{C}$ für disjunkte Mengen B_1 und B_2 aus $\mathcal{C}$, $B_1 \setminus B_2 \in \mathcal{C}$ für $B_1 \supseteq B_2$ aus $\mathcal{C}$, $\bigcup_{n=1}^{\infty} B_n \in \mathcal{C}$ für jede monoton wachsende Folge (B_n) aus $\mathcal{C}$. ◆

Satz 13.20

> *Ein durchschnittsstabiles μ-System ist eine σ-Algebra.*

Beweis. Mit jeder Menge B gehört wegen $B' = E \setminus B$ auch das Komplement B' zu dem μ-System. Nach der Rechenregel

$$B_1 \cup B_2 = (B_1' \cap B_2')'$$

erzeugt die Durchschnittsstabilität deshalb auch eine Vereinigungsstabilität. Entsprechend Definition 6.1 muss nun nur noch gezeigt werden, dass für eine Folge von Mengen B_n aus dem μ-System auch deren Vereinigung zu diesem System gehört. Durch die Gleichung

$$\bigcup_{n=1}^{\infty} B_n = \bigcup_{n=1}^{\infty} \left(\bigcup_{k=1}^{n} B_k \right)$$

lässt sich das auf die entsprechende Eigenschaft einer monoton wachsenden Folge zurückführen, und damit ist auch diese Eigenschaft einer σ-Algebra gesichert.

Offensichtlich ist der Durchschnitt von μ-Systemen von Teilmengen einer Grundmenge E wieder ein μ-System. Das gibt die Möglichkeit, zu jedem Mengensystem $\mathcal{A}$ das kleinste $\mathcal{A}$ umfassende μ-System $\mu(\mathcal{A})$ als Durchschnitt aller $\mathcal{A}$ umfassenden μ-Systeme einzuführen.

Satz 13.21

> *Wenn das Mengensystem $\mathcal{A}$ durchschnittsstabil ist, dann ist auch das kleinste $\mathcal{A}$ umfassende μ-System $\mu(\mathcal{A})$ durchschnittsstabil.*

Beweis. Zu dem durchschnittsstabilen Mengensystem $\mathcal{A}$ bilden wir das $\mathcal{A}$ umfassende Mengensystem

$$\mathcal{A}^* = \{B^* \subseteq E : B^* \cap B \in \mu(\mathcal{A}) \quad \text{für alle} \quad B \in \mathcal{A}\}$$

und zeigen, dass $\mathcal{A}^*$ ein μ-System ist. $E \in \mathcal{A}^*$ folgt aus $E \cap B = B \in \mathcal{A} \subseteq \mathcal{A}^*$. Zu disjunkten Mengen B_1 und B_2 aus $\mathcal{A}^*$ sind auch die Mengen $B_1 \cap B$ und $B_2 \cap B$ disjunkt und gehören zu $\mu(\mathcal{A})$, und deshalb gehört auch

$$(B_1 \cup B_2) \cap B = (B_1 \cap B) \cup (B_2 \cap B)$$

zu $\mu(\mathcal{A})$. Für Mengen B_1 und B_2 aus $\mathcal{A}^*$ mit $B_1 \supseteq B_2$ gilt einerseits auch

$$(B_1 \cap B) \supseteq (B_2 \cap B)$$

und deshalb

$$(B_1 \cap B) \setminus (B_2 \cap B) \in \mu(\mathcal{A})$$

und andererseits

$$\begin{aligned}
(B_1 \cap B) \setminus (B_2 \cap B) &= (B_1 \cap B) \cap (B_2 \cap B)' = (B_1 \cap B) \cap (B_2' \cup B') \\
&= (B_1 \cap B \cap B_2') \cup (B_1 \cap B \cap B') = ((B_1 \cap B_2') \cap B) \cup \emptyset \\
&= (B_1 \setminus B_2) \cap B
\end{aligned}$$

und damit insgesamt $B_1 \setminus B_2 \in \mathcal{A}^*$. Wenn (B_n) eine monoton wachsende Folge aus $\mathcal{A}^*$ ist, ist auch die Folge $(B_n \cap B)$ in $\mu(\mathcal{A})$ monoton wachsend, und aus

$$\left(\bigcup_{n=1}^{\infty} B_n \right) \cap B = \bigcup_{n=1}^{\infty} (B_n \cap B) \in \mu(\mathcal{A})$$

folgt $\bigcup_{n=1}^{\infty} B_n \in \mathcal{A}^*$. Das sich nun als μ-System erwiesene System $\mathcal{A}^*$ muss $\mu(\mathcal{A})$ umfassen, und das liefert uns den Teilerfolg

$$(B^* \in (\mathcal{A})) \wedge (B \in \mathcal{A}) \implies (B^* \cap B) \in \mu(\mathcal{A}).$$

Um auch die gewünschte stärkere Implikation zu bestätigen, formulieren wir das Mengensystem

$$\mathcal{A}^{**} = \{B^* \subseteq E : B^* \cap B \in \mu(\mathcal{A}) \quad \text{für alle} \quad B \in \mu(\mathcal{A})\}.$$

Nach der bereits bewiesenen Implikation umfasst $\mathcal{A}^{**}$ das System $\mathcal{A}$. Mit den gleichen Argumenten wie für $\mathcal{A}^*$ ergibt sich, dass auch $\mathcal{A}^{**}$ ein μ-System ist und deshalb auch $\mu(\mathcal{A})$ umfasst. Also gilt die gewünschte Implikation

$$(B^* \in \mu(\mathcal{A})) \wedge (B \in \mu(\mathcal{A})) \implies (B^* \cap B) \in \mu(\mathcal{A}).$$

Satz 13.22

Jeder pfadstetige Feller-Prozess mit $\mathcal{M}_t \subseteq \mathcal{F}$ hat die $(\mathcal{M}_{t+})$-strenge Markow-Eigenschaft.

Beweis. Die monoton wachsende Schar der σ-Algebren $\mathcal{M}_t$ ist entsprechend Definition 13.3 Bestandteil des Markow-Prozesses. Nach Definition 13.9 gilt für die monoton wachsende Folge von σ-Algebren $\mathcal{F}_t$

$$\mathcal{F}_t \subseteq \mathcal{M}_t \subseteq \mathcal{M}_{t+}$$

und $\mathcal{M}_{t+} \subseteq \mathcal{F}$. Nach Satz 13.12 ist der gegebene pfadstetige Feller-Prozess $(\mathcal{F}_t)$-progressiv-messbar und damit erst recht $(\mathcal{M}_{t+})$-progressiv-messbar. Die Gleichung (SM$'$) beweisen wir in vier Schritten.

1. Schritt: Wir zeigen (SM$'$) für die Funktion $\tau_n(\omega) = \frac{k}{n}$, wobei k und n natürliche Zahlen mit der Eigenschaft

$$\frac{k-1}{n} \leq \tau(\omega) < \frac{k}{n}$$

sind. Natürlich gilt $\Omega_{\tau_n} = \Omega_\tau$. Die Funktionen τ_n sind $(\mathcal{M}_t)$-Stoppzeiten, denn für $t \in [0, \frac{1}{n})$ gilt

$$\{\omega \in \Omega : \tau_n(\omega) \leq t\} = \{\omega \in \Omega : \tau_n(\omega) = 0\} = \emptyset \in \mathcal{M}_t$$

und für $t \in [\frac{k}{n}, \frac{k+1}{n})$ gilt

$$\{\tau_n \leq t\} = \{\tau_n \leq \frac{k}{n}\} = \{\tau < \frac{k}{n}\} = \bigcup_{m=1}^{\infty} \{\tau \leq \frac{k}{n} - \frac{1}{m}\} \in \mathcal{M}_{k/n} \subseteq \mathcal{M}_t.$$

Wir bezeichnen $\mathcal{M}_{t+}$ jetzt handlicher als $\mathcal{H}_t$ und zeigen $\mathcal{H}_\tau \subseteq \mathcal{M}_{\tau_n}$. Die dementsprechende Implikation

$$A \in \mathcal{H}_\tau \implies A \in \mathcal{M}_{\tau_n}$$

ist von der Gleichungskette

$$A \cap \{\tau_n \le t\} = A \cap \left(\bigcup_{m=1}^{\infty} \left\{ \tau \le \frac{k}{n} - \frac{1}{m} \right\} \right) = \bigcup_{m=1}^{\infty} \left(A \cap \left\{ \tau \le \frac{k}{n} - \frac{1}{m} \right\} \right)$$

abzulesen, denn für A aus $\mathcal{H}_\tau$ gehören die Mengen $A \cap \{\tau \le \frac{k}{n} - \frac{1}{m}\}$ zu den σ-Algebren

$$\mathcal{H}_{(k/n-1/m)} = \mathcal{M}_{(k/n-1/m)+} \subseteq \mathcal{M}_t.$$

Um jetzt (SM′) für die $(\mathcal{M}_t)$-Stoppzeit τ_n zu beweisen, genügt es, die Funktion f auf E als die eine Borel-Menge B charakterisierende Funktion χ_B vorauszusetzen, denn dann gilt (SM′) auch für einfache, nichtnegative und schließlich auch für beschränkte messbare Funktionen f auf E. Zu zeigen ist also

$$P_x(A \cap \{X_{\tau_n+h} \in B\}) = \int_A P(h, X_{\tau_n(\omega)}(\omega), B) P_x(d\omega)$$

für A aus $\mathcal{H}_\tau \subseteq \mathcal{M}_{\tau_n}$ mit $A \subseteq \Omega_\tau = \Omega_{\tau_n}$ und positives h. Für natürliche Zahlen k und n gehören die Mengen

$$A_{n,k} = A \cap \left\{ \tau_n = \frac{k}{n} \right\} = \left(A \cap \left\{ \tau_n \le \frac{k}{n} \right\} \right) \setminus \left(A \cap \left\{ \tau_n \le \frac{k-1}{n} \right\} \right)$$

wegen

$$A \cap \left\{ \tau_n \le \frac{k}{n} \right\} \in \mathcal{M}_{k/n}$$

und

$$A \cap \left\{ \tau_n \le \frac{k-1}{n} \right\} \in \mathcal{M}_{(k-1)/n} \subseteq \mathcal{M}_{k/n}$$

zu $\mathcal{M}_{k/n}$. Wir fassen zusammen

$$P_x(A \cap \{X_{\tau_n+h} \in B\}) = P_x \left(\bigcup_{k=1}^{\infty} (A_{n,k} \cap \{X_{k/n+h} \in B\}) \right)$$

$$= \sum_{k=1}^{\infty} P_x(A_{n,k} \cap \{X_{k/n+h} \in B\}) = \sum_{k=1}^{\infty} \int_{A_{n,k}} P(h, X_{k/n}(\omega), B) P_x(d\omega)$$

$$= \int_A P(h, X_{\tau_n(\omega)}(\omega), B) P_x(d\omega).$$

2. Schritt: Wir zeigen (SM') für die gegebene Stoppzeit τ, aber die Funktion f auf E soll zusätzlich stetig sein. Dazu starten wir mit der im ersten Schritt für die dort eingeführten Stoppzeiten τ_n bewiesenen Gleichung

$$\int_A f(X_{\tau_n(\omega)}(\omega)) P_x(d\omega) = \int_A \int_E f(y) P(h, X_{\tau_n(\omega)}(\omega), dy) P_x(d\omega).$$

Weil der Markow-Prozess pfadstetig sein soll und f stetig ist, konvergieren die Integranden des linken Integrals punktweise gegen $f(X_{\tau(\omega)+h}(\omega))$. Deshalb konvergiert die Folge der Integrale nach dem Satz von Lebesgue (Satz 7.8) gegen

$$\lim_{n\to\infty} \int_A f(X_{\tau_n(\omega)}(\omega)) P_x(d\omega) = \int_A f(X_{\tau(\omega)}(\omega)) P_x(d\omega).$$

Die Folge der inneren Integrale auf der rechten Seite können mit den im Abschn. 13.4 eingeführten Operatoren als $(P_h f)(X_{\tau_n(\omega)}(\omega))$ formuliert werden. Weil der Markow-Prozess ein pfadstetiger Feller-Prozess sein soll, gilt deshalb

$$\lim_{n\to\infty} (P_h f)(X_{\tau_n(\omega)}(\omega)) = (P_h f)(X_{\tau(\omega)}(\omega)),$$

was nach dem Satz von Lebesgue

$$\lim_{n\to\infty} \int_E f(y) P(h, X_{\tau_n(\omega)}(\omega), dy) = \int_E f(y) P(h, X_{\tau(\omega)}(\omega), dy)$$

impliziert. Damit ist wieder nach dem Satz von Lebesgue (SM') für die Stoppzeit τ gesichert.

3. Schritt: Wir zeigen (SM') für die die abgeschlossene Teilmenge B von E charakterisierende Funktion χ_B, indem wir χ_B approximieren durch die stetigen Funktionen

$$f_n(x) = \left(e^{-d(x,B)}\right)^n \quad \text{mit} \quad d(x,B) = \inf_{y\in B} d(x,y).$$

Die Gleichung (SM') für f_n liefert durch Grenzübergang $n \to \infty$ (Lebesgue) (SM') für χ_B und damit auch (SM) für B.

4. Schritt: Wir zeigen (SM) für jede Borel-Menge B. Es sei $\mathcal{C}$ das System der Borel-Mengen von E, für die (SM) gilt. Aus dieser Forderung (SM) ist abzulesen, dass $\mathcal{C}$ alle Eigenschaften eines μ-Systems hat. Im dritten Schritt haben wir gezeigt, dass $\mathcal{C}$ das System $\mathcal{A}$ aller abgeschlossenen Teilmengen von E umfasst. Das bedeutet dann auch $\mathcal{C} \supseteq \mu(\mathcal{A})$. Weil $\mathcal{A}$ durchschnittsstabil ist, ist nach Satz 13.21 auch $\mu(\mathcal{A})$ durchschnittsstabil und nach Satz 13.20 eine σ-Algebra. Es gelten also die Inklusionen

$$\mathcal{B} \supseteq \mathcal{C} \supseteq \mu(\mathcal{A}) \supseteq \sigma(\mathcal{A}) = \mathcal{B}$$

und somit $\mathcal{C} = \mathcal{B}$. $\mathcal{C}$ enthält also alle Borel-Mengen, es gilt also (SM) für alle Borel-Mengen von E. Damit ist die strenge Markow-Eigenschaft bestätigt.

Satz 13.23 (0-1-Gesetz von Blumenthal)

> *Bei einem $(\mathcal{M}_{t+})$-strengen Markow-Prozess nehmen die Maße P_x auf der σ-Algebra $\mathcal{M}_{t+}$ nur die Werte 0 und 1 an.*

Beweis. Die Funktion $\tau = 0$ auf Ω ist für jede Familie von σ-Algebren wegen $\{\tau \leq t\} = \Omega$ eine Stoppzeit, insbesondere auch für $(\mathcal{M}_{t+})$. Wir vereinfachen die Bezeichnung dieser σ-Algebren wieder zu $\mathcal{M}_{t+} = \mathcal{G}_t$ und untersuchen $\mathcal{G}_\tau$ für die Stoppzeit $\tau = 0$. $A \in \mathcal{G}_\tau$ heißt $A \cap \{\tau \leq t\} \in \mathcal{G}_t$ für alle t, also $A \in \mathcal{M}_{t+}$ für alle t. Weil $\mathcal{M}_{0+}$ die kleinste dieser σ-Algebren ist, hat sich damit $\mathcal{G}_\tau = \mathcal{M}_{0+}$ ergeben. Wir berufen uns auf (SM″)

$$P_x(A \cap \theta_\tau^{-1}A) = \int_A P_{X_{\tau(\omega)}(\omega)}(A)P_x(d\omega)$$

für $A \in \mathcal{M}_{0+} \subseteq \mathcal{F}$. Wegen $\theta_0^{-1}A = A$ steht auf der linken Seite $P_x(A)$. Die rechte Seite ist

$$\int_A P_{X_0(\omega)}(A)P_x(d\omega) = \int_A P_x(A)P_x(d\omega) = P_x(A)P_x(A).$$

Die somit erhaltene Gleichung $P_x(A) = P_x(A)P_x(A)$ lässt für $P_x(A)$ nur die Werte 0 und 1 zu.

13.7 Martingale

Definition 13.14 Zu einem Wahrscheinlichkeitsraum $[\Omega, \mathcal{A}, P]$, einer Menge T nichtnegativer Zahlen und einer monoton wachsenden Familie $(\mathcal{G}_t)_{t \in T}$ von σ-Unteralgebren von $\mathcal{A}$ ist eine reellwertige Funktion Y auf $T \times \Omega$ ein $(\mathcal{G}_t)$-**Martingal**, wenn $Y(t, .)$ $\mathcal{G}_t$-messbar und integrierbar ist und für $s \leq t$ aus T und $A \in \mathcal{G}_s$ die Gleichung

$$\int_A Y(s, \omega)P(d\omega) = \int_A Y(t, \omega)P(d\omega)$$

gilt. Y ist ein $(\mathcal{G}_t)$-**Submartingal** (**Supermartingal**), wenn statt des Gleichheitszeichens $\leq$ (bzw. $\geq$) steht.   ♦

Uns interessieren hier die Martingale, weil Markow-Prozesse Martingale erzeugen.

Satz 13.24

Für einen pfadstetigen zeitlich homogenen Markow-Prozess (X_t) und jede Funktion f aus dem Definitionsgebiet des infinitesimalen Operators G der dazugehörigen Halbgruppe (P_t) ist die Funktion

$$Y(t, \omega) = f(X_t(\omega)) - \int_0^t (Gf)(X_u(\omega))du$$

bzgl. jedes der Maße P_x $(x \in E)$ ein $(\mathcal{F}_{t+})$-Martingal.

Beweis. Wir zerlegen das Integral über $A \in \mathcal{F}_{s+}$ auf der rechten Seite der zu beweisenden Gleichung in

$$\int_A Y(t, \omega) P_x(d\omega)$$

$$= \int_A f(X_t(\omega))(d\omega) - \int_0^s \int_A (Gf)(X_u(\omega)) P_x(d\omega)du - \int_s^t \int_A (Gf)(X_u(\omega)) P_x(d\omega)du.$$

Für den letzten Term ergibt sich durch zweimalige Anwendung von (M3′) und der Definition der Operatoren P_t die Gleichungskette

$$\int_s^t \int_A (Gf)(X_u(\omega)) P_x(d\omega)du = \int_s^t \int_A \int_E (Gf)(y) P(u - s, X_s(\omega), dy) P_x(d\omega)du$$

$$= \int_s^t \int_A (P_{u-s}(Gf))(X_s(\omega)) P_x(d\omega)du = \int_0^{t-s} \int_A (G(P_v f))(X_s(\omega))(d\omega)dv$$

$$= \int_A \int_0^{t-s} (G(P_v f))(X_s(\omega)) dv P_x(d\omega) = \int_A ((P_{t-s}f)(X_s(\omega)) - f(X_s(\omega))) P_x(d\omega)$$

$$= \int_A \int_E f(y) P(t - s, X_s(\omega), dy) P_x(d\omega) - \int_A f(X_s(\omega)) P_x(d\omega)$$

$$= \int_A f(X_{s+t-s}(\omega)) P_x(d\omega) - \int_A f(X_s(\omega)) P_x(d\omega).$$

Damit haben wir wie erwünscht

$$\int_A Y(t, \omega) P_x(d\omega)$$

$$= \int_A f(X_s(\omega)) P_x(d\omega) - \int_A \int_0^s (Gf)(X_u(\omega)) du P_x(d\omega) = \int_A Y(s, \omega) P_x(d\omega)$$

.

erhalten.

Im nächsten Satz verallgemeinern wir die aus der Abschätzung

$$\int_{\{f \geq c\}} f(\omega)P(d\omega) \geq cP(\{f \geq c\})$$

für $c > 0$ und $f(\omega) \geq 0$ für alle $\omega \in \Omega$ folgende **Tschebyschew-Ungleichung**

$$P(\{f \geq c\}) \leq \frac{1}{c} \int_{\{f \geq c\}} f(\omega)P(d\omega) \leq \frac{1}{c} \int_{\Omega} f(\omega)P(d\omega).$$

Dieser Satz handelt von nichtnegativen stetigen Submartingalen Y, d. h. deren Funktions-werte sind nichtnegativ und die Funktionen $Y(., \omega)$ sind stetig.

Satz 13.25

*Für ein nichtnegatives stetiges Submartingal Y und $c > 0$ gilt die **Kolmogorow-Ungleichung***

$$P(\{\omega \in \Omega : \sup_{t \in T} Y(t, \omega) \geq c\}) \leq \frac{1}{c} \sup_{t \in T} \int_{\Omega} Y(t, \omega)P(d\omega).$$

Beweis. Y sei ein $(\mathcal{G}_t)$-Submartingal und $\mathcal{G}$ sei die kleinste σ-Algebra $\sigma(\mathcal{G}_t)$, die alle $\mathcal{G}_t$ umfasst.

1. Schritt: Die Menge T bestehe nur aus den Zahlen $t_1 < t_2 < \cdots < t_m$. Zu ω aus Ω sei $\tau(\omega)$ die kleinste dieser m Zahlen t_k mit der Eigenschaft $Y(t_k, \omega) \geq c$, und im Fall $Y(t_k, \omega) < c$ für alle $k = 1, \ldots, m$ sei $\tau(\omega) = t_m$. Dann sind die beiden Aussagen

$$\max_k Y(t_k, \omega) \geq c$$

und

$$Y(\tau(\omega), \omega) \geq c$$

äquivalent. Die Mengen

$$A_k = \{\omega \in \Omega : \tau(\omega) = t_k\}$$

gehören zur σ-Algebra $\mathcal{G}_{t_k}$, denn wegen der Messbarkeitseigenschaften von Y ist

$$A_m = \Omega \setminus \bigcup_{l=1}^{m-1} A_l \in \mathcal{G}_{t_{m-1}} \subseteq \mathcal{G}_{t_m},$$

und für $k < m$ gilt

$$A_k = \{\omega : \tau(\omega) = t_k\} = \left(\bigcap_{l=1}^{k-1} \{\omega : Y(t_l, \omega) < c\} \right) \cap \{\omega : Y(t_k, \omega) \geq c\} \in \mathcal{G}_{t_k}$$

wegen

$$\{\omega : Y(t_l, \omega) < c\} \in \mathcal{G}_{t_l} \subseteq \mathcal{G}_{t_k}$$

und

$$\{\omega : Y(t_k, \omega) \geq c\} \in \mathcal{G}_{t_k}.$$

Die Funktion $\omega \mapsto Y(\tau(\omega), \omega)$ ist $\mathcal{G}$-messbar, denn für jede Borel-Menge B gilt

$$\{\omega \in \Omega : Y(\tau(\omega), \omega) \in B\} = \bigcup_{k=1}^{m} \{\omega \in A_k : Y(t_k, \omega) \in B\} \in \mathcal{G}$$

wegen

$$\{\omega \in A_k : Y(t_k, \omega) \in B\} \in \mathcal{G}_{t_k} \subseteq \mathcal{G}.$$

Schließlich erhalten wir mit der Tschebyschew-Ungleichung für das Submartingal Y die Abschätzung

$$P(\{\omega \in \Omega : \max_k Y(t_k, \omega) \geq c\}) = P(\{\omega \in \Omega : Y(\tau(\omega), \omega) \geq c\})$$

$$\leq \frac{1}{c} \int_{\Omega} Y(\tau(\omega), \omega) P(d\omega) = \frac{1}{c} \sum_{k=1}^{m} \int_{A_k} Y(\tau(\omega), \omega) P(d\omega)$$

$$\leq \frac{1}{c} \sum_{k=1}^{m} \int_{A_k} Y(t_m, \omega) P(d\omega) = \frac{1}{c} \int_{\Omega} Y(t_m, \omega) P(d\omega)$$

$$\leq \frac{1}{c} \max_k \int_{\Omega} Y(t_k, \omega) P(d\omega).$$

2. Schritt: Wir zeigen für eine gegebene (allgemeine) Menge T die noch abgeschwächte Ungleichung

$$P(\{\omega \in \Omega : \sup{-t} \in T Y(t, \omega) > c\}) \leq \frac{1}{c} \sup_{t \in T} \int_{\Omega} Y(t, \omega) P(d\omega).$$

Dazu wählen wir eine monoton wachsende Folge von endlichen Teilmengen T_n von T mit der Eigenschaft, dass zu jedem t aus T eine gegen t konvertierende Folge von Zahlen t_n aus T_n existiert. Damit gilt wegen der Stetigkeit der Funktionen $Y(.,\omega)$

$$\{\omega \in \Omega : \sup_{t \in T} Y(t,\omega) > c\} \subseteq \bigcup_{n=1}^{\infty} \{\omega \in \Omega : \max_{t \in T_n} Y(t,\omega) \geq c\},$$

woraus die Abschätzung

$$P(\{\omega \in \Omega : \sup_{t \in T} Y(t,\omega) > c\}) \leq P\left(\bigcup_{n=1}^{\infty} \{\omega \in \Omega : \max_{t \in T_n} Y(t,\omega) \geq c\}\right)$$

$$= \lim_{n \to \infty} P(\{\omega \in \Omega : \max_{t \in T_n} Y(t,\omega) \geq c\})$$

$$\leq \lim_{n \to \infty} \frac{1}{c} \max_{t \in T_n} \int_{\Omega} Y(t,\omega) P(d\omega) \leq \frac{1}{c} \sup_{t \in T} \int_{\Omega} Y(t,\omega) P(d\omega)$$

folgt.

3. Schritt: Wir wählen eine Folge positiver Zahlen $c_n < c$, die gegen c konvergiert, und können abschätzen

$$P(\{\omega \in \Omega : \sup_{t \in T} Y(t,\omega) \geq c\}) \leq P(\{\omega \in \Omega : \sup_{t \in T} Y(t,\omega) > c_n\})$$

$$\leq \frac{1}{c_n} \sup_{t \in T} \int_{\Omega} Y(t,\omega) P(d\omega)$$

für alle natürlichen Zahlen n. Der Grenzübergang n gegen ∞ liefert schließlich die gewünschte Ungleichung.

Satz 13.26

Für ein stetiges $(\mathcal{G}_t)$-Martingal Y auf einem Intervall $[0, s]$ und eine $(\mathcal{G}_t)$-Stoppzeit τ mit Werten in $[0, s]$ gilt

$$\int_{\Omega} Y(\tau(\omega), \omega) P(d\omega) = \int_{\Omega} Y(0, \omega) P(d\omega).$$

Beweis.

1. Schritt: Es sei n eine natürliche Zahl und $k = 0, 1, \ldots, n$. Wir zerlegen Ω in die Teilmengen

$$A_k = \{\omega \in \Omega : \frac{k-1}{n} s < \tau(\omega) \leq \frac{k}{n} s\},$$

insbesondere gilt also $A_0 = \{\omega \in \Omega : \tau(\omega) = 0\}$. Weil τ eine $(\mathcal{G}_t)$-Stoppzeit ist, gehört A_k zu $\mathcal{G}_{ks/n}$. Durch die Vereinbarung

$$Y_n(\omega) = Y(\frac{k}{n}s) \quad \text{für} \quad \omega \in A_k$$

wird auf Ω eine $\mathcal{G}$-messbare reellwertige Funktion eingeführt, denn für eine Borel-Menge B gilt

$$\{\omega \in \Omega : Y_n(\omega) \in B\} = \bigcup_{k=0}^{n}(A_k \cap \{\omega \in \Omega : Y(\frac{k}{n}s, \omega) \in B\})$$

und jede der $n + 1$ Teilmengen gehört zu $\mathcal{G}_{ks/n}$ und damit zu $\mathcal{G}_s = \mathcal{G}$. In der Darstellung

$$\int_\Omega Y_n(\omega)P(d\omega) = \sum_{k=0}^{n}\int_{A_k} Y(\frac{k}{n}s, \omega)P(d\omega)$$

$$= \sum_{k=0}^{n-1}\left[\int_{\bigcup_{l=k}^n} Y(\frac{k}{n}s, \omega)P(d\omega) - \int_{\bigcup_{l=k+1}^n A_l} Y(\frac{k}{n}s, \omega)P(d\omega)\right] + \int_{A_n} Y(\frac{n}{n}s, \omega)P(d\omega)$$

$$= \int_{\bigcup_{l=0}^n A_l} Y(0, \omega)P(d\omega) + \sum_{k=1}^{n}\left[\int_{\bigcup_{l=k}^n} Y(\frac{k}{n}s, \omega)P(d\omega) - \int_{\bigcup_{l=k}^n A_l} Y(\frac{k-1}{n}s, \omega)P(d\omega)\right]$$

sind wegen

$$\bigcup_{l=k}^{n}A_l = \Omega \setminus \bigcup_{l=0}^{k-1}A_l \in \mathcal{G}_{\frac{k-1}{n}s}$$

die Summanden in der letzten Summe nach der Definition des Martingalbegriffes Null. Damit haben wir die Gleichung

$$\int_\Omega Y_n(\omega)P(d\omega) = \int_\Omega Y(0, \omega)P(d\omega)$$

erhalten.
2. Schritt: Wir bestätigen die im Satz formulierte Behauptung, indem wir

$$\lim_{n\to\infty}\int_\Omega Y_n(\omega)P(d\omega) = \int_\Omega Y(\tau(\omega), \omega)P(d\omega)$$

nachweisen. Offensichtlich konvergiert die Folge der Funktionen Y_n wegen der Stetigkeit von $Y(., \omega)$ punktweise gegen die Funktion $\omega \mapsto Y(\tau(\omega), \omega)$. Es bleibt zu zeigen, dass die Folge (Y_n) gleichmäßig integrabel ist, denn dann wäre nach Satz 7.9

die Konvergenz der Integrale gegen den angegebenen Grenzwert gesichert. Zu $\varepsilon > 0$ müssen wir uns von der Existenz einer positiven Zahl c mit der Eigenschaft

$$\int_{\{|Y_n|>c\}} |Y_n(\omega)|P(d\omega) < \varepsilon$$

für alle n überzeugen. Um zu einer Idee zu kommen, wie ein solches c gewählt werden könnte, setzen wir für $c > 0$

$$A_{k,n,c+} = \{\omega \in A_k : Y(\frac{k}{n}s, \omega) > c\},$$

$$A_{k,n,c-} = \{\omega \in A_k : Y(\frac{k}{n}s, \omega) < -c\},$$

$$A_{k,n,c} = A_{k,n,c+} \cup A_{k,n,c-}$$

und

$$A_{n,c} = \bigcup_{k=1}^{n} A_{k,n,c} = \{\omega \in \Omega : |Y_n(\omega)| > c\}.$$

Dann gilt wegen der Martingaleigenschaft

$$\int_{\{|Y_n|>c\}} |Y_n(\omega)|P(d\omega) = \sum_{k=0}^{n} \int_{A_{k,n,c+}} Y(\frac{k}{n}s, \omega)P(d\omega) - \sum_{k=0}^{n} \int_{A_{k,n,c-}} Y(\frac{k}{n}s, \omega)P(d\omega)$$

$$= \sum_{k=0}^{n} \int_{A_{k,n,c+}} Y(s, \omega)P(d\omega) - \sum_{k=0}^{n} \int_{A_{k,n,c-}} Y(s, \omega)P(d\omega)$$

$$= \int_{A_{n,c}} |Y(s, \omega)|P(d\omega).$$

Wir wählen eine positive Zahl δ, die so klein ist, dass für jede Teilmenge A aus der σ-Algebra $\mathcal{G}$ die Forderung $P(A) < \delta$ die Ungleichung

$$\int_A |Y(s, \omega)|P(d\omega) < \varepsilon$$

erzwingt. Wir sind also auf der Suche nach einer positiven Zahl c, die so groß ist, dass die Ungleichung $P(A_{n,c}) < \delta$ gilt. Aus der Konstruktion von $A_{n,c}$ folgt

$$P(A_{n,c}) = \sum_{k=0}^{n} P(\{\omega \in A_k : Y(\frac{k}{n}s, \omega) > c\}) + \sum_{k=0}^{n} P(\{\omega \in A_k : Y(\frac{k}{n}s, \omega) < -c\}).$$

Die Tschebyschew-Ungleichung und die Martingaleigenschaft implizieren

$$P(\{\omega \in A_k : \ Y(\frac{k}{n}s, \omega) > c\}) \le \frac{1}{c} \int_{A_{k,n,c+}} Y(\frac{k}{n}s, \omega)P(d\omega) = \frac{1}{c} \int_{A_{k,n,c+}} Y(s, \omega)P(d\omega).$$

Analog gilt auch

$$P(\{\omega \in A_k : \ Y(\frac{k}{n}s, \omega) < -c\}) \le \frac{1}{c} \int_{A_{k,n,c-}} (-Y)(s, \omega)P(d\omega),$$

zusammen also

$$P(A_{n,c}) \le \frac{1}{c} \int_{A_{n,c}} |Y(s, \omega)|P(d\omega) \le \frac{1}{c} \int_{\Omega} |Y(s, \omega)|P(d\omega).$$

Wir lesen ab, dass jedes c mit der Eigenschaft

$$c > \frac{1}{\delta} \int_{\Omega} |Y(s, \omega)|P(d\omega)$$

die gewünschte Ungleichung $P(A_{n,c}) < \delta$ und damit

$$\int_{A_{n,c}} |Y_n(\omega)|P(d\omega) < \varepsilon$$

impliziert.

13.8 Das Dirichlet-Problem

Im Rahmen der Theorie der partiellen Differentialgleichungen wird u. a. das Dirichlet-Problem behandelt: Zu gegebener offener und beschränkter Teilmenge D von $\mathbb{R}^n$ und gegebener stetiger reellwertiger Funktion g auf dem Rand $\partial D = \bar{D}\backslash D$ von D ist eine stetige reellwertige Funktion u auf $\bar{D}$ gesucht, die auf dem Rand ∂D mit g übereinstimmt und auf D **harmonisch** ist, d. h. sie hat stetige partielle Ableitungen bis zur zweiten Ordnung und es gilt

$$\Delta u = \sum_{i=1}^{n} \frac{\partial^2 u}{(\partial x^{(i)})^2} = 0.$$

Für $n = 2$ und $n = 3$ ist diese Problematik für Anwendungen in der Naturwissenschaft und Technik von Bedeutung. Für eine Kreisscheibe D und eine Kugel D sind Formeln für die gesuchte Lösung u bekannt. Im allgemeinen Fall folgt aus einem sogenannten

Maximumprinzip für harmonische Funktionen die Eindeutigkeit der Lösung, d. h. es kann höchstens eine Lösung geben. Viel komplizierter ist die Existenz einer Lösung zu klären. In der Theorie der partiellen Differentialgleichungen wird sehr aufwändig bewiesen, dass eine sogenannte **Kegelbedingung** die Existenz einer Lösung impliziert: Zu jedem Randpunkt y muss ein zu D disjunkter Kegel mit der Spitze in y existieren. Im Fall $n = 2$ ist unter Kegel ein Dreieck zu verstehen. Für $n > 3$ entzieht sich der Begriff Kegel der Anschauung, ist aber formelmäßig einfach zu klären.

Der folgende Satz liefert, wenn man sich auf die in der Theorie der partiellen Differentialgleichungen geklärte Lösbarkeit des Dirichlet-Problems verlässt, eine Lösungsformel mit Hilfe der Brown'schen Bewegung.

Satz 13.27

Es sei D eine beschränkte offene Teilmenge von $\mathbb{R}^n$, τ_D die Austrittzeit für eine im Punkt $x \in D$ gestartete Brown'sche Bewegung (X_t) und u eine stetige reellwertige Funktion auf $\bar{D}$, die in D harmonisch ist. Dann gilt

$$u(x) = \int_\Omega u(X_{\tau_D(\omega)}(\omega)) P_x(d\omega).$$

Beweis. Nach Satz 13.9 ist die Austrittzeit τ_D eine $(\mathcal{F}_{t+})$-Stoppzeit. Für $s > 0$ ist dann auch

$$\tau_s(\omega) = \begin{cases} \tau_D(\omega) & \text{für} \quad \tau_D(\omega) \leq s \\ s & \text{für} \quad \tau_D(\omega) > s \end{cases}$$

eine $(\mathcal{F}_{t+})$-Stoppzeit. Nach Satz 13.24 ist die Funktion $Y(t, \omega) = u(X_t(\omega))$ ein $(\mathcal{F}_{t+})$-Martingal. Das impliziert nach Satz 13.26

$$\int_\Omega u(X_{\tau_s(\omega)}(\omega)) P_x(d\omega) = \int_\Omega u(X_0(\omega)) P_x(d\omega) = \int_\Omega u(x) P_x(d\omega) = u(x).$$

Die Integranden des linken Integrals sind majorisiert durch

$$u(X_{\tau_s(\omega)}(\omega)) \leq \sup_{y \in \bar{D}} u(y)$$

und konvergieren für $s \to \infty$ wegen der Pfadstetigkeit der Brown'schen Bewegung punktweise gegen $u(X_{\tau_D(\omega)}(\omega))$. Nach dem Grenzwertsatz von Lebesgue (Satz 7.8) ergibt der Grenzübergang für $s \to \infty$ deshalb die gewünschte Gleichung

$$\int_\Omega u(X_{\tau_D(\omega)}(\omega)) P_x(d\omega) = u(x).$$

13.9 Allgemeine Randwertaufgabe

In Verallgemeinerung der Darstellung der Lösung des Dirichlet-Problems geht es jetzt um die Randwertaufgabe für die elliptische partielle Differentialgleichung

$$\frac{1}{2}\sum_{i,k=1}^{n} a_{ik}(x)\frac{\partial^2 u}{\partial x^i \partial x^k}(x) + \sum_{i=1}^{n} b_i(x)\frac{\partial u}{\partial x^i}(x) = f(x)$$

mit positiv definiter Matrix $(a_{ik}(x))$. Die ortsabhängigen Koeffizienten $a_{ik}(x)$ und $b_i(x)$ setzen wir als stetig voraus. Es wird sich zeigen, dass sich die Lösung der Randwertaufgabe mit dem Diffusionsprozess mit der Diffusionsmatrix $(a_{ik}(x))$ und dem Driftvektor $(b_i(x))$ beschreiben lässt.

Satz 13.28

> *Die Austrittszeit τ_D eines im Punkt x der offenen und beschränkten Teilmenge D von $\mathbb{R}^n$ gestarteten Diffusionsprozesses (X_t) ist P_x-integrabel.*

Beweis. Zu der Matrix $(a_{ik}(x))$ und dem Vektor $(b_i(x))$ definieren wir auf $\bar{D}$ die Funktion

$$v(x^1,\dots,x^n) = \cosh\left(\frac{4bd}{a}\right) - \cosh\left(\frac{4b}{a}x^1\right)$$

mit $a_{11}(x) \geq a > 0$, $|b_1(x)| < b$ und $|x^1| \leq d$ für alle x aus der kompakten Menge $\bar{D}$. Dann gilt $v(x) \geq 0$ und

$$(Lv)(x) = \frac{1}{2}\sum_{i,k=1}^{n} a_{ik}(x)\frac{\partial^2 v}{\partial x^i \partial x^k}(x) + \sum_{i=1}^{n} b_i(x)\frac{\partial v}{\partial x^i}(x)$$

$$= -\frac{a_{11}(x)}{2}\left(\frac{4b}{a}\right)^2 \cosh\left(\frac{4b}{a}x^1\right) - b_1(x)\frac{4b}{a}\sinh\left(\frac{4b}{a}x^1\right)$$

$$\leq -\frac{8b^2}{a}\cosh\left(\frac{4b}{a}x^1\right) + \frac{4b^2}{a}\sinh\left(\frac{4b}{a}|x^1|\right)$$

$$< -\frac{8b^2}{a}\cosh\left(\frac{4b}{a}x^1\right) + \frac{4b^2}{a}\cosh\left(\frac{4b}{a}x^1\right)$$

$$= -\frac{4b^2}{a}\cosh\left(\frac{4b}{a}x^1\right) \leq -\frac{4b^2}{a}.$$

Dass für positive s die Funktion $\tau_s(\omega) = \min(\tau_D(\omega), s)$ eine $(\mathcal{F}_{t+})$-Stoppzeit ist, hatten wir für die Brown'sche Bewegung schon im Beweis von Satz 13.27 festgestellt, für den Diffusionsprozess gilt das genauso. Deshalb ist auch wieder nach Satz 13.24 die Funktion

$$Y(t,\omega) = v(X_t(\omega)) - \int_0^t (Lv)(X_\sigma(\omega))d\sigma$$

bzgl. jedes Maßes P_x ein $(\mathcal{F}_{t+})$-Martingal, was nach Satz 13.26 die Gleichungskette

$$\int_{\Omega} \left[v(X_{\tau_s(\omega)}(\omega)) - \int_0^{\tau_s(\omega)} (Lv)(X_\sigma(\omega)) d\sigma \right] P_x(d\omega)$$

$$= \int_{\Omega} v(X_0(\omega)) P_x(d\omega) = \int_{\Omega} v(x) P_x(d\omega) = v(x) \int_{\Omega} P_x(d\omega) = v(x)$$

impliziert. Das erste Integral lässt sich entsprechend den Eigenschaften der Funktion v nach unten abschätzen zu

$$\int_{\Omega} \int_0^{\tau_s(\omega)} \frac{4b^2}{a} d\sigma P_x(d\omega) = \frac{4b^2}{a} \int_{\Omega} \tau_s(\omega) P_x(d\omega).$$

Damit hat sich für jedes positive s die Ungleichung

$$\int_{\Omega} \tau_s(\omega) P_x(d\omega) \leq \frac{a}{4b^2} v(x)$$

ergeben. Der Grenzübergang $s \to \infty$ liefert nach dem Grenzwertsatz von Levi die Ungleichung

$$\int_{\Omega} \tau_D(\omega) P_x(d\omega) \leq \frac{a}{4b^2} v(x)$$

und damit die Integrabilität der Austrittszeit τ_D.

Der folgende Satz liefert eine Darstellung der Lösung u der elliptischen partiellen Differentialgleichung $Lu = f$ mit der Randbedingung $u(y) = g(y)$ für $y \in \partial D$ mit Hilfe eines Diffusionsprozesses. Dabei setzen wir die Existenz einer Lösung u der Randwertaufgabe voraus.

Satz 13.29

Es sei D eine offene und beschränkte Teilmenge von $\mathbb{R}^n$, $(a_{ik}(x))$ eine stetig von $x \in \bar{D}$ abhängige positiv definite Matrix, $(b_i(x))$ ein von $x \in \bar{D}$ stetig abhängiges n-Tupel, f eine stetige reellwertige Funktion auf $\bar{D}$ und g eine stetige reellwertige Funktion auf ∂D. Dann gilt für die Lösung u der elliptischen partiellen Differentialgleichung $Lu = f$ mit

$$L = \frac{1}{2} \sum_{i,k=1}^n a_{ik} \frac{\partial^2}{\partial x^i \partial x^k} + \sum_{i=1}^n b_i \frac{\partial}{\partial x^i}$$

und der Randbedingung $u(y) = g(y)$ für $y \in \partial D$ die Darstellung

$$u(x) = \int_\Omega \left[g(X_{\tau_D(\omega)}(\omega)) - \int_0^{\tau_D(\omega)} f(X_\sigma(\omega))d\sigma \right] P_x(d\omega)$$

mit dem Diffusionsprozess (X_t) mit der Diffusionsmatrix (a_{ik}) und dem Driftvektor (b_i).

Beweis. Die Funktion

$$Y(t, \omega) = u(X_t(\omega)) - \int_0^t (Lu)(X_\sigma(\omega))d\sigma$$

ist nach Satz 13.24 ein $(\mathcal{F}_{t+})$-Martingal. Weil $\tau_s(\omega) = \min(\tau_D(\omega), s)$ eine $(\mathcal{F}_{t+})$-Stoppzeit ist, folgt daraus nach Satz 13.26

$$\int_\Omega \left[u(X_{\tau_s(\omega)}(\omega)) - \int_0^{\tau_s(\omega)} (Lu)(X_\sigma(\omega))d\sigma \right] P_x(d\omega) = \int_\Omega u(X_0(\omega))P_x(d\omega)$$

$$= \int_\Omega u(x)P_x(d\omega) = u(x).$$

Wegen der Pfadstetigkeit konvergiert der Ausdruck zwischen den großen eckigen Klammern für $s \to \infty$ für P_x-fast-alle ω gegen

$$u(X_{\tau_D(\omega)}(\omega)) - \int_0^{\tau_D(\omega)} (Lu)(X_\sigma(\omega))d\sigma = g(X_{\tau_D(\omega)}(\omega)) - \int_0^{\tau_D(\omega)} f(X_\sigma(\omega))d\sigma.$$

Aus der Abschätzung

$$\left| u(X_{\tau_s(\omega)}(\omega)) - \int_0^{\tau_s(\omega)} (Lu)(X_\sigma(\omega))d\sigma \right| \leq \sup_{y \in \bar{D}} |u(y)| + \tau_D(\omega) \sup_{y \in \bar{D}} |(Lu)(y)|$$

und der Integrabilität der Austrittszeit τ_D folgt daraus nach dem Grenzwertsatz von Lebesgue wie gewünscht

$$\int_\Omega \left[g(X_{\tau_D(\omega)}(\omega)) - \int_0^{\tau_D(\omega)} f(X_\sigma(\omega))d\omega \right] P_x(d\omega) = u(x).$$

Aufgaben

13.1 Eine zeitlich homogene Markow-Kette auf der Folge der Atome $y_1, y_2, \ldots$ habe die Übergangswahrscheinlichkeiten p_{ik}. Diese Markow-Kette kann auch als zeitlich homogener Markow-Prozess aufgefasst werden. Formulieren Sie dessen Übergangswahrscheinlichkeiten $P(t, x, B)$.

13.2 Begründen Sie mit Satz 13.27 die aus der Analysis bekannte Mittelwerteigenschaft

$$u(x) = \int_{\|x-y\|=r} u(y) do \left/ \int_{\|x-y\|=r} do \right.$$

für harmonische Funktionen u auf $\mathbb{R}^n$.

Lösungen der Aufgaben

1.1 Das Ereignis A ist in den ersten zehn Würfen mit der relativen Häufigkeit 0,4 und in allen 100 Würfen mit der relativen Häufigkeit 0,20 eingetreten. Seine Wahrscheinlichkeit ist $P(A) = 1/6 = 0,16\ldots$. B hat die relativen Häufigkeiten $n_B/10 = 0,6$ und $n_B/100 = 0,52$ und die Wahrscheinlichkeit $P(B) = 0,5$. C hat die relativen Häufigkeiten 0,2 und 0,28 und die Wahrscheinlichkeit $1/3 = 0,3\ldots$. D hat die relativen Häufigkeiten 0,8 und 0,72 und die Wahrscheinlichkeit $2/3 = 0,6\ldots$.

1.2 Für Ereignisse A und B gilt offenbar die Ungleichung

$$n_{A \vee B} \leq n_A + n_B,$$

die für die relativen Häufigkeiten

$$\frac{n_{A \vee B}}{n} \leq \frac{n_A}{n} + \frac{n_B}{n}$$

impliziert. Nach dem im Abschn. 1.1 formulierten Standpunkt heißt das im Grenzfall für große n

$$P(A \vee B) \leq P(A) + P(B).$$

Dass auch allgemeiner für Ereignisse $A_1, \ldots, A_n$ die angekündigte Ungleichung gilt, lässt sich induktiv beweisen. Der Induktionsbeginn $n = 2$ ist bereits geklärt. Der Induktionsschritt von n nach $n + 1$ ist die Abschätzung

$$P((A_1 \vee \cdots \vee A_n) \vee A_{n+1}) \leq P(A_1 \vee \cdots \vee A_n) + P(A_{n+1})$$

$$\leq (P(A_1) + \cdots + P(A_n)) + P(A_{n+1}).$$

1.3 In der Urne sind $N = W + S$ Kugeln. Schon bei der Einführung der Binomialkoeffizienten im Abschn. 1.3 hatten wir darauf hingewiesen, dass es $\binom{N}{n}$ Möglichkeiten

© Springer-Verlag Berlin Heidelberg 2017
R. Oloff, *Wahrscheinlichkeitsrechnung und Maßtheorie*,
DOI 10.1007/978-3-662-53024-5

gibt, n Zahlen aus $\{1, 2, \ldots, N\}$ auszuwählen. Aus Symmetriegründen hat jedes dieser „Elementarereignisse" die Wahrscheinlichkeit $1/\binom{N}{n}$. Von diesen $\binom{N}{n}$ Ereignissen gehören $\binom{W}{w}\binom{S}{s}$ zum Ereignis „w weiße Kugeln". Dieses Ereignis hat deshalb die Wahrscheinlichkeit $\binom{W}{w}\binom{S}{s}/\binom{N}{n}$.

1.4 Die Wahrscheinlichkeit dafür, dass zunächst $(m - 1)$-mal das Gegenteil von A und anschließend A eintritt, ist aus Gründen der Unabhängigkeit

$$(P(\neg A))^{m-1} P(A) = (1 - P(A))^{m-1} P(A).$$

1.5 Wenn sich die Ereignisse A und C gegenseitig ausschließen, schließen sich erst recht die Ereignisse $A \wedge B$ und $C \wedge B$ gegenseitig aus. Deshalb gilt

$$P(A \vee C | B) = \frac{P((A \vee C) \wedge B)}{P(B)} = \frac{P((A \wedge B) \vee (C \wedge B))}{P(B)}$$

$$= \frac{P(A \wedge B) + P(C \wedge B)}{P(B)} = P(A|B) + P(C|B).$$

1.6 Aus der Unabhängigkeit von A und B folgt nicht die Unabhängigkeit von $A \wedge C$ und $B \wedge C$. Bereits das einmalige Würfeln beinhaltet ein Gegenbeispiel. Sei $A = \{1, 2\}$, $B = \{2, 4, 6\}$ und $C = \{2\}$. Für die Wahrscheinlichkeiten gilt $P(A) = \frac{1}{3}$, $P(B) = \frac{1}{2}$ und

$$P(A \wedge B) = P(\{2\}) = \frac{1}{6} = P(A)P(B),$$

also sind A und B unabhängig. Andererseits gilt

$$P(A \wedge C) = P(C) = \frac{1}{6}$$

und auch

$$P(B \wedge C) = P(C) = \frac{1}{6},$$

aber

$$P((A \wedge C) \wedge (B \wedge C)) = P(C) = \frac{1}{6},$$

was nicht dasselbe ist wie

$$P((A \wedge C)P(B \wedge C) = \frac{1}{36}.$$

2.1 Wir schreiben den vorgegebenen Ausdruck als Summe

$$\frac{d^2}{\sqrt{2\pi d^2}} \int_{-\infty}^{+\infty} \frac{x - m}{d^2} e^{-\frac{(x-m)^2}{2d^2}} \, dx + \frac{m}{\sqrt{2\pi d^2}} \int_{-\infty}^{+\infty} e^{-\frac{(x-m)^2}{2d^2}} \, dx$$

von zwei uneigentlichen Integralen. Zum Integrand des ersten Integrals finden wir eine Stammfunktion und das zweite Integral hatten wir schon im Abschn. 2.2 berechnet. Dadurch ergibt sich

$$\frac{1}{\sqrt{2\pi d^2}} \int_{-\infty}^{+\infty} x e^{-\frac{(x-m)^2}{2d^2}} dx = \frac{-d^2}{\sqrt{2\pi d^2}} e^{-\frac{(x-m)^2}{2d^2}} \Big|_{-\infty}^{+\infty} + m = m.$$

2.2 Die Integrale

$$I(n) = \int_{-n}^{n^2} \frac{x}{x^2+1} dx = \frac{1}{2} \log(x^2+1) \Big|_{-n}^{n^2} = \frac{1}{2} \log \frac{n^4+1}{n^2+1}$$

konvergieren für $n \to \infty$ gegen ∞.

2.3 Durch Verwendung von Polarkoordinaten erhalten wir

$$\left(\int_0^\infty e^{-x^2} dx \right)^2 = \int_0^\infty e^{-x^2} dx \int_0^\infty e^{-y^2} dy = \int \int_{x,y \geq 0} e^{-x^2-y^2} dx dy$$

$$= \int_0^{\frac{\pi}{2}} \int_0^\infty e^{-\varrho^2} \varrho d\varrho d\phi = -\frac{\pi}{4} \int_0^\infty (-2\varrho) e^{-(\varrho)^2} d\varrho = -\frac{\pi}{4} e^{-(\varrho)^2} \Big|_0^\infty = \frac{\pi}{4}$$

und damit

$$\int_0^\infty e^{-x^2} dx = \frac{1}{2} \sqrt{\pi}.$$

2.4 Mit der Potenzreihenentwicklung der Exponentialfunktion ergibt sich für den Erwartungswert

$$\sum_{k=0}^\infty \frac{k t^k}{e^t k!} = \frac{1}{e^t} \sum_{k=1}^\infty \frac{t^k}{(k-1)!} = \frac{t}{e^t} \sum_{k=1}^\infty \frac{t^{k-1}}{(k-1)!} = \frac{t}{e^t} e^t = t.$$

2.5a) Durch partielle Integration erhalten wir

$$\int_0^\infty \varphi(x) dx = \int_0^\infty \frac{2}{d^3 \sqrt{2\pi}} x^2 e^{-\frac{x^2}{2d^2}} dx = \frac{-2}{d\sqrt{2\pi}} \int_0^\infty x \left(-\frac{x}{d^2} e^{-\frac{x^2}{2d^2}} \right) dx$$

$$= \frac{-2}{d\sqrt{2\pi}} \left(x e^{-\frac{x^2}{2d^2}} \Big|_0^\infty - \int_0^\infty e^{-\frac{x^2}{2d^2}} dx \right) = \frac{2}{\sqrt{\pi}} \int_0^\infty \frac{1}{d\sqrt{2}} e^{-\frac{x^2}{2d^2}} dx$$

$$= \frac{2}{\sqrt{\pi}} \int_0^\infty e^{-y^2} dy = \frac{2}{\sqrt{\pi}} \cdot \frac{1}{2} \sqrt{\pi} = 1.$$

b) Auch wieder durch partielle Integration erhalten wir für den Erwartungswert

$$\int_0^\infty x\varphi(x)dx = \frac{-2}{d\sqrt{2\pi}} \int_0^\infty x^2 \left(-\frac{x}{d^2}e^{-\frac{x^2}{2d^2}}\right) dx$$

$$= \frac{-2}{d\sqrt{2\pi}} \left(x^2 e^{-\frac{x^2}{2d^2}}\bigg|_0^\infty - \int_0^\infty 2xe^{-\frac{x^2}{2d^2}} dx\right) = \frac{-4d}{\sqrt{2\pi}} \int_0^\infty \left(-\frac{x}{d^2}e^{-\frac{x^2}{2d^2}}\right) dx$$

$$= \frac{-4d}{\sqrt{2\pi}} e^{-\frac{x^2}{2d^2}}\bigg|_0^\infty = \frac{2d\sqrt{2}}{\sqrt{\pi}}.$$

c) Genauso berechnen wir das für die Varianz benötigte uneigentliche Integral

$$\int_0^\infty x^2\varphi(x)dx = \frac{-2}{d\sqrt{2\pi}} \int_0^\infty x^3 \left(-\frac{x}{d^2}e^{-\frac{x^2}{2d^2}}\right) dx$$

$$= \frac{-2}{d\sqrt{2\pi}} \left(x^3 e^{-\frac{x^2}{2d^2}}\bigg|_0^\infty - \int_0^\infty 3x^2 e^{-\frac{x^2}{2d^2}} dx\right)$$

$$= 3d^2 \int_0^\infty \frac{2}{d^3\sqrt{2\pi}}x^2 e^{-\frac{x^2}{2d^2}} dx = 3d^2 \int_0^\infty \varphi(x)dx = 3d^2.$$

Damit erhalten wir für die Varianz nach Satz 2.3

$$\int_0^\infty x^2\varphi(x)dx - \left(\frac{2d\sqrt{2}}{\sqrt{\pi}}\right)^2 = 3d^2 - \frac{8d^2}{\pi} = \left(3 - \frac{8}{\pi}\right)d^2.$$

d) Die Zufallsvariable X^2 hat nach Satz 2.1(ii) die Dichte

$$\frac{1}{2\sqrt{x}}\frac{2x}{d^3\sqrt{2\pi}}e^{-\frac{x}{2d^2}}$$

für $x > 0$ und 0 für $x < 0$. Nach Satz 2.1(i) hat dann X^2/d^2 die Dichte

$$\frac{d^2}{2\sqrt{d^2 x}}\frac{2d^2 x}{d^3\sqrt{2\pi}}e^{-x/2} = \frac{\sqrt{x}}{\sqrt{2\pi}}e^{-x/2}$$

für $x > 0$ und 0 für $x < 0$. Wegen

$$\Gamma\left(\frac{3}{2}\right) = \Gamma\left(\frac{1}{2} + 1\right) = \frac{1}{2}\Gamma\left(\frac{1}{2}\right) = \frac{1}{2}\sqrt{\pi}$$

ist das die Dichte der Verteilung χ_3^2.

2.6a) Der Erwartungswert ist

$$\int_0^\infty x\varphi(x)dx = -\int_0^\infty x(-l)e^{-lx}dx = -xe^{-lx}\Big|_0^\infty + \int_0^\infty e^{-lx}dx = \frac{1}{l}.$$

b) Wegen

$$\int_0^\infty x^2\varphi(x)dx = -\int_0^\infty x^2(-l)e^{-lx}dx = -x^2e^{-lx}\Big|_0^\infty + 2\int_0^\infty xe^{-lx}dx$$

$$= \frac{2}{l}\int_0^\infty xle^{-lx}dx = \frac{2}{l}\int_0^\infty x\varphi(x)dx = \frac{2}{l^2}$$

ist die Varianz

$$\frac{2}{l^2} - \left(\frac{1}{l}\right)^2 = \frac{1}{l^2}.$$

2.8 Für $n = 48$ und $p = 1/4$ ist

$$\sqrt{np(1-p)} = \sqrt{12 \cdot 3/4} = 3.$$

Aus $12 + 3a = 6$ und $12 + 3b = 27$ folgt $a = -2$ und $b = 5$. Der gesuchte Näherungswert ist das Integral

$$\frac{1}{\sqrt{2\pi}}\int_{-2}^5 e^{-x^2/2}dx.$$

2.9 Weil alle 36 geordneten Paare aus Symmetriegründen die gleiche Wahrscheinlichkeit haben, haben die Atome 2, 3, 4, 5, 6, 7, 8. 9, 10, 11, 12 die Massen

$$\frac{1}{36}, \frac{2}{36}, \frac{3}{36}, \frac{4}{36}, \frac{5}{36}, \frac{6}{36}, \frac{5}{36}, \frac{4}{36}, \frac{3}{36}, \frac{2}{36}, \frac{1}{36}.$$

3.1 Die vektorielle Zufallsvariable hat die Atome $(0,0), (1,1), (2,2), \ldots, (n,n)$ mit den Massen $\binom{n}{0}p^0(1-p)^n, \binom{n}{1}p^1(1-p)^{n-1}, \binom{n}{2}p^2(1-p)^{n-2}, \ldots, \binom{n}{n}p^n(1-p)^0$.

3.5 Die Funktion

$$x \mapsto \int_{-\infty}^{+\infty} \varphi(x,y)dy$$

ist die Wahrscheinlichkeitsdichte von X, denn die Wahrscheinlichkeit von $X \leq c$ ist

$$\int_{-\infty}^c \left(\int_{-\infty}^{+\infty} \varphi(x,y)dy\right) dx.$$

3.6a) Um die Wahrscheinlichkeit des Ereignisses $X + Y \leq c$ zu berechnen, müssen wir die Wahrscheinlichkeitsdichte φ über die Halbebene $\{(x, y) : x + y \leq c\}$ integrieren. Es gilt

$$\int\int_{x+y\leq c} \varphi(x, y)dxdy = \int_{-\infty}^{+\infty} \left(\int_{-\infty}^{c-x} \varphi(x, y)dy \right) dx$$

$$= \int_{-\infty}^{+\infty} \left(\int_{-\infty}^{c} \varphi(x, z - x)dz \right) dx = \int_{-\infty}^{c} \left(\int_{-\infty}^{+\infty} \varphi(x, z - x) \right) dz.$$

Daraus lesen wir ab, dass die Funktion

$$\psi(z) = \int_{-\infty}^{+\infty} \varphi(x, z - x)dx$$

die Wahrscheinlichkeitsdichte von $X + Y$ ist.

b) Der Erwartungswert von $X + Y$ ist

$$E(X + Y) = \int_{-\infty}^{+\infty} z\psi(z)dz = \int_{-\infty}^{+\infty} z \left(\int_{-\infty}^{+\infty} \varphi(x, z - x)dx \right) dz$$

$$= \int_{-\infty}^{+\infty} \left((x + y) \int_{-\infty}^{+\infty} \varphi(x, y)dx \right) dy$$

$$= \int_{-\infty}^{+\infty} x \left(\int_{-\infty}^{+\infty} \varphi(x, y)dy \right) dx + \int_{-\infty}^{+\infty} y \left(\int_{-\infty}^{+\infty} \varphi(x, y)dx \right) dy = E(X)+E(Y).$$

3.7 Zur Berechnung der Wahrscheinlichkeit von $XY \leq c$ müssen wir das Produkt der beiden gegebenen Wahrscheinlichkeitsdichten über die Menge $\{(x, y) : xy \leq c\}$ integrieren. Für positive und negative c und $c = 0$ gilt

$$\int\int_{xy\leq c} \varphi(x)\psi(y)dxdy$$

$$= \int_{-\infty}^{0} \left(\int_{c/y}^{+\infty} \varphi(x)\psi(y)dx \right) dy + \int_{0}^{+\infty} \left(\int_{-\infty}^{c/y} \varphi(x)\psi(y)dx \right) dy$$

$$= \int_{-\infty}^{0} \left(\int_{c}^{-\infty} \varphi(z/y)\psi(y)\frac{1}{y}dz \right) dy + \int_{0}^{+\infty} \left(\int_{-\infty}^{c} \varphi(z/y)\psi(y)\frac{1}{y}dz \right) dy$$

$$= -\int_{-\infty}^{c} \left(\int_{-\infty}^{0} \varphi(z/y)\psi(y)\frac{1}{y}dy \right) dz + \int_{-\infty}^{c} \left(\int_{0}^{+\infty} \varphi(z/y)\psi(y)\frac{1}{y}dy \right) dz$$

$$= \int_{-\infty}^{c} \left(\int_{-\infty}^{+\infty} \varphi(z/y)\psi(y)\frac{1}{|y|} \right) dz.$$

Der hier recht oberflächliche Umgang mit der Stelle $y = 0$ lässt sich durch Grenzübergang reparieren, das wollen wir uns aber hier ersparen.

3.8 Nach Satz 3.10 hat die Zufallsvariable X/Y die Wahrscheinlichkeitsdichte

$$\varphi(z) = \int_{-\infty}^{+\infty} |y| \frac{1}{\sqrt{2\pi c^2}} \exp\left(-\frac{y^2 z^2}{2c^2}\right) \frac{1}{\sqrt{2\pi d^2}} \exp\left(-\frac{y^2}{2d^2}\right) dy$$

$$= \frac{2}{2\pi \sqrt{c^2 d^2}} \int_{0}^{+\infty} y \exp\left(-\frac{y^2}{2}\frac{d^2 z^2 + c^2}{c^2 d^2}\right) dy$$

$$= \frac{-1}{\pi\sqrt{c^2 d^2}}\frac{c^2 d^2}{d^2 z^2 + c^2} \int_{0}^{+\infty} (-y)\frac{d^2 z^2 + c^2}{c^2 d^2} \exp\left(-\frac{y^2}{2}\frac{d^2 z^2 + c^2}{c^2 d^2}\right) dy$$

$$= \frac{-\sqrt{c^2 d^2}}{\pi(d^2 z^2 + c^2)} \exp\left(-\frac{y^2}{2}\frac{d^2 z^2 + c^2}{c^2 d^2}\right)\bigg|_{0}^{+\infty} = \frac{1}{\pi}\frac{c/d}{z^2 + c^2/d^2}.$$

Die Verteilung von X/Y ist also die Cauchy-Verteilung $\gamma_{0,c/d}$.

3.9 Es sei φ der Winkel zwischen der Nadel und den Parallelen. Die zu den Parallelen orthogonale Komponente der Nadel hat die Länge $l\sin\varphi$. Offenbar ist der Winkel φ unabhängig von der Position der Mitte der Nadel. Die Wahrscheinlichkeit des Schneidens einer Parallelen für den Winkel φ ist $\frac{l\sin\varphi}{d}$. Aus Gründen der Gleichverteilung von φ ist die Wahrscheinlichkeit des Schneidens

$$\int_{0}^{\pi/2} \frac{l\sin\varphi}{d}d\varphi \bigg/ \frac{\pi}{2} = \frac{2l}{d\pi}.$$

4.1a) Aus Satz 4.1 ergibt sich

$$p_{1,2} = \frac{323,32 \mp 27,89}{506,63}$$

und damit $0,583 \le P(A) \le 0,693$ mit 99 % Sicherheit.
b) Mit nur 95 % Sicherheit gilt $0,597 \le P(A) \le 0,681$.
c) Aus der Tabelle im Abschn. 2.2 ist $g = 1,64$ abzulesen. Mit

$$p_{1,2} = \frac{320 + g^2/2 \mp g\sqrt{115,2 + g^2/4}}{500 + g^2} = \frac{321,34 \mp 17,65}{502,69}$$

folgt daraus die Abschätzung $0,604 \le P(A) \le 0,674$ mit nur noch 90 % Sicherheit.

4.2 Es ist zu zeigen, dass die y-Koordinaten der beiden Schnittpunkte der Geraden $y = \frac{n_A}{n} + \frac{g}{\sqrt{n}}x$ mit dem Kreis $x^2 + (y - \frac{1}{2})^2 = \frac{1}{4}$ die im Abschn. 4.1 angegebenen Grenzen p_1 und p_2 des Konfidenzinervalls sind. Die Kreisgleichung

$$x = \pm\sqrt{\frac{1}{4} - \left(y - \frac{1}{2}\right)^2} = \pm\sqrt{y - y^2}$$

in die Geradengleichung eingesetzt ergibt

$$y = \frac{n_A}{n} \pm \frac{g}{\sqrt{n}} \sqrt{y - y^2}$$

und damit die quadratische Gleichung

$$y^2 - 2\frac{n_A}{n}y + \left(\frac{n_A}{n}\right)^2 = \frac{g^2}{n}(y - y^2).$$

Aus ihrer Normalform

$$y^2 - \frac{2n_A + g^2}{n + g^2}y + \frac{(n_A)^2}{n(n + g^2)} = 0$$

ergeben sich ihre Nullstellen zu

$$y_{1,2} = \frac{n_A + g^2/2}{n + g^2} \mp \sqrt{\frac{(n_A + g^2/2)^2}{(n + g^2)^2} - \frac{(n_A)^2}{n(n + g^2)}}$$

$$= \frac{n_A + g^2/2 \mp \sqrt{(n_A)^2 + n_A g^2 + g^4/4 - (n + g^2)(n_A)^2/n}}{n + g^2}$$

$$= \frac{n_A + g^2/2 \mp g\sqrt{n_A(1 - n_A/n) + g^2/4}}{n + g^2}.$$

4.3a) Aus der Tabelle im Abschn. 2.2 ist $g = 1,28$ abzulesen. Daraus folgt $g^2/2 = 0,82$ und

$$p_{1,2} = \frac{n_A + 0,82 \mp 1,28\sqrt{n_A(1 - n_A/n) + 0,41}}{n + 1,64}.$$

b) Wegen $g = 1,64$ und $g^2/2 = 1,34$ gilt

$$p_{1,2} = \frac{n_A + 1,34 \mp 1,64\sqrt{n_A(1 - n_A/n) + 0,67}}{n + 2,69}.$$

c) Wegen $g = 2,17$ und $g^2/2 = 2,35$ gilt

$$p_{1,2} = \frac{n_A + 2,35 \mp 2,17\sqrt{n_A(1 - n_A/n) + 1,18}}{n + 4,71}.$$

4.4 Der im Satz 4.2 formulierte Wert χ^2 ist

$$\chi^2 = \frac{(38 \cdot 150 - 60 \cdot 100)^2 \cdot 249}{15000 \cdot 98 \cdot (250 - 98)} = 0,1003.$$

Wir orientieren uns jetzt an der Begründung des χ^2-Tests. Für die Zahl

$$g = \sqrt{\chi^2} = \sqrt{0,1003} = 0,3167$$

gilt entsprechend der Tabelle im Abschn. 2.2

$$\frac{1}{\sqrt{2\pi}} \int_{-\infty}^{g} e^{-t^2/2} dt = 0,622 \quad \text{bzw.} \quad \frac{1}{\sqrt{2\pi}} \int_{-g}^{g} e^{-t^2/2} dt = 0,244.$$

Also gilt die Abschätzung $P(A) < P(B)$ nur mit einer Sicherheit von 24,4 %.

4.5 Der empirische Mittelwert ist $\bar{x} = 52,26/20 = 2,613$ und die empirische Streuung ist

$$s^2 = \frac{1}{19} \sum_{i=1}^{20} (x_i - \bar{x})^2 = \frac{0,03742}{19} = 0,0019694.$$

Damit ist

$$\sqrt{s^2/20} = \sqrt{0,00009847} = 0,00992.$$

Multipliziert mit der aus der Tabelle im Abschn. 4.3 abzulesenden Zahl $t_{19}^{0,99} = 2,86$ ergibt sich

$$t_{19}^{0,99} \sqrt{s^2/20} = 0,02837.$$

Nach Satz 4.4 liegt die gesuchte Größe mit einer Sicherheit von 99 % zwischen den beiden Zahlen $2,613 \pm 0,028$.

4.6 Es gilt

$$\sum_{i=1}^{n} (x_i - x)^2 = \sum_{i=1}^{n} ((x_i - \bar{x}) + (\bar{x} - x))^2$$

$$= \sum_{i=1}^{n} (x_i - \bar{x})^2 + 2(\bar{x} - x) \sum_{i=1}^{n} (x_i - \bar{x}) + n(\bar{x} - x)^2.$$

Wegen

$$\sum_{i=1}^{n} (x_i - \bar{x}) = \sum_{i=1}^{n} x_i - n\bar{x} = 0$$

folgt daraus

$$\sum_{i=1}^{n}(x_i - x)^2 = \sum_{i=1}^{n}(x_i - \bar{x})^2 + n(\bar{x} - x)^2 \geq \sum_{i=1}^{n}(x_i - \bar{x})^2.$$

4.7 Es gilt $\bar{x} = 1,8$, $\bar{y} = 0,22$ und $m = 0,79$. Damit ist

$$y = 0,79(x - 1,8) + 0,22$$

die empirische Regressionsgerade. Ferner gilt $\sigma_x = 0,55$, $\sigma_y = 0,44$ und $\rho = 0,99$. Die Regressionsgerade liegt nach Satz 4.9 zwischen den beiden Hyperbeln

$$y = 0,79(x - 1,8) + 0,22 \pm 0,44 t_7^{\alpha} \sqrt{0,023 \left(\frac{1}{9} + \frac{(x-1,8)^2}{2,4} \right)},$$

wobei die Zahlen t_7^{α} aus der Tabelle im Abschn. 4.3 abzulesen sind. Es gilt
a) $t_7^{0,9} = 1,9$ **b)** $t_7^{0,99} = 3,5$.

5.1 Für $k \leq i$ gilt p_{ik}. Die Zahlenfolge $(p_{i,i+1}, p_{i,i+2}, \ldots)$ ist

$$\left(\frac{1}{6}, \frac{1}{6}, \frac{1}{6}, \frac{1}{6}, \frac{1}{6}, 0, \frac{1}{36}, \frac{1}{36}, \frac{1}{36}, \frac{1}{36}, \frac{1}{36}, 0, \frac{1}{216}, \ldots \right).$$

Für jedes i gilt

$$\sum_{k=1}^{\infty} p_{ik} = \sum_{k=i+1}^{\infty} p_{ik} = \frac{5}{6} + \frac{5}{6^2} + \frac{5}{6^3} + \cdots = 5 \left(\frac{1}{1 - 1/6} - 1 \right) = 6 - 5 = 1.$$

5.2a) Matrizenmultiplikation liefert

$$\begin{pmatrix} 1 & 0 & 0 & \cdots & \cdots & 0 \\ q & 0 & p & 0 & \cdots & 0 \\ 0 & q & \ddots & \ddots & \ddots & \vdots \\ 0 & 0 & \ddots & \ddots & \ddots & 0 \\ \vdots & \ddots & \ddots & q & 0 & p \\ 0 & \cdots & 0 & 0 & 0 & 1 \end{pmatrix}^2 = \begin{pmatrix} 1 & 0 & 0 & 0 & 0 & \cdots & 0 \\ q & pq & 0 & p^2 & \ddots & \ddots & \vdots \\ q^2 & 0 & 2pq & 0 & p^2 & \ddots & 0 \\ 0 & \ddots & \ddots & \ddots & \ddots & \ddots & 0 \\ 0 & \ddots & q^2 & 0 & 2pq & 0 & p^2 \\ \vdots & \ddots & \ddots & q^2 & 0 & pq & p \\ 0 & \cdots & 0 & 0 & 0 & 0 & 1 \end{pmatrix}.$$

Die Zeilensummen sind

$$(1 - p) + p(1 - p) + p^2 = 1 - p + p - p^2 + p^2 = 1,$$

$$(1 - p)^2 + 2p(1 - p) + p^2 = 1 - 2p + p^2 + 2p - 2p^2 + p^2 = 1,$$

$$(1 - p)^2 + p(1 - p) + p = 1 - 2p + p^2 + p - p^2 + p = 1.$$

b) Ein im Punkt i mit $3 \leq i \leq n - 2$ befindliches Teilchen liegt aus Gründen der Unabhängigkeit nach zwei Takten mit der Wahrscheinlichkeit q^2 im Punkt $i - 2$, mit der Wahrscheinlichkeit p^2 im Punkt $i + 2$ und mit der Wahrscheinlichkeit $pq + qp$ wieder im Punkt i. Wenn es im Punkt 2 startet, befindet es sich nach dem ersten Takt mit der Wahrscheinlichkeit q im Punkt 1 und bleibt dort, mit Wahrscheinlichkeit p^2 befindet es sich nach den zwei Takten im Punkt 4 und mit der Wahrscheinlichkeit pq wieder im Punkt 2. Analog befindet sich ein im Punkt $n - 1$ gestartetes Teilchen nach zwei Takten mit der Wahrscheinlichkeit p im Punkt n, mit der Wahrscheinlichkeit q^2 im Punkt $n - 3$ und mit der Wahrscheinlichkeit qp wieder im Punkt $n - 1$.

5.3 Die absorbierenden Zustände 1 und n sind rekurrent, weil sie gar nicht verlassen werden können. Alle anderen Zustände i sind transient, weil ein in i befindliches Teilchen mit der Wahrscheinlichkeit q^{i-1} den absorbierenden Zustand 1 erreicht und deshalb eine Rückkehr zu i höchstens die Wahrscheinlichkeit $1 - q^{i-1} < 1$ hat.

6.1 Ringe, aber keine Algebren sind
a) das System aller Vereinigungen endlich vieler beschränkter Intervalle,
b) das System aller Vereinigungen endlich vieler Dreiecke,
c) das System aller endlichen Teilmengen von Ω.

6.2 Für $x_1 \neq x_2$ gilt $d = d(x_1, x_2) > 0$. Die Mengen

$$G_1 = \{x \in \Omega : d(x, x_1) < d/3\} \quad \text{und} \quad G_2 = \{x \in \Omega : d(x, x_2) < d/3\}$$

sind offen und disjunkt, denn $x \in G_1 \cap G_2$ würde mit der Dreiecksungleichung

$$d(x_1, x_2) \leq d(x_1, x) + d(x, x_2) < \frac{d}{3} + \frac{d}{3} = \frac{2}{3}d$$

zum Widerspruch zu $d(x_1, x_2) = d$ führen.

6.3 Aus $\mathcal{F} \subseteq \sigma(\mathcal{G})$ folgt $\sigma(\mathcal{F}) \subseteq \sigma(\mathcal{G})$ und aus $\mathcal{G} \subseteq \sigma(\mathcal{F})$ folgt $\sigma(\mathcal{G}) \subseteq \sigma(\mathcal{F})$.

6.4 Aus den Rechenregeln für Maße folgt
a)

$$\mu(B) = \mu(A \cup (B \setminus A)) = \mu(A) + \mu(B \setminus A) \geq \mu(A),$$

b)

$$\mu(A) + \mu(B) = \mu(A \setminus (A \cap B)) + \mu(A \cap B) + \mu(B \setminus (A \cap B)) + \mu(A \cap B)$$

$$\geq \mu(A \setminus (A \cap B)) + \mu(B \setminus (A \cap B)) + \mu(A \cap B) = \mu(A \cup B).$$

6.5a) Wir definieren die Folge (B_n) in $\mathcal{A}$ durch $B_1 = A_1$ und

$$B_{n+1} = A_{n+1} \setminus \left(\bigcup_{k=1}^{n} A_k \right).$$

Diese Folge (B_n) ist paarweise disjunkt und hat die Eigenschaften

$$\bigcup_{k=1}^{n} B_k = \bigcup_{k=1}^{n} A_k \quad \text{und} \quad \bigcup_{k=1}^{\infty} B_k = \bigcup_{k=1}^{\infty} A_k.$$

Daraus folgt

$$\mu \left(\bigcup_{k=1}^{\infty} A_k \right) = \mu \left(\bigcup_{k=1}^{\infty} B_k \right) = \sum_{k=1}^{\infty} \mu(B_k) = \lim_{n \to \infty} \sum_{k=1}^{n} \mu(B_k)$$

$$= \lim_{n \to \infty} \mu \left(\bigcup_{k=1}^{n} B_k \right) = \lim_{n \to \infty} \mu \left(\bigcup_{k=1}^{n} A_k \right).$$

b) Wir beweisen die Ungleichung durch vollständige Induktion. Der Fall $n = 1$ ist trivial und der Fall $n = 2$ ist bereits im Rahmen der Aufgabe 6.4b geklärt. Der Induktionsschritt erfolgt durch

$$\mu \left(\bigcup_{k=1}^{n+1} A_k \right) = \mu \left(\left(\bigcup_{k=1}^{n} A_k \right) \cup A_{n+1} \right) \leq \mu \left(\bigcup_{k=1}^{n} A_k \right) + \mu(A_{n+1})$$

$$\leq \left(\sum_{k=1}^{n} \mu(A_k) \right) + \mu(A_{n+1}) = \sum_{k=1}^{n+1} \mu(A_k).$$

c) Aus der Abschätzung

$$\mu \left(\bigcup_{k=1}^{n} A_k \right) \leq \sum_{k=1}^{n} \mu(A_k) \leq \sum_{k=1}^{\infty} \mu(A_k)$$

folgt

$$\mu \left(\bigcup_{k=1}^{\infty} A_k \right) = \lim_{n \to \infty} \mu \left(\bigcup_{k=1}^{n} A_k \right) \leq \sum_{k=1}^{\infty} \mu(A_k).$$

7.1a) Für die Folge der Zahlen $I_n = \int_0^{n\pi} f(x)dx$ gilt

$$I_1 > I_3 > I_5 > \cdots > I_6 > I_4 > I_2 \qquad \text{und} \qquad 0 < I_{2n-1} - I_{2n} < \frac{2\pi}{2n-1}.$$

Daraus folgt

$$\lim_{n \to \infty} I_{2n-1} = I = \lim_{n \to \infty} I_{2n}.$$

Für b zwischen $2n\pi$ und $(2n+2)\pi$ gilt die Abschätzung

$$I_{2n+2} - \frac{\pi}{2n} < \int_0^b f(x)dx < I_{2n} + \frac{\pi}{2n}.$$

Wegen

$$\lim_{n \to \infty} \left(\left(I_{2n} + \frac{\pi}{2n} \right) - \left(I_{2n+2} - \frac{\pi}{2n} \right) \right) = \lim_{n \to \infty} (I_{2n} - I_{2n+2}) + \lim_{n \to \infty} \frac{\pi}{n} = 0 + 0 = 0$$

ergibt sich daraus auch

$$\lim_{b \to \infty} \int_0^b f(x)dx = I,$$

das uneigentliche Riemann-Integral existiert also.

b) Für jede natürliche Zahl n gilt

$$\int_{2n\pi}^{(2n+1)\pi} f^+(x)\lambda(dx) = \int_{2n\pi}^{(2n+1)\pi} f(x)\lambda(dx) = \int_{2n\pi}^{(2n+1)\pi} \frac{\sin x}{x} dx$$

$$> \frac{1}{(2n+1)\pi} \int_{2n\pi}^{(2n+1)\pi} \sin x\, dx = \frac{2}{(2n+1)\pi} > \frac{1}{(n+1)\pi}.$$

Daraus folgt

$$\int_0^\infty f^+(x)\lambda(dx) \geq \sum_{n=1}^\infty \frac{1}{(n+1)\pi} = \frac{1}{\pi} \sum_{n=1}^\infty \frac{1}{n+1} = \infty.$$

Also ist der nichtnegative Anteil f^+ von f nicht Lebesgue-integrierbar und damit ist auch f nicht Lebesgue-integrierbar.

7.2 Wir zerlegen f in die Differenz der nichtnegativen Funktionen f^+ und f^- und zeigen

$$\int_{\mathbb{R}} f^+(x)\mu(dx) = \sum_{i=1}^k f^+(x_i)m_i.$$

Dann gilt das Entsprechende auch für f^- und damit auch für $f = f^+ - f^-$. Die monoton wachsende Folge der einfachen Funktionen

$$f_n^+(x) = \frac{1}{2^n} \max\{k = 0, 1, 2, \dots : \quad k/2^n \leq f^+(x)\}$$

konvergieren punktweise gegen f^+. Ihre Integrale sind

$$\int_{\mathbb{R}} f_n^+(x)\mu(dx) = \sum_{i=1}^{k} f_n^+(x_i)m_i.$$

Der Grenzübergang $n \to \infty$ liefert die gewünschte Gleichung

$$\int_{\mathbb{R}} f^+(x)\mu(dx) = \sum_{i=1}^{k} f^+(x_i)m_i.$$

7.3a) Die Dichte ist die Funktion $x \mapsto \frac{1}{x}$, denn für $1 \leq a < b \leq e$ gilt

$$\lambda_g([a, b]) = \lambda([\ln a, \ln b]) = \ln b - \ln a$$

und auch

$$\int_a^b \frac{1}{x}\lambda(dx) = \int_a^b \frac{1}{x}dx = \ln x\big|_a^b = \ln b - \ln a.$$

b) Es gilt sowohl

$$\int_1^e f(x)\lambda_g(dx) = \int_1^e x^2\frac{1}{x}\lambda(dx) = \int_1^e xdx = \frac{x^2}{2}\bigg|_1^e = \frac{e^2 - 1}{2}$$

als auch

$$\int_0^1 f(g(\omega))\lambda(d\omega) = \int_0^1 (e^\omega)^2\lambda(d\omega) = \int_0^1 e^{2\omega}d\omega = \frac{e^{2\omega}}{2}\bigg|_0^1 = \frac{e^2 - 1}{2}.$$

8.1 Entweder A oder B ist

$$(A \wedge \neg B) \vee (B \wedge \neg A) = ((A \wedge \neg B) \vee B) \wedge ((A \wedge \neg B) \vee \neg A)$$

$$= ((A \vee B) \wedge (\neg B \vee B)) \wedge ((A \vee \neg A) \wedge (\neg B \vee \neg A))$$

$$= ((A \vee B) \wedge I) \wedge (I \wedge \neg(B \wedge A)) = (A \vee B) \wedge \neg(A \wedge B).$$

8.2a) Die Vereinigung von zwei beschränkten Mengen ist beschränkt, es gilt also (I 1). Der Durchschnitt einer beschränkten Menge mit einer anderen Menge ist wieder beschränkt, es gilt also auch (I 2). Also bilden die beschränkten Teilmengen ein Ideal.

b) Die Vereinigung von zwei endlichen Mengen ist endlich, es gilt also (I 1). Der Durchschnitt einer endlichen Menge mit einer anderen Menge ist endlich, es gilt also auch (I 2). Also bilden die endlichen Mengen ein Ideal.

c) Die Vereinigung von zwei disjunkten Intervallen ist kein Intervall. Der Durchschnitt eines Intervalls mit einer anderen Menge ist i.A. auch kein Intervall. Es gilt also weder (I 1) noch (I 2). Also ist das System aller abgeschlossenen Intervalle kein Ideal.

9.1 $X = (X_1, \ldots, X_n)$ muss die identische Abbildung in $\mathbb{R}$ sein. Also ist X_i die Projektion, die dem n-Tupel $(x_1, \ldots, x_n)$ seinen Bestandteil x_i zuordnet.

9.2 Einmaliges und zweimaliges Differenzieren der Summenformel

$$\sum_{k=0}^{\infty} x^k = \frac{1}{1-x}$$

der geometrischen Reihe liefert die angegebenen Gleichungen.

a) Der Erwartungswert ist

$$\sum_{k=1}^{\infty} k(1-p)p^k = (1-p)p \sum_{k=1}^{\infty} kp^{k-1} = \frac{(1-p)p}{(1-p)^2} = \frac{p}{1-p}.$$

b) Die Varianz ist

$$\sum_{k=1}^{\infty} k^2(1-p)p^k - \left(\frac{p}{1-p}\right)^2 = (1-p)\sum_{k=2}^{\infty} k(k-1)p^k + (1-p)\sum_{k=1}^{\infty} kp^k - \frac{p^2}{(1-p)^2}$$

$$= (1-p)p^2 \cdot \frac{2}{(1-p)^3} + (1-p)p \cdot \frac{1}{(1-p)^2} - \frac{p^2}{(1-p)^2}$$

$$= \frac{2p^2 + (1-p)p - p^2}{(1-p)^2} = \frac{p}{(1-p)^2}.$$

9.3 Für den Erwartungswert gilt

$$E(X) = \sum_{k=1}^{2} k \binom{2}{k}\binom{3}{4-k} \bigg/ \binom{5}{4} = \frac{1}{5}\binom{2}{1}\binom{3}{3} + \frac{2}{5}\binom{2}{2}\binom{3}{2} = \frac{2 + 2 \cdot 3}{5} = \frac{2 \cdot 4}{5}$$

und für die Varianz

$$\text{Var}(X) = \sum_{k=1}^{2} k^2 \binom{2}{k}\binom{3}{4-k} \Big/ \binom{5}{4} - (E(X))^2 = \frac{1}{5}\binom{2}{1}\binom{3}{3} + \frac{4}{5}\binom{2}{2}\binom{3}{2} - \left(\frac{8}{5}\right)^2$$

$$= \frac{2}{5} + \frac{12}{5} - \frac{64}{25} = \frac{6}{25},$$

was übereinstimmt mit

$$\frac{2 \cdot 4(5-2)(5-4)}{5^2(5-1)} = \frac{6}{25}.$$

9.4 Der Erwartungswert existiert und ist aus Symmetriegründen 0. Die Dichte dieser t-Verteilung ist

$$\varphi(x) = \frac{\Gamma(2)}{\Gamma(3/2)\sqrt{3\pi}} \cdot \frac{1}{(1+x^2/3)^2} = \frac{1}{(1/2)\Gamma(1/2)\sqrt{3\pi}} \cdot \frac{1}{(1+x^2/3)^2}.$$

Zu berechnen ist

$$\text{Var}(X) = \int_{-\infty}^{+\infty} x^2 \varphi(x) dx = \frac{2}{\pi\sqrt{3}} \int_{-\infty}^{+\infty} \frac{x^2}{(1+x^2/3)^2} dx.$$

Der Integrand $R(x)$ hat bekanntlich die Struktur

$$R(x) = \frac{ax+b}{1+x^2/3} + \frac{cx+d}{(1+x^2/3)^2}.$$

Koeffizientenvergleich liefert $a = 0$, $b = 3$, $c = 0$ und $d = -3$. Zu berechnen ist also

$$\int_{-\infty}^{+\infty} \frac{3dx}{1+x^2/3} - \int_{-\infty}^{+\infty} \frac{3dx}{(1+x^2/3)^2} = \int_{-\infty}^{+\infty} \frac{3\sqrt{3}}{1+y^2} dy - \int_{-\infty}^{+\infty} \frac{3\sqrt{3}}{(1+y^2)^2} dy.$$

Die im Hinweis angegebene Beziehung ist richtig, denn die Ableitung der rechten Seite ist

$$\frac{1}{2}\left(\frac{(1+y^2)-2y^2}{(1+y^2)^2} + \frac{1}{1+y^2}\right) = \frac{1}{2} \cdot \frac{1+y^2-2y^2+1+y^2}{(1+y^2)^2} = \frac{1}{(1+y^2)^2}.$$

Insgesamt ergibt sich

$$\text{Var}(X) = \frac{2 \cdot 3\sqrt{3}}{\pi\sqrt{3}}\left(\arctan y|_{-\infty}^{+\infty} - \frac{1}{2}\left(\frac{y}{1+y^2} + \arctan y\right)\Big|_{-\infty}^{+\infty}\right) = \frac{6}{\pi} \cdot \frac{\pi}{2} = 3.$$

10.1a) Wie zu vermuten ist der Erwartungswert

$$E(X) = \int_a^b \frac{x}{b-a} dx = \frac{1}{b-a} \cdot \frac{b^2-a^2}{2} = \frac{a+b}{2}.$$

b) Die Varianz ist

$$\text{Var}(X) = \int_a^b \frac{x^2}{b-a} dx - (E(X))^2 = \frac{b^3-a^3}{3(b-a)} - \frac{(a+b)^2}{4}$$

$$= \frac{a^2+ab+b^2}{3} - \frac{a^2+2ab+b^2}{4} = \frac{a^2-2ab+b^2}{12} = \frac{(b-a)^2}{12}.$$

c) Die charakteristische Funktion der Verteilung von X ist

$$\hat\mu(y) = \int_a^b \frac{e^{ixy}}{b-a} dx = \frac{e^{iby} - e^{iay}}{(b-a)yi}$$

für $y \neq 0$ und

$$\hat\mu(0) = \int_a^b \frac{1}{b-a} dx = 1.$$

10.2a) Das Produktmaß $\mu_1 \times \mu_2$ hat eine Dichte, die auf dem Rechteck $[a_1, b_1] \times [a_2, b_2]$ den Funktionswert $1/((b_1 - a_1)(b_2 - a_2))$ hat und sonst 0 ist.

b) Die Dichte des Produktmaßes $\mu \times \mu$ hat auf dem Quadrat $[a, b] \times [a, b]$ den Wert $1/(b-a)^2$ und ist sonst 0. Wegen

$$\{(x, y) \in \mathbb{R}^2 : x + y < 2a\} \cap ([a, b] \times [a, b]) = \emptyset$$

und

$$\{(x, y) \in \mathbb{R}^2 : x + y < 2b\} \supset ([a, b] \times [a, b])$$

gilt

$$(\mu * \mu)((-\infty, 2a)) = (\mu \times \mu)(\{(x, y) : x + y < 2a\}) = 0$$

und

$$(\mu * \mu)((-\infty, 2b)) = (\mu \times \mu)(\{(x, y) : x + y < 2b\}) = 1.$$

Für c zwischen $2a$ und $a + b$ gilt

$$(\mu * \mu)((-\infty, c)) = (\mu \times \mu)(\{(x, y) : x + y < c\}) = \frac{\frac{1}{2}(c - 2a)^2}{(b - a)^2}.$$

Deshalb ist die Dichte φ in diesem Intervall

$$\varphi(c) = \frac{d}{dc}((\mu * \mu)((-\infty, c))) = \frac{c - 2a}{(b - a)^2}.$$

Aus Symmetriegründen gilt dann für c zwischen $a + b$ und $2b$

$$\varphi(c) = -\frac{c - 2b}{(b - a)^2}.$$

Wir fassen zusammen

$$\varphi(x) = \begin{cases} \frac{1}{(b-a)^2}(x - 2a) & \text{für} \quad 2a < x < a + b \\ \frac{-1}{(b-a)^2}(x - 2b) & \text{für} \quad a + b < x < 2b \\ 0 & \text{sonst} \end{cases} .$$

10.3a) Die charakteristische Funktion der Simpson-Verteilung μ ist

$$\hat{\mu}(y) = \int_a^b e^{ixy}\varphi(x)dx = \frac{4}{(b - a)^2}\left(\int_a^{\frac{a+b}{2}} e^{ixy}(x - a)dx - \int_{\frac{a+b}{2}}^b e^{ixy}(x - b)dx\right).$$

Durch partielle Integration bekommen wir für $y \neq 0$ die Stammfunktionen

$$\int e^{ixy}(x - a)dx = \frac{e^{ixy}}{iy}(x - a) + \frac{e^{ixy}}{y^2}$$

und

$$\int e^{ixy}(x - b)dx = \frac{e^{ixy}}{iy}(x - b) + \frac{e^{ixy}}{y^2}.$$

Durch Einsetzen der Grenzen erhalten wir

$$\hat{\mu}(y) = \frac{4}{(b - a)^2 y^2}(e^{iy(a+b)/2} + e^{iy(a+b)/2} - e^{iya} - e^{iyb})$$

$$= \frac{4}{(b - a)^2 y^2}(2e^{iy(a+b)/2} - (e^{iya/2})^2 - (e^{iyb/2})^2)$$

$$= \frac{-4}{(b - a)^2 y^2}(e^{iyb/2} - e^{iya/2})^2$$

für $y \neq 0$. Noch leichter abzulesen ist

$$\hat{\mu}(0) = \int_a^b \varphi(x)dx = 1.$$

b) Im Rahmen der Aufgabe 10.2b haben wir gezeigt, dass die Faltung von zwei Gleich-verteilungen auf dem Intervall von a bis b die Simpson-Verteilung mit den Parametern $2a < 2b$ ist. In veränderter Bezeichnung heißt das auch, dass die Simpson-Verteilung mit den Parametern $a < b$ die Faltung von zwei Gleichverteilungen auf dem Intervall von $a/2$ bis $b/2$ ist. Satz 10.6 zufolge muss die charakteristische Funktion der Simpson-Verteilung mit den Parametern $a < b$ das punktweise Quadrat der charakteristischen Funktion der Gleichverteilung auf dem Intervall von $a/2$ bis $b/2$ sein, also auch

$$\hat{\mu}(y) = \left(\frac{e^{iyb/2} - e^{iya/2}}{\left(\frac{b}{2} - \frac{a}{2} \right) iy} \right)^2 = \frac{-4}{(b-a)^2 y^2} (e^{iyb/2} - e^{iya/2})^2$$

für $y \neq 0$ und $\hat{\mu}(0) = 1^2 = 1$.

11.1 Nach Definition 11.1 ist

$$P(Y^{-1}(C)|X)(\omega)$$

$$= P(\{\omega' \in \Omega : Y(\omega') \in C \wedge X(\omega') = x_i\})/P(\{\omega' \in \Omega : X(\omega') = x_i\})$$

$$= P(Y \in C \wedge X = x_i)/P(X = x_i) = P(Y \in C|X = x_i)$$

für ω mit $X(\omega) = x_i$.

11.2a) Nach der in der Aufgabe 11.1 bestätigten Gleichung nimmt die Zufallsvariable $Z = P(Y^{-1}(C)|X)$ für ω mit $X(\omega) = x_i$ den Wert $P(Y \in C|X = x_i)$ an. Also sind die Zahlen $P(Y \in C|X = x_i)$ die Atome z_i von Z mit den Massen $m_i = P(X = x_i)$.

b) Der Erwartungswert der diskret verteilten Zufallsvariablen $Z = P(Y^{-1}(C)|X)$ ist

$$E(Z) = \sum_i m_i z_i = \sum_i P(X = x_i)P(Y \in C|X = x_i) = \sum_i P(Y \in C \wedge X = x_i).$$

12.1a) Die Wahrscheinlichkeit von $X_2 = 2 \wedge X_4 = 6$ ist

$$P_{2,4}(\{2\} \times \{6\}) = \frac{1}{2^4} \cdot \frac{2^2 \cdot 2^4}{2! \cdot 4!}(\ln 2)^6 = \frac{(\ln 2)^6}{12}.$$

b) Die Wahrscheinlichkeit von $X_2 = 2 \wedge X_3 = 5 \wedge X_4 = 6$ ist

$$P_{2,3,4}(\{2\} \times \{5\} \times \{6\}) = \frac{1}{2^4} \cdot \frac{2^2 \cdot 1^3 \cdot 1^1}{2! \cdot 3! \cdot 1!}(\ln 2)^6 = \frac{(\ln 2)^6}{48}.$$

12.2 Nach Satz 12.3 ist X_t Poisson-verteilt mit der Intensität λt. Nach Definition 2.2 hat X_t deshalb mit der Wahrscheinlichkeit $e^{-\lambda t} = 1/e^{\lambda t}$ den Funktionswert 0. Also ist $e^{\lambda t}$ der reziproke Wert der Wahrscheinlichkeit des Ereignisses $X_t = 0$. Es gilt also

$$\lambda = -\frac{1}{t} \ln P(\{\omega : X_t(\omega) = 0\}).$$

13.1 Die Zahl $P(k, y_{i_0}, B)$ ist die Wahrscheinlichkeit dafür, dass sich ein im Punkt y_{i_0} gestartetes Teilchen nach k Schritten in der Menge B befindet. Deshalb gilt

$$P(k, y_{i_0}, B) = \sum_{y_{i_k} \in B} \sum_{i_1, \dots, i_{k-1}} p_{i_0 i_1} p_{i_1 i_2} \cdots p_{i_{k-1} i_k}.$$

13.2 Es sei (X_t) eine im Punkt x gestartete Brown'sche Bewegung und τ die Austrittszeit aus der Kugel $\{y \in \mathbb{R}^n : \|x - y\| < r\}$. Aus Symmetriegründen ist das Bildmaß μ von P_x bzgl. X_τ auf der Oberfläche $\{y \in \mathbb{R}^n : \|x - y\| = r\}$ der Kugel gleichverteilt. Daraus folgt für jeden Integranden f auf der Oberfläche

$$\int_{\|x-y\|=r} f(y)\mu(dy) = \int_{\|x-y\|=r} f(y)do \Big/ \int_{\|x-y\|=r} do,$$

insbesondere auch für die Einschränkung von u auf die Oberfläche

$$\int_{\|x-y\|=r} u(y)do \Big/ \int_{\|x-y\|=r} do = \int_{\|x-y\|=r} u(y)\mu(dy) = \int_\Omega u(X_{\tau(\omega)}(\omega))P_x(d\omega) = u(x).$$

Literaturverzeichnis

Bauer, H.: Wahrscheinlichkeitstheorie und Grundzüge der Maßtheorie. de Gruyter, Berlin, 1968

Chung, K.L.: Markov Chains. Springer, Berlin/New York (1967)

Chung, K.L.: Lectures from Markov Processes to Brownian Motion. Springer, New York (1982)

Dynkin, E.B.: Markov Processes. Springer, Berlin/New York (1965)

Gihman, J.I., Skorohod, A.V.: Controlled Stochastik Processes. Springer, New York (1979)

Hida, T.: Brownian Motion. Springer, New York (1980)

Karatzas, I., Shreve, S.E.: Brownian Motion and Stochastic Calculus. Springer, New York (1988)

Krylov, N.V.: Controlled Diffusion Processes. Springer, New York (1980)

Müller, P.H.: Lexikon der Stochastik. Akademie-Verlag, Berlin (1975)

Müller-Gronbach, T., Novak, E., Ritter, K.: Monte Carlo-Algorithmen. Springer, Berlin/Heidelberg (2012)

Stroock, D.W., Varadhan, S.R.S.: Multidimensional Diffusion Processes. Springer, Berlin/New York (1979)

Varadhan, S.R.S.: Lecturesa on Diffusion Problems and Partial Differential Equations. Springer, Berlin/New York (1980)

Williams, D.: Diffusions, Markov Processes, and Martingales. John Wiley, Chichester/New York (1979)

© Springer-Verlag Berlin Heidelberg 2017
R. Oloff, *Wahrscheinlichkeitsrechnung und Maßtheorie*,
DOI 10.1007/978-3-662-53024-5

Sachverzeichnis

Printed in the United States
By Bookmasters